国家自然科学基金
理论物理专款资助

21世纪理论物理及其交叉学科前沿丛书

黑洞系统的吸积与喷流

汪定雄　编著

科学出版社

北　京

内 容 简 介

对黑洞系统的吸积与喷流现象的研究是天体物理的前沿领域。本书系统介绍了黑洞天体物理、吸积盘理论以及几种主要的大尺度磁场提能机制,并结合作者多年来的研究工作详细介绍了吸积与喷流模型在解释黑洞双星、活动星系核、γ射线暴、潮汐粉碎现象等高能天体物理观测中的应用,并对有关问题作了专题讨论。

本书可供天体物理领域的同行和研究生参考,也可供高年级本科生学习阅读。

图书在版编目(CIP)数据

黑洞系统的吸积与喷流/汪定雄编著. —北京: 科学出版社, 2018. 1
(21 世纪理论物理及其交叉学科前沿丛书)
ISBN 978-7-03-056029-2

Ⅰ. ①黑… Ⅱ. ①汪… Ⅲ. ①黑洞-研究 Ⅳ. ①P145.8

中国版本图书馆 CIP 数据核字 (2017) 第 312098 号

责任编辑: 钱 俊/责任校对: 邹慧卿
责任印制: 赵 博/封面设计: 无极书装

*科学出版社*出版
北京东黄城根北街 16 号
邮政编码: 100717
http://www.sciencep.com
北京凌奇印刷有限责任公司印刷

科学出版社发行 各地新华书店经销
*
2018 年 1 月第 一 版 开本: 720 × 1000 1/16
2024 年 4 月第六次印刷 印张: 14 1/2 插页: 4
字数: 274 000
定价: 98.00 元
(如有印装质量问题, 我社负责调换)

《21 世纪理论物理及其交叉学科前沿丛书》
出 版 前 言

物理学是研究物质及其运动规律的基础科学。其研究内容可以概括为两个方面：第一，在更高的能量标度和更小的时空尺度上，探索物质世界的深层次结构及其相互作用规律；第二，面对由大量个体组元构成的复杂体系，探索超越个体特性"演生"出来的有序和合作现象。这两个方面代表了两种基本的科学观 —— 还原论（reductionism）和演生论（emergence）。前者把物质性质归结为其微观组元间的相互作用，旨在建立从微观出发的终极统一理论，是一代又一代物理学家的科学梦想；后者强调多体系统的整体有序和合作效应，把不同层次"演生"出来的规律当成自然界的基本规律加以探索。它涉及从固体系统到生命软凝聚态等各种多体系统，直接联系关乎日常生活的实际应用。

现代物理学通常从理论和实验两个角度探索以上的重大科学问题。利用科学实验方法，通过对自然界的主动观测，辅以理论模型或哲学上思考，先提出初步的科学理论假设，然后借助进一步的实验对此进行判定性检验。最后，据此用严格的数学语言精确、定量表达一般的科学规律，并由此预言更多新的、可以被实验再检验的物理效应。当现有的理论无法解释一批新的实验发现时，物理学就要面临前所未有的挑战，有可能产生重大突破，诞生新理论。新的理论在解释已有实验结果的同时，还将给出更一般的理论预言，引发新的实验研究。物理学研究这些内禀特征，决定了理论物理学作为一门独立学科存在的必要性以及在当代自然科学中的核心地位。

理论物理学立足于科学实验和观察，借助数学工具、逻辑推理和观念思辨，研究物质的时空存在形式及其相互作用规律，从中概括和归纳出具有普遍意义的基本理论。由此不仅可以描述和解释自然界已知的各种物理现象，而且还能够预言此前未知的物理效应。需要指出，理论物理学通过当代数学语言和思想框架，使得物理定律得到更为准确的描述。沿循这个规律，作为理论物理学最基础的部分，20 世纪初诞生的相对论和量子力学今天业已成为当代自然科学的两大支柱，奠定了理论物理学在现代科学中的核心地位。统计物理学基于概率统计和随机性的思想处理多粒子体系的运动，是二者的必要补充。量子规范场论从对称性的角度描述微观粒子的基本相互作用，为自然界四种基本相互作用的统一提供坚实的基础。

关于理论物理的重要作用和学科发展趋势，我们分六点简述。

1. 理论物理研究纵深且广泛，其理论立足于全部实验的总和之上。由于物质结构是分层次的，每个层次上都有自己的基本规律，不同层次上的规律又是互相联系的。物质层次结构及其运动规律的基础性、多样性和复杂性不仅为理论物理学提供了丰富的研究对象，而且对理论物理学家提出巨大的智力挑战，激发出人类探索自然的强大动力。因此，理论物理这种高度概括的综合性研究，具有显著的多学科交叉与知识原创的特点。在理论物理中，有的学科（诸如粒子物理、凝聚态物理等）与实验研究关系十分密切，但还有一些更加基础的领域（如统计物理、引力理论和量子基础理论），它们一时并不直接涉及实验。虽然物理学本身是一门实验科学，但物理理论是立足于长时间全部实验总和之上，而不是只针对个别实验。虽然理论正确与否必须落实到实验检验上，但在物理学发展过程中，有的阶段性理论研究和纯理论探索性研究，开始不必过分强调具体的实验检验。其实，产生重大科学突破甚至科学革命的广义相对论、规范场论和玻色–爱因斯坦凝聚就是这方面的典型例证，它们从纯理论出发，实验验证却等待了几十年，甚至近百年。近百年前爱因斯坦广义相对论预言了一种以光速传播的时空波动 —— 引力波。直到 2016 年 2 月，美国科学家才宣布人类首次直接探测到引力波。引力波的预言是理论物理发展的里程碑，它的观察发现将开创一个崭新的引力波天文学研究领域，更深刻地揭示宇宙奥秘。

2. 面对当代实验科学日趋复杂的技术挑战和巨大经费需求，理论物理对物理学的引领作用必不可少。第二次世界大战后，基于大型加速器的粒子物理学开创了大科学工程的新时代，也使得物理学发展面临经费需求的巨大挑战。因此，伴随着实验和理论对物理学发展发挥的作用有了明显的差异变化，理论物理高屋建瓴的指导作用日趋重要。在高能物理领域，轻子和夸克只能有三代是纯理论的结果，顶夸克和最近在大型强子对撞机（LHC）发现的 Higgs 粒子首先来自理论预言。当今高能物理实验基本上都是在理论指导下设计进行的，没有理论上的动机和指导，高能物理实验如同大海捞针，无从下手。可以说，每一个大型粒子对撞机和其他大型实验装置，都与一个具体理论密切相关。天体宇宙学的观测更是如此。天文观测只会给出一些初步的宇宙信息，但其物理解释必依赖于具体的理论模型。宇宙的演化只有一次，其初态和末态迄今都是未知的。宇宙学的研究不能像通常的物理实验那样，不可能为获得其演化的信息任意调整其初末态。因此，仅仅基于观测，不可能构造完全合理的宇宙模型。要对宇宙的演化有真正的了解，建立自洽的宇宙学模型和理论，就必须立足于粒子物理和广义相对论等物理理论。

3. 理论物理学本质上是一门交叉综合科学。大家知道，量子力学作为 20 世纪的奠基性科学理论之一，是人们理解微观世界运动规律的现代物理基础。它的建立，带来了以激光、半导体和核能为代表的新技术革命，深刻地影响了人类的物质、精神生活，已成为社会经济发展的原动力之一。然而，量子力学基础却存在诸多的争议, 哥本哈根学派对量子力学的 "标准" 诠释遭遇诸多挑战。不过这些学术争论不仅促进了量子理论自身发展, 而且促使量子力学走向交叉科学领域, 使得量子物理从观测解释阶段进入自主调控的新时代, 从此量子世界从自在之物变成为我之物。近二十年来, 理论物理学在综合交叉方面的重要进展是量子物理与信息计算科学的交叉, 由此形成了以量子计算、量子通信和量子精密测量为主体的量子信息科学。它充分利用量子力学基本原理, 基于独特的量子相干进行计算、编码、信息传输和精密测量, 探索突破芯片极限、保证信息安全的新概念和新思路。统计物理学为理论物理研究开拓了跨度更大的交叉综合领域, 如生物物理和软凝聚态物理。统计物理的思想和方法不断地被应用到各种新的领域, 对其基本理论和自身发展提出了更高的要求。由于软物质是在自然界中存在的最广泛的复杂凝聚态物质, 它处于固体和理想流体之间, 与人们的日常生活及工业技术密切相关。例如, 水是一种软凝聚态物质, 其研究涉及的基础科学问题关乎人类社会今天面对的水资源危机。

4. 理论物理学在具体系统应用中实现创新发展, 并在基本层次上回馈自身。从量子力学和统计物理对固体系统的具体应用开始, 近半个世纪以来凝聚态物理学业已发展成当代物理学最大的一个分支。它不仅是材料、信息和能源科学的基础, 也与化学和生物等学科交叉与融合, 而其中发现的新现象、新效应, 都有可能导致凝聚态物理一个新的学科方向或领域的诞生, 为理论物理研究展现了更加广阔的前景。一方面, 凝聚态物理自身理论发展异常迅猛和广泛, 描述半导体和金属的能带论和费米液体理论为电子学、计算机和信息等学科的发展奠定了理论基础; 另一方面, 从凝聚态理论研究提炼出来的普适的概念和方法, 对包括高能物理在内的其他物理学科的发展也起到了重要的推动作用。BCS 超导理论中的自发对称破缺概念, 被应用到描述电弱相互作用统一的 Yang-Mills 规范场论, 导致了中间玻色子质量演生的 Higgs 机制, 这是理论物理学发展的又一个重要里程碑。近二十年来, 在凝聚态物理领域, 有大量新型低维材料的合成和发现, 有特殊功能的量子器件的设计和实现, 有高温超导和拓扑绝缘体等大量新奇量子现象的展示。这些现象不能在以单体近似为前提的费米液体理论框架下得到解释, 新的理论框架建立已迫在眉睫, 如果成功将使凝聚态物理的基础及应用研究跨上一个新的历史台阶, 也将理论物理的引领作用发挥到极致。

5. 理论物理的一个重要发展趋势是理论模型与强大的现代计算手段相结合。面对纷繁复杂的物质世界（如强关联物质和复杂系统）, 简单可解析求解的理论物理模型不足以涵盖复杂物质结构的全部特征, 如非微扰和高度非线性。现代计算机的发明和快速发展提供了解决这些复杂问题的强大工具。辅以面向对象的科学计算方法（如第一原理计算、蒙特卡罗方法和精确对角化技术）, 复杂理论模型的近似求解将达到极高的精度, 可以逐渐逼近真实的物质运动规律。因此, 在解析手段无法胜任解决复杂问题任务时,理论物理必须通过数值分析和模拟的办法,使得理论预言进一步定量化和精密化。这方面的研究导致了计算物理这一重要学科分支的形成,成为连接物理实验和理论模型必不可少的纽带。

6. 理论物理学将在国防安全等国家重大需求上发挥更多作用。大家知道,无论决胜第二次世界大战、冷战时代的战略平衡,还是中国国家战略地位提升,理论物理学在满足国家重大战略需求方面发挥了不可替代的作用。爱因斯坦、奥本海默、费米、彭桓武、于敏、周光召等理论物理学家也因此彪炳史册。与战略武器发展息息相关,第二次世界大战后开启了物理学大科学工程的新时代,基于大型加速器的重大科学发现反过来为理论物理学提供广阔的用武之地,如标准模型的建立。国防安全方面等国家重大需求往往会提出自由探索不易提出的基础科学问题,在对理论物理提出新挑战的同时,也为理论物理研究提供了源头创新的平台。因此,理论物理也要针对国民经济发展和国防安全方面等国家重大需求,凝练和发掘自己能够发挥关键作用的科学问题,在实践应用和理论原始创新方面取得重大突破。

为了全方位支持我国理论物理事业长足发展,1993 年国家自然科学基金委员会设立 "理论物理专款",并成立学术领导小组(首届组长是我国著名理论物理学家彭桓武先生)。多年来,这个学术领导小组凝聚了我国理论物理学家集体智慧,不断探索符合理论物理特点和发展规律的资助模式,培养理论物理优秀创新人才做出杰出的研究成果,对国民经济和科技战略决策提供指导和咨询。为了更全面地支持我国的理论物理事业,"理论物理专款" 持续资助我们编辑出版这套《21 世纪理论物理及其交叉学科前沿丛书》,目的是要系统全面介绍现代理论物理及其交叉领域的基本内容及其学科前沿发展,以及中国理论物理学家科学贡献和所取得的主要进展。希望这套丛书能帮助大学生、研究生、博士后、青年教师和研究人员全面了解理论物理学研究进展,培养对物理学研究的兴趣,迅速进入理论物理前沿研究领域,同时吸引更多的年轻人献身理论物理学事业,为我国的科学研究在国际上占有一席之地作出自己的贡献。

孙昌璞

中国科学院院士,发展中国家科学院院士

国家自然科学基金委员会 "理论物理专款" 学术领导小组组长

前　　言

　　黑洞 (black hole) 系统的吸积与喷流涉及黑洞双星、活动星系核、γ 射线暴和黑洞对恒星的潮汐粉碎等高能天体辐射现象。理论与观测表明，不同尺度黑洞系统的吸积与喷流存在非常密切的关系。探索黑洞吸积与喷流的物理本质及相互关系一直是高能天体物理中最重要的研究领域之一。

　　自 1996 年以来，本人在华中科技大学物理系承担指导研究生的工作，深感有必要写一本关于黑洞吸积与喷流的参考书。本书紧密结合我们课题组完成国家自然科学基金和科技部 973 项目的科研成果，着重阐述有关黑洞吸积与喷流的基本理论及其在高能天体物理中的应用，目的在于引导读者尽快进入黑洞天体物理学的前沿领域。本书由五章组成，前三章为基础部分，对黑洞天体物理学概论、吸积盘理论和黑洞系统的喷流理论作了初步介绍；第 4 章比较详细地介绍了吸积与喷流模型在黑洞天体物理中的应用；最后一章讨论了黑洞天体物理研究中的若干前沿问题。本书的 4.5 节由吴庆文教授撰写，4.6 和 4.7 节由雷卫华副教授撰写，其他部分及统稿由我完成。本书可作为研究生参考书或教材，也可供科研人员参考。

　　自 1998 年以来，我们的工作得到了国家自然科学基金 6 个面上项目和教育部博士点基金的资助，另外也得到科技部 973 项目 (黑洞天体物理及其相关致密天体研究) 的资助。在黑洞天体物理研究过程中始终得到高能天体物理学界各位同仁的大力支持、帮助与鼓励，在此一并致谢。

　　由于作者学识所限，书中不妥之处在所难免，切盼同行及读者批评指正。

汪定雄

2017 年 6 月 18 日于华中科技大学

目　　录

第 1 章　黑洞天体物理学概论

1.1　天体物理学概论

1.1.1　天体物理学的研究对象

物理学是研究物质世界最基本的结构、最普遍的相互作用和最一般的运动规律的学科。天文学是研究宇宙中的天体、宇宙的结构和演化的学科。天体物理学属于天文学与物理学的交叉学科, 它利用物理学的技术、方法和理论来研究天体的形态、结构、物理条件、化学组成和演化规律。

按照研究对象划分, 天体物理学包含太阳物理学、太阳系物理学、恒星物理学、恒星天文学、行星物理学、星系天文学、宇宙学、宇宙化学、天体演化学等分支学科。按照研究方法划分, 天体物理学可分为实测天体物理学和理论天体物理学两部分。简单地说, 实测天体物理学的任务是利用物理学的技术和方法获取并分析宇宙中的天体信息, 而理论天体物理学的任务则是利用理论物理方法研究宇宙中天体的物理性质和物理过程。

1.1.2　天体物理学的研究特点

天体物理学的研究对象是宇宙中的天体, 因此天体物理学的研究可以突破地面条件的限制, 在极端条件下 (极高温度、极高压强、极高密度等) 研究天体的性质和物理过程。另一方面, 某些物理规律的验证只有通过宇宙天体环境才能进行。例如, 水星近日点进动、日全食条件下光线偏转以及雷达回波的延迟就是对广义相对论的几个著名的实验进行检验。2016 年 2 月 12 日 LIGO (激光干涉引力波天文台) 首次直接探测到了来自 13 亿光年外的引力波, 这个引力波产生于质量分别为 36 个太阳质量和 29 个太阳质量的两个黑洞 (black hole) 的并合。这是在极强引力场条件下对广义相对论的支持和验证[1]。

天体物理学是一门以观测为基础的学科, 是一门综合性非常强的学科。电磁波是获取天体信息的主渠道。天体的电磁辐射包括射电波 (1mm~30m)、红外线 (7000Å~1mm)、可见光 (4000~7000Å)、紫外线 (100~4000Å)、X 射线 (0.01~100Å) 和 γ 射线 ($<$ 0.01Å)。天文学家可以在整个电磁波段获取天体信息。现在天文学已进入多信使天文学阶段, 即天文学家可以在电磁波、中微子、宇宙线和引力波四个信息渠道获取宇宙和天体信息, 在电磁波为主要信息渠道的基础上产生了中微子

天文学、宇宙线天文学和引力波天文学。多信使天文学时代的天文学家采用四大渠道 (电磁波、中微子、宇宙线和引力波) 对宇宙和天体进行综合研究，这对于揭开宇宙的神秘面纱具有十分重大的意义。

1.1.3 天体物理学的研究方法

天体物理学的研究方法大体可以概括为：以天文观测为基础，以物理模型为手段，以解释或预言观测为目标，从观测到模型，从模型到观测，再从观测到模型······如此循环深化，逐渐揭开宇宙的奥秘。以对太阳系中的行星运动的认识过程为例，这个过程历经 2000 多年，大体可概括为以下事件[2]。

事件 1：亚里士多德 (公元前 384~ 前 322)根据经验观测和哲学思考提出地球中心学说。

事件 2：托勒密 (公元 90~168) 提出地球中心学说(本轮 + 均轮)，解释行星的逆行运动。

事件 3：哥白尼 (1473~1543) 提出太阳中心说，更简单自然地解释了行星的运动。

事件 4：第谷 · 布拉赫 (1546~1601) 对行星运动作了精确的观测。

事件 5：开普勒 (1571~1630)：在第谷 · 布拉赫对行星测量的基础上总结出行星运动三定律 (开普勒三定律)。

事件 6：伽利略 (1564~1642)首次使用望远镜进行天文观测，提出力学相对性原理和惯性定律。

事件 7：牛顿 (1643~1727) 提出力学三大定律和万有引力定律，与莱布尼茨 (1646~1716) 共享微积分发明权，揭示了行星运动的物理本质。

事件 8：勒维烈 (1811~1877) 用牛顿定律和万有引力定律计算出海王星的位置，并于 1845 年通知柏林天文台台长加勒，发现了海王星。

事件 9：爱因斯坦 (1879~1955) 提出广义相对论，全面革新了经典力学和万有引力定律 —— 引力是物质存在导致的时空弯曲。

事件 10：广义相对论成功地解释了水星近日点进动，克服了牛顿力学理论值与观测值每 100 年相差 43″ 的困难。

由表 1.1 可以清楚看出，人类对太阳系中行星运动规律的认识，是一个由观测到理论，再回到观测的过程，这是一个延续 2000 多年不断深化的过程。理论的重要性在于揭示天体运动的物理本质，理论不仅可以预言新的观测现象，也可以根据新的观测修改原有的理论，并创建新的理论。

表 1.1   对太阳系中行星运动的认识过程

事件	类型	观测基础及科学意义
1	原始模型	解释太阳东升西落
2	原始模型	解释太阳东升西落、行星的逆行现象
3	早期的科学模型	突破地心说,简单而自然地解释 16 世纪的天文观测
4	早期的天文观测	16 世纪对行星运动最精确的观测
5	定量的科学计算	把行星运动的观测数据归纳为规律,未涉及产生运动的原因
6	科学模型的雏形	首次用望远镜观测太空,近代物理学的先驱
7	科学模型的建立	奠定天体运动的科学基础,揭示天体运动的物理本质
8	科学模型的预言	对牛顿力学的成功验证
9	科学模型的深化	近代物理学的基石之一
10	科学模型的检验	对广义相对论的成功验证之一

1.2   恒星演化与致密星

恒星演化是天体物理学的主要研究领域,目标是研究恒星从诞生到成长成熟,再到衰老死亡的过程。致密星的形成与恒星的衰老死亡密切相关。

1.2.1   恒星演化与赫罗图

近代物理确认各种物质之间基本的相互作用可归结为四种:万有引力、电磁力、弱相互作用和强相互作用,其中万有引力和电磁力是长程力,弱相互作用和强相互作用是短程力。虽然电磁力比万有引力强得多,但由于天体在总体上是电中性的,所以在恒星演化过程中起主导作用的是万有引力。恒星从诞生、成长到死亡的一生就是与引力抗衡的过程。恒星演化的过程已有许多文献和专著论及,我们在此只作简要介绍。

恒星演化过程可以用赫罗图(Hertzsprung-Russel diagram) 描写。赫罗图是丹麦天文学家赫茨普龙及美国天文学家罗素分别于 1911 年和 1913 年各自独立提出的。这张图已成为研究恒星演化的重要工具,如图 1.1 所示[2]。

赫罗图是恒星的光谱类型与光度的关系图,赫罗图的纵轴是光度或绝对星等,而横轴则是光谱类型或恒星的表面温度,从左向右递减。恒星的光谱类型通常可大致分为 O,B,A,F,G,K,M 七种,其对应的物理性质如表 1.2 所示。

恒星的诞生始于宇宙空间中的巨分子云。星系中大多数空间非常稀薄,密度只有每立方厘米 0.1~1 个原子,而巨分子云的密度可达到每立方厘米数百万个原子。一个巨分子云包含数十万到数千万个太阳质量,直径为 50~300 光年。由于万有引力的大小与物质之间距离的平方成反比,如果由于某种原因,分子云的密度发生变化,就可能导致引力坍缩。例如,巨分子云的互相冲撞,或巨分子云穿越星系旋臂的稠密部分,以及星系的碰撞或邻近的超新星爆发所抛出的高速物质等原因都可能触发引力坍缩。

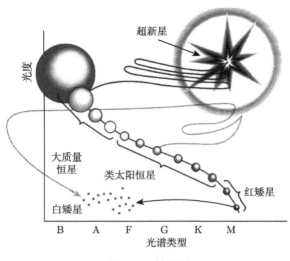

图 1.1 赫罗图

表 1.2 恒星的光谱类型及物理性质

类型	O	B	A	F	G	K	M
温度/K	30000~ 60000	10000~ 30000	7500~ 10000	6000~ 7500	5000~ 6000	3500~ 5000	2000~ 3500
质量	64 $M_\odot$	18 $M_\odot$	3.1 $M_\odot$	1.7 $M_\odot$	1.1 $M_\odot$	0.8 $M_\odot$	0.4 $M_\odot$
光度	$1.4\times10^6 L_\odot$	$2\times10^4 L_\odot$	40 $L_\odot$	6 $L_\odot$	1.2 $L_\odot$	0.4 $L_\odot$	0.04 $L_\odot$

注: 表中的 $M_\odot = 1.988\times10^{30}$ kg 为太阳质量, $L_\odot = 3.826\times10^{26}$ J·s^{-1} 为太阳光度

引力坍缩过程中的角动量守恒会造成巨分子云碎片不断分解为更小的片断, 质量小于约 50 个太阳质量的碎片会形成原恒星。在这个过程中气体被释放的势能加热, 而角动量守恒也会造成星云开始产生自转之后形成原恒星。原恒星就是处于慢收缩阶段的恒星。在引力坍缩过程中物质以越来越快的速度向引力中心汇聚, 这些物质的引力势能转化为热能, 导致原恒星中心的温度持续升高。当温度达到六七百万摄氏度的时候, "质子–质子"的聚变核反应被点燃。当温度升到一千多万摄氏度时, 氢核聚变为氦核的热核反应持续不断地发生。至此, 恒星的原恒星阶段结束, 进入一个相对稳定的时期, 达到完全的流体静力学平衡状态, 这个时期的恒星称为主序星。

原恒星与主序星的区别就是恒星内部是否发生了持续的热核反应。在图 1.1 中赫罗图的左上角到右下角分布在一条对角线上, 这条对角线称为主星序, 主星序上的恒星称为主序星,太阳就是一颗主序星。恒星在主星序上度过一生最长的阶段,主序星抵抗万有引力的能量来源于热核反应。

1.2.2 白矮星、中子星与黑洞

经历几百万到几千亿年之后,恒星会消耗完核心氢。大质量恒星比小质量恒星更快地消耗完核心氢。在消耗完核心氢之后,核心部分的核反应会停止,留下一个氦核。失去了抵抗重力的核反应能量后,恒星的外壳开始引力坍缩。核心的温度和压力像恒星形成过程中一样升高,处在更高层次上。一旦核心温度达到了 1 亿开尔文,核心就开始进行氦聚变,通过氦聚变产生能量来抵抗引力。如果恒星质量不足以产生氦聚变,则这颗恒星会释放热能,逐渐冷却,成为白矮星(white dwarfs),如图 1.1 赫罗图左下角所示。

1930 年,印度年轻的天文学家钱德拉塞卡 (Chandrasekhar) 通过计算发现,依靠电子简并压力与引力抗衡的白矮星存在一个质量上限,$M = 5.87\mu^{-2}M_{\odot}$,其中 μ 是核子数与电子数之比,对于已用完了氢的星体,$\mu \approx 2$,由此得到白矮星的质量上限约为太阳质量的 1.44 倍,这个质量称为钱德拉塞卡上限[3,4]。

对于质量超出 5 倍太阳质量的恒星,其外壳膨胀成为红超巨星,其核心开始引力压缩,温度和密度的上升会触发一系列聚变反应。这些聚变反应会生成越来越重的元素,产生的能量会暂时延缓恒星的坍缩。最终,聚变逐步到达元素周期表的下层,硅开始聚合成铁。在这之前,恒星通过这些核聚变获得能量,但是铁不能通过聚变释放能量,相反,铁聚变需要吸收能量。这导致没有能量对抗引力,而核心几乎立刻产生坍缩。恒星的下一步演化机制并不明确,但是这会在几分之一秒内造成一次剧烈的超新星爆发。中子星的形成与超新星爆发密切相关。在一些超新星之中,电子被压入原子核,和质子结合成为中子。原子核互相排斥的电磁力消失之后,恒星成为一团密集的中子,这样的恒星称为中子星。形成中子星的条件是坍缩的内核质量超过 1.44 倍太阳质量 (钱德拉塞卡极限),而小于 3.2 倍太阳质量 (奥本海默极限)。在中子星里压力是如此之大,电子被压缩到原子核中,电子同质子中和为中子,使得原子仅由中子组成,而整个中子星就是由这样的原子核紧挨在一起形成的。可以这样说,中子星就是一个巨大的原子核,中子星的密度就是原子核的密度。银河系中著名的气体星云 —— 蟹状星云的中心星就是一颗中子星 (脉冲星)。

并非所有超新星都会形成中子星。如果恒星质量足够大,那么连中子也会被压碎,直到恒星的半径小于施瓦西 (Schwarzschild) 半径,光也无法射出,成为一个黑洞。形成黑洞的质量要求:坍缩的内核质量超过 3.2 倍太阳的质量 (大于奥本海默极限)。

1.3   天体物理中的黑洞

1.3.1   黑洞简史

早在 1795 年法国物理学家拉普拉斯 (Laplace) 根据牛顿引力论和牛顿关于光的微粒学说计算出: "如果一颗发光的星球, 其密度和地球相等, 其直径比太阳大250 倍, 那么由于星球的引力, 它的光线将不能到达我们这里。因此, 宇宙间最大的一些发光的星球有可能是看不见的。" 尽管拉普拉斯的观点预示了黑洞存在的可能性, 但是并没有引起人们的注意。

1915 年 12 月, 在爱因斯坦发表广义相对论的系列论文之后还不到一个月, 施瓦西导出关于球形质量的引力场的广义相对论的第一个解析解。施瓦西把他的论文寄给爱因斯坦, 由他转呈柏林科学院。在给施瓦西的回信中, 爱因斯坦写道: "我没有料想到此问题会有精确解。你对此问题的解析处理对我来说真是妙极了。" 尽管这一结果对这两位物理学家都很重要, 但是在当时他们都没有认识到施瓦西解包含了对一个球形的, 不带电也不旋转的黑洞的外部场的完全描写。为纪念施瓦西的巨大贡献, 今天人们把这种黑洞叫做施瓦西黑洞。

在钱德拉塞卡于 1930 年提出白矮星的质量存在上限后, 他的导师爱丁顿 (Eddington) 立即认识到, 如果接受钱德拉塞卡的分析, 那么更大质量恒星演化将不可避免地导致无限坍缩的命运。他在 1935 年 1 月写道: "显然, 恒星会不断地辐射, 不断地收缩直到其半径变得只有几千米, 这时引力强大到足以使得辐射不能逃逸, 于是恒星处于平静状态。" 爱丁顿不相信万有引力会导致这种坍缩状态发生, 他认为 "各种偶然事件可能会介入其间以挽救恒星的最后命运。我想应该有某种自然规律阻止恒星出现如此荒谬的行为。" 尽管爱丁顿是最早理解并赞赏广义相对论的少数几个人之一, 但他从未接受钱德拉塞卡关于冷简并恒星存在质量上限的结果。

除了爱丁顿对大质量恒星演化的最后结果会不可避免地导致星体的坍缩感到忧虑之外, 1935 年朗道 (Landau) 在导出质量极限的同一篇文章中也承认, 对于质量超过这一上限的恒星 "在整个量子理论中不存在阻止系统坍缩到一个点的理由。"

1939 年奥本海默 (Oppenheimer) 和施耐德 (Snyder) 用广义相对论计算了无压力气体组成的均匀球的坍缩。他们发现, 球体不可避免地会切断与外部世界的一切通信联系, 这是证明黑洞形成的第一个理论计算。

比起中子星来, 有关黑洞及引力坍缩的问题更加不受公众的重视, 直到 20 世纪60 年代这种局面才有所改变。在 20 世纪 50 年代末, 美国物理学家惠勒 (Wheeler)及其合作者开始对坍缩问题进行认真的研究, 惠勒在 1963 年指出: "引力坍缩为奇点, 是当代基础物理的最大危机。" 惠勒于 1968 年给这种完全引力坍缩的星体取名为黑洞[3,4]。

1.3.2 爱因斯坦引力场方程

牛顿引力论可以用满足泊松 (Poisson) 方程的标量场 Φ 来描写

$$\nabla^2 \Phi = 4\pi G \rho_0 \tag{1.1}$$

在 (1.1) 式中 Φ 是牛顿引力势, ρ_0 是物质的质量密度, G 为万有引力常数, 引力场中物体的加速度为 $-\nabla\Phi$。现在我们来讨论广义相对论对牛顿引力论的修正。由狭义相对论可知, 能量与质量相当, 在广义相对论中各种形式的能量都可以作为引力场源, 而不仅限于 ρ_0。另外, 在牛顿极限下, 引力场自身的能量密度正比于 $(\nabla\Phi)^2$。对 (1.1) 式的相对论修正涉及一个非线性微分方程组

$$F(g) \sim GT \tag{1.2}$$

其中 g 代表引力场, 在弱场极限下 g 退化为 Φ。F 是非线性微分算符, 在弱场极限下退化为 ∇^2。T 代表某些非引力形式的量, 其中 ρ_0 是非相对论极限下的主要项。在狭义相对论中两个相邻事件的时空间隔为

$$\mathrm{d}s^2 = -c^2\mathrm{d}t^2 + \mathrm{d}x^2 + \mathrm{d}y^2 + \mathrm{d}z^2 \tag{1.3}$$

其中 $\mathrm{d}s^2$ 具有洛伦兹 (Lorentz) 不变性。令 $x^0 = ct$, $x^1 = x$, $x^2 = y$, $x^3 = z$, 则 (1.3) 式可表示为

$$\mathrm{d}s^2 = \eta_{\alpha\beta}\mathrm{d}x^\alpha\mathrm{d}x^\beta \tag{1.4}$$

其中

$$\eta_{\alpha\beta} = \mathrm{diag}\,(-1,\ 1,\ 1,\ 1) \tag{1.5}$$

为 (4×4) 对角矩阵。$\eta_{\alpha\beta}$ 为狭义相对论时空度规张量, 它在几何上完全描写了平直的闵可夫斯基 (Minkowski) 空间的特征。(1.4) 式采用了爱因斯坦求和约定, 度规表达式中出现相同上指标和下指标意味着对这个指标求和。

在狭义相对论中, 坐标系总是对应于某种物理测量的结果。其中非惯性系可以通过测量它们与惯性系的关系来决定。按照理想的钟和尺, t, x, y, z 具有标准的含义。然而, 在广义相对论中并没有优越的坐标系。原则上能够光滑地标志时空中所有事件的坐标系都是可接受的。

爱因斯坦把广义相对论建立在等效原理和广义协变原理之上:

等效原理 惯性力场与引力场的动力学效应是局部不可分辨的 (弱形式); 惯性力场与引力场的任何物理效应是局部不可分辨的 (强形式)。

广义协变原理   任何参考系都是平权的，或者说，客观的真实的物理规律应该在任意坐标变换下形式不变，即满足广义协变性。

等效原理和广义协变性原理彼此独立而又相互联系，共同构成了广义相对论的基础。广义相对论与狭义相对论的根本区别在于，在广义相对论中，任何参照系 (惯性系或非惯性系) 都是平权的，两个相邻事件的时空间隔为

$$ds^2 = g_{\alpha\beta}\left(x^\gamma\right)dx^\alpha dx^\beta \quad (\alpha, \beta = 0, \ 1, \ 2, \ 3) \tag{1.6}$$

在 (1.6) 式中 ds^2 是不变量，其取值不随时空坐标系的变换而改变。$g_{\alpha\beta}$ 为广义相对论时空度规张量，它描写的是弯曲的黎曼 (Riemann) 空间。如果时空坐标系由 x'^α 变换到 x^α, 则相应的时空度规张量的变换为

$$g_{\alpha\beta} = \frac{\partial x'^\lambda}{\partial x^\alpha}\frac{\partial x'^\sigma}{\partial x^\beta}g'_{\lambda\sigma} \tag{1.7}$$

等效原理告诉我们，在引力场存在的条件下如何表述非引力定律。例如，从狭义相对论的能量守恒定律出发

$$\nabla_\alpha T^{\alpha\beta} = 0 \tag{1.8}$$

$$\nabla_\alpha \equiv \frac{\partial}{\partial x^\alpha} \tag{1.9}$$

其中 $T^{\alpha\beta}$ 为应力–能量张量。根据等效原理, (1.8) 式必定在局部惯性系中有效。我们希望把方程 (1.8) 表述为在一般的坐标系中均有效的形式，其中度规的形式为 (1.6) 式。这里要用到张量分析，我们并不打算详细讲述张量分析，只要记住将 (1.9) 式求导算符换作 "协变导数" 即可。

我们熟知，即使在平直空间的曲线坐标系中，用微分算符 (1.9) 对矢量进行运算时, 也会产生额外的项。例如，在球坐标系中矢量 $\boldsymbol{A}$ 的分量为 $\boldsymbol{A} = A^r\boldsymbol{e}_r + A^\theta\boldsymbol{e}_\theta + A^\phi\boldsymbol{e}_\phi$, 但其散度并不仅仅等于 $\partial_r A^r + \partial_\theta A^\theta + \partial_\phi A^\phi$。这是由于基矢量 $\boldsymbol{e}_r$, $\boldsymbol{e}_\theta$ 和 $\boldsymbol{e}_\phi$ 并非恒定矢量，因此对 $\boldsymbol{e}_r, \boldsymbol{e}_\theta, \boldsymbol{e}_\phi$ 的导数会产生额外项。

类似地，在弯曲时空中协变导数的额外项来自度规 $\boldsymbol{g}_{\alpha\beta}$, 不为常量。$\boldsymbol{g}_{\alpha\beta}$ 的导数代表引力场效应。至此，我们已经讨论了引力是如何影响其他物理现象的，以及几何是如何与局部惯性系中的物理测量相联系的。最后，我们写出爱因斯坦引力场方程

$$G^{\alpha\beta} = 8\pi\frac{G}{c^4}T^{\alpha\beta} \tag{1.10}$$

(1.10) 式的左边 $G^{\alpha\beta}$ 是爱因斯坦张量，它是一个二阶非线性微分算符作用在度规系数 $g_{\alpha\beta}$ 上所产生的二级张量，$G^{\alpha\beta}$ 描写的是时空弯曲; (1.10) 式的右边是场方程的源项，代表非引力起源的应力–能量张量。广义相对论深刻地揭示了物质与时空的关系，从根本上革新了牛顿力学和万有引力定律。广义相对论认为引力不是

力，而是时空弯曲，物质在引力场中走短程线! 正如物理学家惠勒总结的那样: **"物质告诉时空如何弯曲，时空告诉物质如何运动。"**

爱因斯坦引力场方程是个复杂的二阶非线性方程组，方程在牛顿极限下化为泊松方程 (1.1)。由于 $\nabla_\alpha G^{\alpha\beta} \equiv 0$，爱因斯坦场方程保证能量–动量守恒有效。

爱因斯坦场方程的求解极其困难，在 1915 年得到施瓦西解之后，直到 1963 年才由克尔 (Kerr) 得到爱因斯坦场方程的旋转而不带电的精确解族。1965 年，纽曼 (Newman) 等求得爱因斯坦场方程的旋转并带电荷的精确解族。只是在这之后这些解与黑洞的联系才受到重视。

20 世纪 70 年代以来，物理学家发现了有关黑洞的一系列重要性质，并证明了好几个强有力的定理。其中最重要的贡献是剑桥大学的霍金 (Hawking) 发现的黑洞量子辐射效应，以及霍金和贝肯斯坦 (Bekenstein) 等建立的黑洞热力学。黑洞不"黑"，黑洞能够辐射，其视界面具有温度、电导率等性质。这些都是黑洞物理学在理论方面的重大进展。

另一方面，20 世纪 60 年代以来，天文学的迅猛发展强有力地推动了黑洞物理的研究。1963 年发现类星体；1967 年发现脉冲星，并很快被证认为中子星；1962 年发现致密的 X 射线源 …… 这些天文观测的重要发现极大地促进了黑洞理论研究。在 20 世纪 70 年代初对双星 X 射线源，天鹅 X-1 的观测提供了黑洞有可能实际存在于宇宙空间的第一个可信的证据。21 世纪以来，天文观测手段进一步飞速发展。当前利用电磁波渠道，人类已进入全波段天文学阶段，而且已进入全面利用电磁波、中微子、引力波和宇宙线四大信息渠道的多信使天文学时代，人类发现黑洞的候选体越来越多。2016 年 2 月 12 日激光干涉引力波天文台首次直接探测到两个黑洞的并合产生的引力波，这两个黑洞质量分别为 36 个太阳质量和 29 个太阳质量，有理由相信科学界对黑洞的最后证认已经指日可待了。

1.3.3 黑洞的分类

根据黑洞无毛定理 (no-hair theorem)，黑洞只有三个性质，即质量 M、角动量 J 和电荷 Q。根据爱因斯坦–麦克斯韦方程组得到的时空度规的解，可以把黑洞分为以下四种类型 [3,4]。

(1) 施瓦西黑洞: $M \neq 0$，$J = Q = 0$；

(2) 克尔黑洞: $M \neq 0$，$J \neq 0$，$Q = 0$；

(3) 瑞斯尼–诺德斯特朗 (Reissner-Nordstrom) 黑洞: $M \neq 0$，$J = 0$，$Q \neq 0$；

(4) 克尔–纽曼 (Kerr-Newman) 黑洞: $M \neq 0$，$J \neq 0$，$Q \neq 0$。

在天体物理环境中，一个带电天体将被周围的等离子体迅速中性化。一般认为，带电的黑洞不大可能具有重要的天体物理意义。然而天体很可能是旋转的，所以由引力坍缩形成的黑洞一般也是旋转的。因此在天体物理中具有重要意义的是两种黑洞，即施瓦西黑洞和克尔黑洞。

按照黑洞质量大小可以把黑洞分为四种类型。

(1) 原初黑洞(primordial black hole)：这种黑洞起源于早期宇宙的密度涨落，其质量范围是 $(10^{14} \sim 10^{23})$kg，或 $(10^{-16} \sim 10^{-7})$ $M_\odot$[5]。

(2) 恒星级黑洞(stellar-mass black hole)：这种黑洞起源于大质量恒星的引力坍缩，其质量约为 10 个太阳质量左右，即 $10M_\odot \approx 10^{31}$kg[6]。

(3) 超大质量黑洞(supermassive black hole)：几乎在所有的星系中心都存在超大质量黑洞，例如，在银河系中心的人马座 A*(SgrA*) 就可能存在一个质量为太阳质量的 400 万倍的超大质量黑洞 ($\sim 4 \times 10^6 M_\odot$)。普遍认为超大质量黑洞的质量范围是太阳质量的 $10^6 \sim 10^{10}$ 倍。这种黑洞的起源目前还不清楚，有人认为可能产生于种子黑洞的吸积，也有人认为产生于黑洞的并合过程[7]。

(4) 中等质量黑洞(intermediate-mass black hole)：这种黑洞的起源非常不确定，仅停留在假设上。中等质量黑洞存在的最强有力的证据来自几个低光度的活动星系核 AGNs，其中心黑洞的质量是太阳质量的 10^6 倍以内。另外极亮的 X 射线源中心黑洞的质量范围是太阳质量的几百到 1000 倍，也提供了存在中等质量黑洞的可能性[8]。

前面提到，1974 年霍金发现了黑洞的量子辐射效应。这种效应的理论基础是弯曲时空的量子场论[9,10]。霍金的研究表明，黑洞不 "黑"，黑洞可以产生量子辐射，但是黑洞的量子辐射只对原初黑洞有意义。为分析简单起见，我们以施瓦西黑洞为例，黑洞视界面的温度可以表示为

$$T_H = \frac{1}{8\pi M} \tag{1.11}$$

(1.11) 式是黑洞视界面温度在普朗克 (Planck) 单位制 $(G = \hbar = c = k_B = 1)$ 中的表达式，在国际单位制 (SI) 中，(1.11) 式可以改写为

$$T_H = \frac{\hbar c^3}{8\pi G M k_B} \left(\approx \frac{1.227 \times 10^{23}\text{kg}}{M}\text{K} = 6.69 \times 10^{-8}\text{K}\frac{M_\odot}{M} \right) \tag{1.12}$$

(1.11) 和 (1.12) 式中 M 为黑洞的质量，即黑洞视界面温度与黑洞质量成反比。利用 (1.12) 式容易得到一个太阳质量的黑洞温度 $T_H \sim 10^{-7}$K，远低于宇宙微波背景辐射的温度 2.7K，而原初黑洞的温度为 $(1 \sim 10^9$K)，因此霍金辐射对原初黑洞才有观测意义。对恒星级质量黑洞 (包括中等质量黑洞和超大质量黑洞) 来说，霍金辐射完全可以忽略。

1.3.4　关于黑洞的几个基本概念

1. 时空度规和黑洞的结构

黑洞的结构是由奇点和视界面来表征的。根据广义相对论，奇点位于黑洞中

心，在奇点处的时空曲率无穷大。而视界面就是物质 (包括光) 也不能逃逸出去的时空分界面。施瓦西黑洞和克尔黑洞的结构如图 1.2 所示。

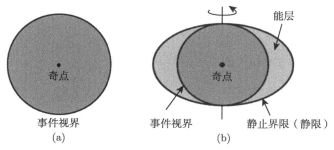

图 1.2 黑洞的结构示意图

(a) 施瓦西黑洞；(b) 克尔黑洞

图 1.2 中的 (a) 和 (b) 分别代表施瓦西黑洞和克尔黑洞。可以看出视界面和奇点是上述两种黑洞的共同特征，不同的是施瓦西黑洞只有一个视界面，其形状是球形的；而克尔黑洞有两个视界面，球形的内视界面和扁球形的外视界面，在内外视界面之间的区域称为能层(ergosphere)。

施瓦西黑洞和克尔黑洞的结构是通过求解爱因斯坦引力场方程得到的施瓦西度规和克尔度规决定的，分别由 (1.13) 和 (1.14) 式所表示

$$\mathrm{d}s^2 = -\left(1 - \frac{2M}{r}\right)\mathrm{d}t^2 + \left(1 - \frac{2M}{r}\right)^{-1}\mathrm{d}r^2 + r^2\mathrm{d}\theta^2 + r^2\sin^2\theta\mathrm{d}\phi^2 \tag{1.13}$$

$$\mathrm{d}s^2 = -\left(1 - \frac{2Mr}{\Sigma}\right)\mathrm{d}t^2 - \frac{4aMr\sin^2\theta}{\Sigma}\mathrm{d}t\mathrm{d}\phi + \frac{\Sigma}{\Delta}\mathrm{d}r^2$$
$$+ \Sigma\mathrm{d}\theta^2 + \left(r^2 + a^2 + \frac{2Mra^2\sin^2\theta}{\Sigma}\right)\sin^2\theta\mathrm{d}\phi^2 \tag{1.14}$$

在 (1.13) 和 (1.14) 式中，r, θ, ϕ 为 3 个球坐标空间参数，t 为坐标时，M 为黑洞质量。a 为黑洞的比角动量，它与黑洞的质量和角动量的关系为 $a \equiv J/M$。(1.14) 式中的参数 Δ 和 Σ 表示为

$$\Delta \equiv r^2 - 2Mr + a^2, \quad \Sigma \equiv r^2 + a^2\cos^2\theta \tag{1.15}$$

容易验证，在 (1.14) 式中令 $J = 0$，则克尔度规就化为施瓦西度规。在黑洞视界面内不可能存在静止观察者，这意味着一旦观测者进入黑洞视界面，将不可避免地被拉到黑洞的中心奇点。

采用爱因斯坦求和约定：度规表达式中出现相同上指标和下指标意味着对这个指标求和。这样施瓦西度规和克尔度规可以统一表示为

$$\mathrm{d}s^2 = g_{\alpha\beta}\mathrm{d}x^\alpha\mathrm{d}x^\beta \qquad (\alpha, \beta = 0,\ 1,\ 2,\ 3) \tag{1.16}$$

在球坐标系中 x^0, x^1, x^2 和 x^3 分别对应于时空指标 t, r, θ 和 ϕ。可以写出施瓦西度规系数为

$$g_{00} = -\left(1 - \frac{2M}{r}\right), \quad g_{rr} = \left(1 - \frac{2M}{r}\right)^{-1}, \quad g_{\theta\theta} = r^2, \quad g_{\phi\phi} = r^2 \sin^2\theta \quad (1.17)$$

根据 (1.14) 式, 可以写出相关的克尔度规系数如下:

$$
\begin{cases}
g_{00} = -\left(1 - \dfrac{2Mr}{\Sigma}\right), \quad g_{0\phi} = g_{\phi 0} = -\dfrac{2aMr\sin^2\theta}{\Sigma} \\[3mm]
g_{rr} = \Sigma/\Delta, \quad g_{\theta\theta} = \Sigma, \quad g_{\phi\phi} = \left(r^2 + a^2 + \dfrac{2Mra^2\sin^2\theta}{\Sigma}\right)\sin^2\theta
\end{cases}
\tag{1.18}
$$

2. 时空度规和引力红移

我们首先从施瓦西度规出发来讨论引力红移。假设施瓦西度规描写的引力场中有一个静止观察者位于固定的 r, θ, ϕ 坐标, 这个观察者测量的固有时间由 (1.13) 式给出

$$d\tau^2 = -ds^2 = (1 - r_S/r)\,dt^2 = (-g_{00})\,dt^2 \tag{1.19}$$

其中 $r_S = 2M$ 为黑洞的施瓦西半径, 在国际单位制中施瓦西半径可表示为

$$r_S = 2GM/c^2 \tag{1.20}$$

根据 (1.19) 式, 位于无穷远的钟 ($r \to \infty$) 测量的时间为 dt, 位于引力场 r 处的钟的测量时间为 $d\tau$, 二者满足 $d\tau < dt$。这意味着处于强引力场钟比处于弱引力场的钟走得慢。假设静态引力场中两个固定点上分别放置电磁波 (即光子) 发射器与接收器, 发射器的电磁波频率 ν_e 等于该点所测量的两个波峰之间的固有时的倒数。根据 (1.19) 式得到

$$\nu_e = \frac{1}{d\tau_e} = \frac{1}{\left[(1 - r_S/r)^{1/2}\,dt\right]_e} \tag{1.21}$$

对于接收器有一个类似于 (1.21) 式的关系式成立, 因此可得

$$\frac{\nu_r}{\nu_e} = \frac{\left[(1 - r_S/r)^{1/2}\,dt\right]_e}{\left[(1 - r_S/r)^{1/2}\,dt\right]_r} \tag{1.22}$$

由于引力场是静态的, 在发射器和接收器处两个波峰之间的坐标时 dt 相等, 故可得出引力红移的表达式

$$\frac{\nu_r}{\nu_e} = \frac{(1 - r_S/r)_e^{1/2}}{(1 - r_S/r)_r^{1/2}} \tag{1.23}$$

根据 (1.23) 式可以得到以下结果:

(1) 如果发射光子处于强引力场, 而接收光子处于弱引力场, 即 $r_e < r_r$, 由此得到: $\nu_r < \nu_e$, 即接收到的光子频率低于发射光子的频率, 这就是引力红移。

(2) 如果光子在黑洞视界面上发射, 即 $r_e = r_S$, 则有 $g_{00} = 0$, 得到 $\nu_r = 0$, 这意味着接收到的光子频率为零, 也就是光子能量为零, 因此没有能量从黑洞视界面辐射出来, 这就是黑洞视界面也叫做无限红移面的原因。

以上关于引力红移的讨论也适用于克尔度规。结合 $g_{00} = 0$, (1.15) 和 (1.18) 式得到克尔黑洞的无限红移面 (外视界面) 的半径满足方程

$$r^2 - 2Mr + a^2\cos^2\theta = 0 \tag{1.24}$$

由 (1.24) 式解得

$$r_0 = M + \left(M^2 - a^2\cos^2\theta\right)^{1/2} \tag{1.25}$$

可以证明, 视界出现在度规函数 Δ 为零处[3]。根据 (1.15) 式, 二次方程 $\Delta = 0$ 的较大的根为

$$r_H = M + \left(M^2 - a^2\right)^{1/2} \tag{1.26}$$

(1.26) 式即为克尔黑洞视界半径的表达式。

由 (1.26) 式可知, 克尔黑洞的比角动量 a 必须小于 M。如果 a 超过 M, 引力场将出现 "裸" 奇点。广义相对论的一个未解决的主要问题是彭罗斯 (Penrose) 提出的宇宙监督假设 (cosmic censorship conjecture): 即从非奇异的初始条件形成的引力坍缩永远不会产生裸奇点。满足 $a \equiv M$ 的黑洞叫做极端克尔黑洞。

为了理解克尔度规和视界面的联系, Bardeen 等引入一族稳态观察者, 他们具有固定的坐标 r 和 θ, 并且以恒定的角速度旋转[11,12]

$$\Omega = \mathrm{d}\phi/\mathrm{d}t = u^\phi/u^0 \tag{1.27}$$

其中 $u^\phi = \mathrm{d}\phi/\mathrm{d}\tau$ 和 $u^0 = \mathrm{d}t/\mathrm{d}\tau$ 为四维速度, 二者的关系是 $u^\phi = u^0\Omega$, 由 (1.16) 式可以得到

$$-1 = u^\mu u_\mu = u^0 u_0 + u^\phi u_\phi = u^0\left(u^0 g_{00} + u^0\Omega g_{0\phi}\right) + u^0\Omega\left(u^0 g_{0\phi} + u^0\Omega g_{\phi\phi}\right)$$

亦即

$$-1 = \left(u^0\right)^2\left[g_{00} + 2\Omega g_{0\phi} + \Omega^2 g_{\phi\phi}\right] \tag{1.28}$$

显然, 上式中方括号中的量必须为负。由于 (1.18) 式中 $g_{\phi\phi}$ 为正, 因此可以肯定 Ω 必然在令方括号为零得出的方程的两个根之间, 即

$$\Omega_{\min} < \Omega < \Omega_{\max} \tag{1.29}$$

其中

$$\Omega_{\min}^{\max} = \frac{-g_{0\phi} \pm \left(g_{0\phi}^2 - g_{00}g_{\phi\phi}\right)^{1/2}}{g_{\phi\phi}} \tag{1.30}$$

注意到当 $g_{00} = 0$ 时，即当 $r^2 - 2Mr + a^2\cos^2\theta = 0$ 时，$\Omega_{\min} = 0$。此时就得到克尔黑洞的无限红移面半径的表达式

$$r_0 = M + \left(M^2 - a^2\cos^2\theta\right)^{1/2} \tag{1.31}$$

位于 r_H 和 r_0 之间的观察者的角速度 $\Omega > 0$，即在 $r_H < r < r_0$ 的区域内，没有静态观察者 $(\Omega = 0)$ 存在。因此，我们也把表面 $r = r_0$ 叫做静限。r_H 和 r_0 之间的区域就是图 1.2(a) 所示的克尔黑洞的能层。注意到：

(1) 当 $a = 0$ 时，r_H 和 r_0 重合，且满足 $r_H = r_0 = 2M$ 时，克尔黑洞化为施瓦西黑洞。

(2) 当 $a \neq 0$ 时，视界半径 r_H 和静限比较 r_0 不相等，二者仅在黑洞的两个极点 $\theta = 0$ 和 $\theta = \pi/2$ 处相等，如图 1.2(b) 所示。

(3) r_H 和 r_0 在 $\theta = \pi/2$ 的差别达到最大，而且 a 的值越大，r_H 和 r_0 的差别越大，这意味着黑洞自转越快，能层的区域越大。

3. 黑洞熵及黑洞热力学

黑洞物理与热力学有极其相似的规律，其中最重要的一条规律是霍金提出的黑洞视界面积不减定理与热力学第二定律的相似性。1971 年霍金证明了黑洞物理的一条重要定理：在任何相互作用中，黑洞的视界面积永不减少[13]。利用克尔度规可以计算克尔黑洞的视界面积。令 $t = \text{const}$, $r = r_H = \text{const}$，并利用 (1.14) 和 (1.15) 式可求得视界面上的度规为

$$ds^2 = \left(r_H^2 + a^2\cos^2\theta\right)d\theta^2 + \frac{(2Mr_H)^2}{r_H^2 + a^2\cos^2\theta}\sin^2\theta d\phi^2 \tag{1.32}$$

视界的面积为

$$\begin{aligned} A_H &= \iint \sqrt{g}\,d\theta d\phi = \iint 2Mr_H \sin\theta d\theta d\phi \\ &= 8\pi M\left[M + \left(M^2 - a^2\right)^{1/2}\right] \end{aligned} \tag{1.33}$$

其中 $g = g_{\theta\theta}g_{\phi\phi} = (2Mr_H)^2$ 是 (1.32) 式中的度规系数的行列式，当 $a = 0$ 时，$A_H = 4\pi(2M)^2$ 为施瓦西黑洞的视界面积。

霍金面积定理看起来与热力学第二定律的熵增加非常相似。1973 年，贝肯斯坦在霍金面积定理的基础上，提出可以认为黑洞有熵 S_H，而且黑洞的熵与黑洞的视界面积成正比，即 $S_H \propto A_H$[14]。

然而, 贝肯斯坦的类比在理论上存在如下不自洽:

(1) 在经典广义相对论中黑洞没有平衡态, 如果把黑洞置于辐射环境中, 黑洞将不断地吸收外界辐射, 而不会达到平衡状态。

(2) 如果黑洞具有熵, 那么它也应该有温度, 但是具有特定温度的物体必须以一定的速率发出辐射。然而经典广义相对论的黑洞只能吸收物质, 而不会发生辐射, 这就导致了理论上的矛盾。

霍金 1974 年发现黑洞的量子蒸发效应 (即霍金辐射) 改变了这一局面。霍金在弯曲时空的量子场论的框架中发现, 当考虑量子效应时, 黑洞会辐射粒子, 而且辐射的粒子谱刚好是一个黑体辐射谱。

此外, 霍金发现黑洞熵的确与黑洞视界面积成正比, 比例系数为 1/4。结合 (1.33) 式, 得到克尔黑洞熵的表达式

$$S_{\mathrm{H}} = A_{\mathrm{H}}/4 = 2\pi M \left[M + \left(M^2 - a^2 \right)^{1/2} \right] \tag{1.34}$$

在 (1.34) 式中取 $a=0$, 即得到施瓦西黑洞熵的表达式

$$S_{\mathrm{H}} = A_{\mathrm{H}}/4 = 4\pi M^2 \tag{1.35}$$

黑洞熵的下标 "H" 有两个含义, 一个是黑洞的英文缩写; 另一个是 Hawking 的缩写, 以表示霍金对黑洞熵的贡献[9,10,14]。

热力学定律与黑洞热力学定律非常类似, 如表 1.3 所示。

表 1.3 热力学定律与黑洞热力学定律的比较

定律	热力学	黑洞热力学
第零定律	热平衡时, 整个物体温度 T 为常数	稳态黑洞的视界上, 表面引力 κ 为常数
第一定律	$\mathrm{d}E = T\mathrm{d}S +$ 做功项	$\mathrm{d}M = \dfrac{1}{8\pi}\kappa \mathrm{d}A_{\mathrm{H}} + \Omega_{\mathrm{H}}\mathrm{d}J$
第二定律	对任何过程, $\delta S \geqslant 0$	对任何过程, $\delta(S_{\mathrm{H}} + S_{\mathrm{m}}) \geqslant 0$
第三定律	不可能经过有限的物理过程达到 $T=0$	不可能经过有限的物理过程达到 $\kappa = 0$

对黑洞热力学做几点补充说明如下:

(1) 结合黑洞熵的表达式 $S_{\mathrm{H}} = A_{\mathrm{H}}/4$ 和黑洞热力学第一定律, 发现黑洞视界面的温度 T_{H} 与黑洞表面引力 κ 满足

$$T_{\mathrm{H}} = \kappa/2\pi \tag{1.36}$$

因此热力学第零定律对应于稳态黑洞视界上表面引力 κ 为常数, 即相当于黑洞视界的温度 T_{H} 为常数。

(2) 克尔黑洞表面引力 κ 可以表示为[10,15]

$$\kappa = \frac{M - r_{\mathrm{H}}}{2Mr_{\mathrm{H}}} \tag{1.37}$$

结合克尔黑洞视界半径表达式 (1.26) 以及 (1.36) 和 (1.37) 式得到克尔黑洞视界面温度的表达式

$$T_{\mathrm{H}} = \kappa/2\pi = \frac{\sqrt{1-a_*^2}}{4\pi M\left(1+\sqrt{1-a_*^2}\right)} \tag{1.38}$$

其中 $a_* \equiv a/M = JM^2$ 为克尔黑洞的无量纲角动量，简称黑洞自转。

(3) 根据黑洞热力学第二定律的表述：对任何过程 $\delta(S_{\mathrm{H}} + S_{\mathrm{m}}) \geqslant 0$，意味着黑洞熵 S_{H} 与黑洞视界面外的其他物质的熵 S_{m} 之和永不减少，这就是贝肯斯坦在 1973 年提出的广义热力学第二定律的数学表述[14]。

(4) 根据热力学第三定律表述：不可能经过有限的物理过程达到绝对零度，即 $T=0$。对应于黑洞热力学则表述为：不可能经过有限的物理过程使黑洞视界的表面引力为零，即 $\kappa = 0$；或使黑洞视界面的温度 $T_{\mathrm{H}} = 0$。然而，根据 1970 年 Bardeen[16] 的计算，在广义相对论薄盘吸积的情况下，黑洞吸积有限质量之后会由不旋转的施瓦西黑洞 ($a_* = 0$) 演化到极端克尔黑洞 ($a_* = 1$)，由 (1.38) 式可知，这导致极端黑洞温度 $T_{\mathrm{H}} = 0$，从而违反了热力学第三定律。1974 年 Thorne 建议，根据黑洞对吸积盘发射的两种不同旋转方向的光子的俘获截面不同而产生的影响，可以避免黑洞演化成为极端克尔黑洞，从而保证了热力学第三定律的有效性[17]。

让我们引述英国物理学家 P. C. W. Davies 在一篇评述黑洞热力学的文章中的一段话作为本章的结束语："或许黑洞最有吸引力的特点是它扩大了我们的热力学概念。在一个量子理论和相对论都值得怀疑的领域中一个令人吃惊的思想是，热力学定律居然保持不变，正如普朗克和爱因斯坦在建立量子力学时那样，热力学正为产生一个令人难以捉摸的量子引力论提供强有力的指导[18]。"

参 考 文 献

[1] Abbott B P, Abbott R, Abbott TD, et al. Phys. Rev. Lett., 2016, 116: 061102
[2] 李宗伟, 肖兴华. 北京: 高等教育出版社, 2000
[3] 刘辽, 赵峥. 北京: 高等教育出版社, 2004
[4] 温伯格 S. 邹振龙, 张历宁, 等译. 北京: 科学出版社, 1980
[5] Kesden M, Hanasoge S. Phys. Rev. Lett., 2011, 107: 111101
[6] Frank J, King A R, Raine D L. Cambridge: Cambridge Univ. Press, 1992
[7] Antonucci R. Ann. Rev. Astron. and Astrophy., 1993, 31: 473–521
[8] Gebhardt K, Rich R M, Ho L C. Astrophys. J., 2005, 634: 1093–1102
[9] Hawking S W. Nature, 1974, 248(5443): 30, 31
[10] Hawking S W. Commun. Math. Phys., 1975, 43: 199–220
[11] Bardeen J M, Press W H, Teukolsky S A. Astrophys. J., 1972, 178: 347–369
[12] Macdonald D, Thorne K S. Mon. Not. R. Astron. Soc., 1982, 198: 345–382

[13] Hawking S W. Phys. Rev. Lett., 1971, 26: 1344–1346
[14] Bekenstein J D. Phys. Rev., 1973, D7: 2333–2346
[15] Thorne K S, Price R H, Macdonald D A. New Haven: Yale Univ. Press, 1986
[16] Bardeen J M. Nature, 1970, 226: 64, 65
[17] Thorne K S. Astrophys. J., 1974, 191: 507–519
[18] Davies P C W. Rep. Prog. Phys., 1978, 41: 1313–1355

第 2 章　吸积盘理论

2.1　天体吸积概述

对于 19 世纪的物理学家来说，引力曾经是天体中唯一可信赖的能源，但是引力不能解释太阳在其 50 亿年漫长寿命中所发出的强大的光和热。后来物理学家认识到太阳的光和热来自太阳内部的热核反应。因此在 20 世纪前 50 年，引力作为天体物理能源的地位受到核反应的强有力挑战。到了 20 世纪后半期，情况发生了变化。天文学的一系列重大发现，尤其是类星体、活动星系核、脉冲星等高能、致密天体的发现，有力地推动了引力理论的发展。物质向致密中心天体的吸积，把其引力势能转化为辐射能释放出来，成功地解释了密近双星系统、脉冲星、类星体和活动星系核等高能天体的能源机制。

吸积的重要性与日俱增，这种认识与天文学观测技术的飞速发展是分不开的。当前天文学家的观测已扩展到从射电波到 X 射线和 γ 射线的全电磁波段。同时，脉冲星的发现消除了长期以来在天文学界存在的对致密天体的怀疑，对黑洞的研究与探索非常活跃。随着空间天文学的迅猛发展，一系列高能天文观测卫星不断产生激动人心的新发现，使得天文学家普遍承认向致密天体的吸积是产生高能辐射的一个自然而又强有力的机制，引力又重新夺回其作为天体物理重要能源的霸主地位。

我们可以对天体吸积作一些简单的数量级的估计。对于一个质量为 M，半径为 R_* 的天体，当质量 m 吸积到天体表面时所释放的引力势能为[1]

$$\Delta E_{\mathrm{acc}} = GMm/R_* \tag{2.1}$$

其中 G 为万有引力常数。如果吸积天体是中子星，其半径 $R_* \sim 10\mathrm{km}$，质量 $M \sim 1M_\odot$，那么每克吸积物质所释放的引力能 $\Delta E_{\mathrm{acc}} \approx 10^{20}\mathrm{erg}$[①]。这个能量最终主要以电磁辐射的形式释放出来。为了比较，计算通过核聚变反应从质量为 m 克氢中所能提取的能量，其能量的主要贡献来自氢聚变为氦，聚变反应从 m 克氢物质所获取的最大能量为

$$\Delta E_{\mathrm{nuc}} = 0.007mc^2 \tag{2.2}$$

---

① 1erg=10^{-7}J。

其中 c 为光速。这样我们得到每克氢物质的能量释放为 6×10^{18}erg，大约只相当于吸积产能的 $1/20$。

由 (2.1) 式易见，吸积作为一种放能机制，其效率与中心天体的致密程度强烈相关。中心天体的致密程度越高，比值 M/R_* 就越大，放能效率就越高。这样，在处理向恒星级天体的吸积问题时，我们肯定要考虑中子星 $(R_* \sim 10\text{km})$ 和黑洞 $(R_* \sim 2GM/c^2 \sim 3\,(M/M_\odot)\,\text{km})$。

对于白矮星，$M \sim M_\odot$，$R_* \sim 10^4$km，核燃烧的放能效率比吸积要高 25~50 倍。然而，这并不意味着白矮星吸积不重要，因为上述论证没有考虑核燃烧过程和吸积过程的时标。实际上，当核燃烧在白矮星的表面进行时，其历时极短，迅速地产生巨大的光和热，这就是新星爆发。在新星爆发期间，核燃料将迅速消耗殆尽。在白矮星的绝大多数生命历程中，并没有核燃烧发生，它很可能还是靠吸积来发光。在双星系统中，白矮星从一个被称为激变变星的邻近伴星中吸积物质。这样的双星系统在银河系中是相当普遍的。由于在这样的双星系统中，其他的能源，尤其是伴星的能源，相对来说都不重要，所以这种双星系统提供了对吸积过程作单独研究的最好机会。

对于不太致密的天体 (如太阳)，吸积的产能效率比潜在的核燃烧要低几千倍。即便如此，向这种恒星的吸积也具有观测上的重要性。在致密程度 M/R_* 取值一定的情况下，吸积系统的光度取决于物质的吸积率。在高光度的情况下，可以通过角动量由辐射向吸积物质的转移来控制吸积率。在一定的条件下，对于给定的致密程度，吸积率可以导致最大的光度，通常称为爱丁顿光度。

作为一种能源机制，人们首先是在对双星系统，尤其是对 X 射线双星系统的研究中认识到吸积的重要性的。对相互作用的双星系统的详细研究揭示了吸积过程中角动量的重要性。在许多情况下，被转移的物质必须首先甩掉其自身的大部分角动量才能到达吸积的星体上，这就导致了吸积盘的形成。盘吸积被证明是一种提取引力势能，并将其转化为辐射能的有效机制。这种性质使吸积盘成为类星体和活动星系核中心发动机的一种有力的候选者。目前，以旋转黑洞为中心天体的磁化吸积盘已成为解释类星体和活动星系核的高能辐射及喷流产生的一种标准理论模型，最近天文学家还采用黑洞吸积盘模型解释宇宙中普遍存在的 γ 射线暴 (gamma-ray bursts, GRB) 的能量来源。

在吸积盘理论中，几何薄、光学厚的吸积盘是最早建立的，也是最成熟的理论，它成功地解释了 X 射线双星的高能辐射与光变现象。事实上，吸积盘的研究非常复杂，即使采用最简单的假设，满足自洽要求的解析解亦是非常复杂的。迄今为止，已经先后得到旋转吸积流的四个动力学解，或者说已有了四种吸积盘模型：分别是几何薄、光学厚吸积盘，几何薄、光学薄吸积盘，几何厚、光学厚吸积盘以及几何厚、光学薄吸积盘，亦称为 "径移主导吸积流"(ADAF)[2]。

2.2 爱丁顿极限

考虑一个稳定的球对称吸积,并假设吸积物质主要是氢,并已充分电离。在这种环境中辐射主要是通过 Thomson 散射对自由电子施加作用力。这是因为质子的散射截面比电子的散射截面小 $(m_e/m_p)^2 \approx 2.5 \times 10^{-7}$,其中 m_e/m_p 是电子和质子的质量之比[3,4]。

如果 S 是辐射能流,$\sigma_T = 6.7 \times 10^{-25} \mathrm{cm}^2$ 是汤姆孙 (Thomson) 截面,那么作用在每个电子上的向外的径向力等于该电子吸收动量的速率,$\sigma_T S/c$。如果吸积环境中存在大量的非氢元素,使得较多的电子受到束缚,那么对谱线的光子吸收引起的有效散射截面就会显著地超过 σ_T。电子和质子之间的静电库仑力使得电子受到推动时,也将拖动质子一起运动。实际上是向外作用于电子–质子对的辐射压力与作用在径向距离 r 的总引力 $GM(m_p + m_e)/r^2 \approx GMm_p/r^2$ 相对抗。如果吸积源的光度为 $L\,(\mathrm{erg \cdot s^{-1}})$,根据球对称性,$S = L/4\pi r^2$,那么作用在电子–质子对向内的净力为 $(GMm_p - L\sigma_T/4\pi c)\,\dfrac{1}{r^2}$。考虑到 $m_e \ll m_p$,在计算引力时我们忽略了作用在电子上的引力。令向内的净力为零,即导出极限光度 —— 爱丁顿极限

$$L_{\mathrm{Edd}} = 4\pi GMm_p c/\sigma_T \approx 1.3 \times 10^{38}\,(M/M_\odot)\,\mathrm{erg \cdot s^{-1}} \tag{2.3}$$

如果光度超过爱丁顿光度,则向外的辐射压力会超过向内的引力,从而导致吸积过程终止。虽然理论上辐射达到爱丁顿光度时会使吸积暂时停止,但是吸积仍可以较低的吸积率继续,结果产生的光度会小于爱丁顿光度。如果某个源的光度部分或全部来自其他的能源机制,如核燃烧,那么在爱丁顿极限上该源的物质外层将被辐射压力吹掉,该源将是不稳定的。对于具有一定的质量–光度关系的恒星来说,这一论证会导致一个稳定质量的极大值。

由于爱丁顿光度 L_{Edd} 在理论上的重要性,我们有必要再回顾一下导出 (2.3) 式时所作的假设。我们原来假设吸积是稳定的、球对称的。如果吸积只发生在一定比例 f 的恒星表面上,并且吸积仍然只与半径 r 有关,那么对应的吸积光度的极限为 fL_{Edd}。如果吸积天体的几何形状比较复杂,那么 (2.3) 式只能提供一个对极限光度的粗略估计。更重要的假设是,对爱丁顿极限的讨论限于稳定吸积流。以超新星为例,超新星的光度并非来自稳定的吸积流,所以其光度极大地超过了 L_{Edd},而不受爱丁顿光度的限制。

另一个重要假设是,吸积物质大部分是氢,并且是充分电离的。然而,几乎完全电离的假设只有在吸积天体的光度大部分以 X 射线的形式释放的场合才是合理的,因为只要光度成分中有很少的 X 射线,就可以保证大量的离子充分电离。尽

管在导出爱丁顿极限时有上述几条限制，这个极限在吸积理论中仍然具有十分重要的作用。

对于依赖吸积产能的天体，爱丁顿极限意味着存在一个稳定吸积率的极限。如果吸积物质的所有动能均在恒星表面 R_* 处转化为辐射，则根据 (2.1) 式可知吸积光度为

$$L_{\mathrm{acc}} = GM\dot{M}/R_* \tag{2.4}$$

如果把吸积率写作 $\dot{M} = 10^{16}\dot{M}_{16}\mathrm{g} \cdot \mathrm{s}^{-1}$，我们可以把 L_{acc} 按照典型的数量级重新表示出来：

$$L_{\mathrm{acc}} = 1.3 \times 10^{33}\dot{M}_{16} \left(M/M_{\odot}\right) \left(10^9\mathrm{cm}/R_*\right) \mathrm{erg} \cdot \mathrm{s}^{-1} \tag{2.5a}$$

$$= 1.3 \times 10^{36}\dot{M}_{16} \left(M/M_{\odot}\right) \left(10\mathrm{km}/R_*\right) \mathrm{erg} \cdot \mathrm{s}^{-1} \tag{2.5b}$$

(2.5a) 式中的 $\left(10^9\mathrm{cm}/R_*\right)$ 和 (2.5b) 式中 $\left(10\mathrm{km}/R_*\right)$ 分别是白矮星和中子星半径的典型量级，$\dot{M}_{16} \equiv \dot{M}/(10^{16}\mathrm{g} \cdot \mathrm{s}^{-1})$。因为 $10^{16}\mathrm{g} \cdot \mathrm{s}^{-1}(\sim 1.5 \times 10^{-10} M_{\odot}\mathrm{yr}^{-1})$ 是含有白矮星或中子星的密近双星系统的吸积率的典型量级，在 (2.5a) 和 (2.5b) 式中，我们取 $\dot{M}_{16} \sim 1$，得到含白矮星的双星系统的光度为 $10^{33}\mathrm{erg} \cdot \mathrm{s}^{-1}$；含中子星的双星系统的光度为 $10^{36}\mathrm{erg} \cdot \mathrm{s}^{-1}$。

通过与 (2.3) 式比较，可以看出 $\dot{M}_{16}$ 的取值上限分别为 $\sim 10^5$(白矮星吸积) 和 10^2(中子星吸积)。如果上述推导爱丁顿极限的假设保持有效，那么对于含白矮星的吸积系统，吸积率必定小于 $10^{21}\mathrm{g} \cdot \mathrm{s}^{-1}$，对于含中子星的吸积系统，吸积率必定小于 $10^{18}\mathrm{g} \cdot \mathrm{s}^{-1}$。

对于向黑洞吸积的情况，(2.4) 式是否成立还不清楚。因为对于黑洞来说，半径 R_* 处没有一个硬表面，而只代表一个物质可以进入而不能逃逸的区域。大多数吸积能量很可能被黑洞吸收，以增加黑洞的质量，而不是辐射出来。可以引入一个无量纲参数 η 来表征黑洞吸积的效率

$$L_{\mathrm{acc}} = 2\eta GM\dot{M}/R_* = \eta\dot{M}c^2 \tag{2.6}$$

(2.6) 式中最后一个等式代入了黑洞的视界半径 $R_* = 2GM/c^2$，这个关系式表明单位吸积物质的静止质量转化为辐射能的效率。将 (2.6) 式与 (2.2) 式比较，我们发现 H-He 核燃烧的产能效率为 $\eta = 0.007$。在黑洞吸积的情况下，我们通常在 (2.6) 式中取 $\eta \sim 0.1$。由 (2.6) 式可知，对于一个具有太阳质量的中子星，$\eta \sim 0.15$。这样看来，尽管黑洞的致密程度高于中子星，但黑洞把引力势能转化为辐射能的效率却不比中子星高，原因就是黑洞没有硬表面，而吸积物质在中子星表面上会产生辐射。

作为应用爱丁顿极限的另一个例子，我们讨论活动星系核和与它密切相关的类星体 (quasars)。对于这些神秘的天体人们知之甚少，但吸积却被认为是其最终

的能源。天文学家抱有此信念的主要理由在于活动星系核和类星体有巨大的光度，这些天体的光度可达到 $10^{47} \mathrm{erg \cdot s^{-1}}$ 或更高。而且，在数周或更短的时标上光度可以变化两个量级。如果按照核燃烧的产能效率，$\eta = 0.007$，那么达到如此之高的光度，质量的消耗率为 $250 M_\odot \mathrm{yr}^{-1}$。这是一个相当苛刻的要求。如果采用黑洞吸积的产能机制，效率可达 $\eta \sim 0.1$，那么质量的消耗率将会减少到 $20 M_\odot \mathrm{yr}^{-1}$ 或更少。假设这些系统的辐射光度低于爱丁顿极限，那么要求吸积中心天体的质量超过 $10^9 M_\odot$。由于白矮星的质量上限为 $1.4 M_\odot$，中子星的质量上限为 $3 M_\odot$，所以活动星系核中心天体的候选者非超大质量黑洞莫属了。

2.3　发　射　谱

　　根据致密吸积天体的类型，可以对天体发射谱线的范围作一些数量级的估计；反过来，也可以根据发射谱线的特征来推测有关致密天体的类型。我们通过辐射温度 T_{rad} 来表征辐射的连续谱，通过关系式，$T_{\mathrm{rad}} = h\bar{\nu}/k$，把 T_{rad} 与典型的光子能量 $h\bar{\nu}$ 联系起来，式中不需要对 $\bar{\nu}$ 取准确值。如果半径为 R 的源产生的吸积光度为 L_{acc}，那么可以定义一个黑体温度 T_{b}：对于以黑体谱作为辐射功率的源，该源所具有的温度为

$$T_{\mathrm{b}} = \left(L_{\mathrm{acc}}/4\pi R_*^2 \sigma\right)^{1/4} \tag{2.7}$$

(2.7) 式中 σ 为斯特藩–玻尔兹曼 (Stefan-Boltzmann) 常数。

　　此外，我们还可以定义一个温度 T_{th}，即如果引力势能全部转化为热能，吸积物质所应达到的温度。每一个吸积的质子–电子对所释放的势能为 $GM(m_{\mathrm{p}} + m_{\mathrm{e}})/R_* \approx GMm_{\mathrm{p}}/R_*$，而热能为 $2 \times \left(\dfrac{3}{2}kT\right)$，因而

$$T_{\mathrm{th}} = GMm_{\mathrm{p}}/3kR_* \tag{2.8}$$

　　如果吸积流是光学厚的，辐射在从辐射物质中泄漏出去之前即与辐射物质达到热平衡，因此有 $T_{\mathrm{rad}} \sim T_{\mathrm{b}}$。另一种情况是，如果吸积能量直接转化为辐射，并且辐射不与吸积物质发生相互作用 (即其间的物质是光学薄的) 而逃逸出去，则有 $T_{\mathrm{rad}} \sim T_{\mathrm{th}}$。一般情况下，由于系统不能低于黑体温度辐射给定的能流，我们可以把辐射温度估计在热温度和黑体温度之间

$$T_{\mathrm{b}} \leqslant T_{\mathrm{rad}} \leqslant T_{\mathrm{th}}$$

在这些估计中我们假定吸积物质可以用单一的温度来表征。

　　现在我们把 (2.7) 和 (2.8) 式应用于具有一个太阳质量的中子星的情况。(2.8) 式给出温度上限为 $T_{\mathrm{th}} \sim 5.5 \times 10^{11} \mathrm{K}$，或者用能量单位表示为 $k_{\mathrm{B}} T_{\mathrm{th}} \sim 50 \mathrm{MeV}$。为

了根据 (2.7) 式计算温度下限 $T_{\rm b}$, 我们必须求出吸积光度 $L_{\rm acc}$. 但是由于 $T_{\rm b}$ 与 $L_{\rm acc}$ 的四次方根成正比, 因此 $T_{\rm b}$ 对 $L_{\rm acc}$ 的变化是很不敏感的. 这样, 作为一个粗略的估计, 我们不妨取 $L_{\rm acc} \sim L_{\rm Edd} \sim 10^{38} {\rm erg \cdot s^{-1}}$, 或者取中子星的吸积光度的典型值 $\sim 10^{36} {\rm erg \cdot s^{-1}}$. 实际上, 这两种取值所导致的 $T_{\rm b}$ 仅相差一个因子 ~ 3, 由此我们得到 $T_{\rm b} \sim 10^7 {\rm K}$, 或 $k_{\rm B} T_{\rm b} \sim 1 {\rm keV}$. 最后, 我们得出在中子星吸积的情况下, 光子的能量范围

$$1 {\rm keV} \leqslant h\bar{\nu} \leqslant 50 {\rm MeV} \tag{2.9}$$

其中 $\bar{\nu}$ 代表光子的平均频率.

(2.9) 式也适用于恒星级黑洞吸积的情况. 由此可知, 最亮的吸积中子星和黑洞双星系统有可能表现为硬 X 射线源或 γ 射线源. 对于白矮星吸积, 根据 (2.5a) 式, 可取 $L_{\rm acc} \sim 10^{33} {\rm erg \cdot s^{-1}}$ 来估计 $T_{\rm b}$. 取 $M = M_\odot$, $R = 5 \times 10^8 {\rm cm}$, 可得白矮星吸积所产生的光子的能量范围

$$6 {\rm eV} \leqslant h\bar{\nu} \leqslant 100 {\rm keV} \tag{2.10}$$

由此可知, 吸积白矮星应当表现为光学源、紫外源或者 X 射线源. 这与我们关于激变变星的观测符合得相当好. 根据哥白尼天文卫星和 IUE 天文卫星的观测, 激变变星有很强的紫外连续谱. 此外, 我们还知道, 其中一部分激变变星的光度中含有热 X 射线的成分. 我们将会看到, 激变变星在对吸积理论提供观测检验方面是特别有用的.

2.4 洛 希 瓣

作为一种能源机制, 人们首先是在对双星系统, 尤其是对 X 射线双星系统的研究中认识到吸积的重要性的. 对相互作用的双星系统的详细研究揭示了吸积过程中角动量的重要性. 在许多情况中, 被转移的物质甩掉其自身的大部分角动量之后才能到达吸积的星体上, 这就导致了吸积盘的形成[5,6]. 吸积盘是一种提取物质的引力势能, 并将其转化为辐射能的有效机制. 这种性质使吸积盘成为类星体和活动星系核中心引擎的一种有吸引力的候选者[7-9]. 目前, 吸积盘已成为解释 X 射线双星、类星体和活动星系核的高能辐射及光变现象的一种有效的理论模型. 此外吸积盘也是 γ 射线暴的中心引擎的有力竞争者[10].

在吸积盘理论中, 几何薄、光学厚的吸积盘是最早建立, 也是最成熟的理论. 它成功地解释了处于热态的 X 射线双星的高能辐射与光变现象. 我们在本章主要介绍几种常用的吸积盘模型, 在以后几章中将介绍吸积盘模型在天体物理中的应用.

　　我们以双星系统为对象,讨论吸积盘模型。天体物理中的双星通常由两个互相绕转的恒星组成,一般称其中较亮的一颗为主星,而另一颗为伴星。在银河系中,双星的数量非常多,估计不会少于单星。研究双星,不但对于了解恒星形成和演化过程的多样性有重要的意义,而且对于了解银河系的形成和演化也非常有意义。在双星系统的演化过程中,伴星和主星之间的物质转移通常有如下两种方式:

　　(1) 洛希瓣(Roche lobe) 外溢:在演化过程中,双星系统中的一个恒星体积膨胀,充满洛希瓣而发生外溢,物质向主星吸积。

　　(2) 星风吸积:在双星演化的某一阶段,其中一个恒星可能以星风的形式发射出其大部分质量,这些质量的一部分被伴星的引力所俘获。

　　我们主要讨论双星吸积中第一种质量转移方式,即洛希瓣外溢。洛希方法是研究双星系统质量转移的基本方法,这种方法首先由法国数学家洛希 (Edouard Roche) 在研究行星及其卫星运动的稳定性时提出,并以他的名字命名。洛希方法的要点是研究在两个相互绕转作轨道运动的大质量星体的总引力势的作用下,一个检验粒子的轨道特征。我们假设这两个星体的质量远大于检验粒子的质量,因此检验粒子不会影响星体的轨道运动。这样,这两个恒星相互作开普勒 (Kepler) 轨道运动。洛希问题通常假设这些轨道为圆轨道。此外,洛希问题通常还假设这两个恒星是 “中心集聚” 的,因此在动力学上这两个恒星可以看作是质点。在这些假设下两个恒星的位形如图 2.1 所示。

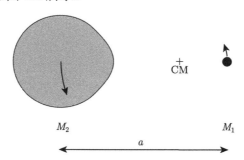

图 2.1　一个双星系统,其中一个致密恒星的质量为 M_1,另一个 “普通” 恒星的质量为 M_2,
两颗恒星绕着它们的公共质心 (CM) 作轨道运动,二者的间隔为 a[1]

　　为了方便,我们把这两个恒星的质量分别记作 $m_1 M_\odot$ 和 $m_2 M_\odot$。对于各种类型的恒星,m_1 和 m_2 的取值范围是 $0.1 \sim 100$。根据开普勒第三定律,双星的间隔 a 可以用可观测量,即双星的周期 P 表示出来

$$4\pi^2 a^3 = G\left(m_1 + m_2\right) M_\odot P^2 \tag{2.11}$$

对于以年、天或小时等不同量级表示的双星周期,间隔 a 有下列不同的表达式:

$$a = \begin{cases} 1.5 \times 10^{13} m_1^{1/3} \left(1+q\right)^{1/3} P_{\mathrm{yr}}^{2/3} \mathrm{cm} \\ 2.9 \times 10^{11} m_1^{1/3} \left(1+q\right)^{1/3} P_{\mathrm{day}}^{2/3} \mathrm{cm} \\ 3.5 \times 10^{10} m_1^{1/3} \left(1+q\right)^{1/3} P_{\mathrm{hr}}^{2/3} \mathrm{cm} \end{cases} \quad (2.12)$$

(2.12) 式按照双星的周期 P 和质量比 q 确定了双星系统的大小 a。

$$q = m_2/m_1 \quad (2.13)$$

在双星系统内的气流的运动规律由流体力学中的欧拉 (Euler) 方程支配。为了方便,我们在随着双星系统旋转的参考系中来表示欧拉方程,该参考系相对于惯性系的角速度为 ω,两颗恒星相对于参考系静止。考虑到离心力和科里奥利 (Coriolis) 力,在欧拉方程中会出现额外的项。在上述条件下欧拉方程可表示为

$$\frac{\partial \boldsymbol{v}}{\partial t} + (\boldsymbol{v} \cdot \nabla) \, \boldsymbol{v} = -\nabla \Phi_{\mathrm{R}} - 2\boldsymbol{\omega} \times \boldsymbol{v} - \frac{1}{\rho} \nabla P \quad (2.14)$$

双星的角速度可表示为

$$\boldsymbol{\omega} = \left[\frac{G \left(m_1 + m_2\right) M_{\odot}}{a^3} \right]^{1/2} \boldsymbol{e} \quad (2.15)$$

在 (2.15) 式中,$\boldsymbol{e}$ 为垂直于轨道平面的单位矢量,$-2\boldsymbol{\omega} \times \boldsymbol{v}$ 是单位质量受到的科里奥利力,Φ_{R} 为洛希势,其表达式为

$$\Phi_{\mathrm{R}} \left(\boldsymbol{r}\right) = -\frac{Gm_1 M_{\odot}}{|\boldsymbol{r} - \boldsymbol{r}_1|} - \frac{Gm_2 M_{\odot}}{|\boldsymbol{r} - \boldsymbol{r}_2|} - \frac{1}{2} \left(\boldsymbol{\omega} \times \boldsymbol{r}\right)^2 \quad (2.16)$$

其中 $\boldsymbol{r}_1$ 和 $\boldsymbol{r}_2$ 分别是两个恒星质心的位矢。

由 (2.16) 式可以得到 Φ_{R} 的三维等势面,这些等势面与轨道平面的截面如图 2.2 所示。图 2.2 中等势面的形状完全由恒星质量比 q 来决定,而等势面的数值则由双星的间隔 a 来确定。在远离双星系统的距离处 $(r \gg a)$,双星看起来如同位于质心的一个质点。因此在大距离处,Φ_{R} 的等势面正如在旋转参考系中的质点的等势面一样。类似地,在每个恒星附近的等势面也几乎是圆形的,该处的物质运动主要由邻近的恒星引力来支配,因此 Φ_{R} 的等势面有两个分别以 $\boldsymbol{r}_1$ 和 $\boldsymbol{r}_2$ 为中心的深谷。图 2.2 最有趣也是最重要的特点是有个 8 字形区域 (加粗线表示),该区域表示两个深谷是如何相联系的。从三维上看,这个 "临界面" 为 "哑铃形",包围每个恒星的部分叫做洛希瓣。两个洛希瓣在内拉格朗日点 L_1 相连接。L_1 是 Φ_{R} 的一个鞍点。作进一步的类比,L_1 像一个夹在两个深谷之间的高山。这意味着在 L_1 附近的某个洛希瓣中的物质比较容易通过 L_1 进入另一个洛希瓣,而不容易脱离整个临界面。

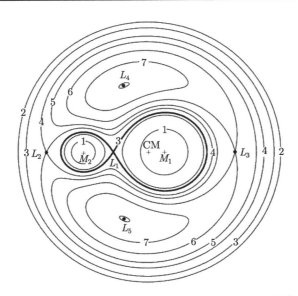

图 2.2　洛希等势面 $\Phi_{\mathrm{R}} = \mathrm{const}$ 在双星轨道平面上的截面

质量比 $q = m_2/m_1 = 0.25$[1]

现在我们来考察在双星中质量转移的图像。假设起初两个恒星都比洛希瓣小得多，每个恒星绕自身轴的旋转与轨道运动同步，在这种情况下，引力不能把物质由一个恒星拉到另一个恒星上。这种双星状态是 "分离" 的，质量转移只能通过所谓 "星风" 机制来进行。如果某种原因 (如恒星的演化) 使其中一颗恒星 (通常记为恒星 2) 开始膨胀，会导致其表面最终充满了洛希瓣，如图 2.3 所示。现在我们把恒星 1 叫做主星，而把恒星 2 叫做伴星。

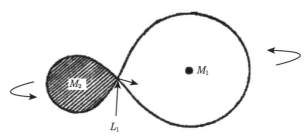

图 2.3　一个双星系统，伴星 M_2 充满洛希瓣，通过内拉格朗日点 L_1 把质量转移给致密主星

M_1 的洛希瓣

对于质量比 $q \ll 1$ 的情况，我们发现伴星的表面由球形发生畸变。更重要的是，伴星的外围非常靠近内拉格朗日点 L_1。对物质运动的任何扰动都将导致物质通过 L_1 进入主星的洛希瓣，并且最终被主星俘获。只要伴星与其洛希瓣保持接

触，它将有效地把物质由恒星 2 转移到恒星 1 上。这种类型的质量转移叫做洛希瓣外溢。

2.5 吸积盘的形成

以上我们讨论了在密近双星中如何通过洛希瓣外溢来进行质量转移。这一过程的结果是，在许多情况中转移物质有相当大的比角动量，所以这些物质不能直接吸积到俘获质量的主星上。注意到物质必须通过 L_1 点才能由伴星的洛希瓣到达主星的洛希瓣。就主星而言，好像物质是通过双星平面上绕着主星旋转的一个喷嘴里喷出一样。除非双星的周期很长，否则喷嘴旋转得很快，以致对主星而言气流在通过 L_1 喷出时几乎是垂直于两个恒星的中心连线的。

恒星与洛希瓣的关系有三种情况：两星都小于洛希瓣时叫分离双星；有一颗星充满洛希瓣时叫半分离双星；两星都充满洛希瓣，并且相互接触的叫密近双星，如图 2.4 所示。密近双星系统对恒星演化过程有很大的影响，而且与很多高能天体过程有关 (如 X 射线天体)，因此人们十分重视对密近双星吸积的研究。

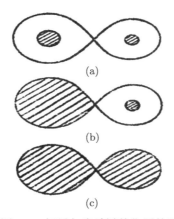

图 2.4 恒星与洛希瓣的位置关系

为了定量处理洛希瓣外溢问题，我们需要讨论临界面的几何特征，尤其是临界面与质量比 q，以及双星间隔 a 的关系。所需要的主要物理量是对洛希瓣大小的测量以及 L_1 点离开每个恒星的距离的测量。由于洛希瓣不是球形的，所以需要采用某种平均半径来表征它们。一个合适的测量是与洛希瓣有相同体积的球半径。(2.16) 式的复杂形式表明，必须利用数值计算才能求出这个半径来。Eggleton 的近似公式所表示的伴星的洛希半径为[10]

$$\frac{R_2}{a} = \frac{0.49q^{2/3}}{0.6q^{2/3} + \ln\left(1 + q^{1/3}\right)} \tag{2.17a}$$

(2.17a) 式中的 q 取值不受限制，对于 $0.1 < q < 0.8$，可采用 Paczynski[11] 给出的更简单的公式

$$\frac{R_2}{a} = 0.462 \left(\frac{q}{1+q}\right)^{1/3} \tag{2.17b}$$

显然，作代换 $q \to q^{-1}$，即可得出主星的洛希半径 R_1 的表达式。L_1 点离主星中心的距离 b_1 的近似公式为

$$\frac{b_1}{a} = 0.500 - 0.227 \log q \tag{2.18}$$

以上我们讨论了在密近双星中如何通过洛希瓣外溢进行质量转移，这一过程的结果是，在许多情况下转移物质有相当大的比角动量，所以这些物质不能直接吸积到俘获质量的主星上。这一点可以用图 2.5 说明。

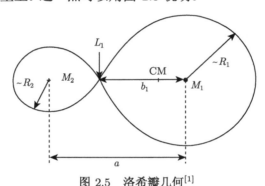

图 2.5 洛希瓣几何[1]

在主星洛希瓣的内部，一级近似下这种角动量很大的物质的动力学由主星的引力场单独支配。对于给定的角动量，圆轨道的能量最低，所以作轨道运动的气体的耗散将导致轨道变为圆形。如果在此过程中物质的角动量损失不是很大，物质将在半径为 $R_{\rm circ}$ 的圆轨道上围绕主星作轨道运动，而且在此开普勒轨道上的比角动量等于气体通过 L_1 点的比角动量，亦即

$$R_{\rm circ} v_\phi \left(R_{\rm circ}\right) = b_1^2 \omega \tag{2.19}$$

式中

$$v_\phi \left(R_{\rm circ}\right) = \left(G m_1 M_\odot / R_{\rm circ}\right)^{1/2} \tag{2.20}$$

利用 $\omega = 2\pi/P$ 可得

$$R_{\rm circ}/a = \left(4\pi^2/G m_1 M_\odot P^2\right) a^3 \left(b_1/a\right)^4 \tag{2.21}$$

根据 (2.11) 式，上式变为

$$R_{\rm circ}/a = (1+q)\left(b_1/a\right)^4 \tag{2.22}$$

结合 (2.17b)、(2.18) 和 (2.22) 式不难证明，半径 R_{circ} 比洛希半径 R_1 要小 2~3 倍。因此，吸积物质进入主星的洛希瓣后，将在洛希瓣内围绕主星作轨道运动。对于实际的双星参量，恒星级的致密星体的半径 R_* 小于 R_{circ}。根据 (2.22) 和 (2.12) 式可知

$$R_{\text{circ}} \geqslant 3.5 \times 10^9 P_{\text{hr}}^{2/3} \, \text{cm} \tag{2.23}$$

而 R_* 不可能大于一个低质量的白矮星的半径

$$R_* \leqslant 10^9 \text{cm} \tag{2.24}$$

由 (2.23) 和 (2.24) 式给出的 R_* 和 R_{circ} 的不等式的含义是深刻的。对于单个的检验粒子，我们认为它将在特征尺度为 $R \sim R_*$ 的椭圆轨道上绕主星运动。但是对于从伴星俘获过来的连续气流来说，对应的位形是半径为 $R = R_{\text{circ}}$ 的物质环。显然，在这个物质环中存在耗散过程 (例如，气体元之间的碰撞、激波、黏滞耗散等)，这种耗散过程将把围绕主星的整体轨道运动的部分能量转化为内能 (热能)。当然，有一部分气体能量被辐射了，气体能够提供能量的唯一方式是更深地陷入主星的引力势阱之中，也就是说，气体将更紧地围绕主星做轨道运动，这又会导致气体进一步失去角动量。作轨道运动的气体重新分配其角动量的时标一般要比气体通过辐射冷却失去能量的时标 t_{rad} 长得多，也比其动力学 (轨道) 时标 t_{dyn} 长得多。因此气体将失去越来越多的角动量。由于在角动量一定的条件下，圆轨道的能量最低，我们认为大多数气体将在双星轨道平面上通过一系列近似的圆轨道缓慢地向主星做螺旋运动，这种位形就叫做吸积盘(图 2.6)。

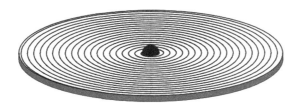

图 2.6　吸积盘[1]

这种旋入过程伴随着角动量的损失。如果没有外力矩，这种角动量的损失是通过吸积盘向外转移角动量来实现的。这样，盘的外部会获得角动量，因而向外做螺旋运动。于是，通过这个过程，在 $R = R_{\text{circ}}$ 处的原来的物质环将会分散到更小和更大半径上。

在多数情况下，盘中气体的总质量很小，其平均密度比主星的密度低得多，于是可以忽略盘的自引力。因此圆轨道是开普勒轨道，其角动量为

$$\Omega_{\text{K}} (R) = \left(GM_1/R^3\right)^{1/2} \tag{2.25}$$

在圆轨道 R_{circ} 上质量为 m 的气体元的能量为 $E = mv^2/2 - GMm/R_{\mathrm{circ}}$,考虑到 $v^2/R_{\mathrm{circ}} = GM/R_{\mathrm{circ}}^2$,可得

$$E = mv^2/2 - GMm/R_{\mathrm{circ}} = -GMm/2R_{\mathrm{circ}} \qquad (2.26)$$

由于气体元来自远离恒星处,从无穷远到恒星表面吸积物质元的能量改变为 $\Delta E = GMm/2R_*$,因此,处于稳态的总的盘光度为

$$L_{\mathrm{disc}} = \frac{GM\dot{M}}{2R_*} = \frac{1}{2}L_{\mathrm{acc}} \qquad (2.27)$$

其中 $\dot{M}$ 是吸积率,L_{acc} 是吸积光度,见 (2.4) 式。后面我们将说明 L_{acc} 的另一半必须在非常接近恒星处释放。由此可知,在盘物质缓慢旋入的过程中有一半的能量辐射出去了。另一方面,由于比角动量 $R^2\Omega(R) \propto R^{1/2}$,而且 $R_* \ll R_{\mathrm{circ}}$,在吸积过程中物质必须丢掉几乎全部的角动量。显然,把有序动能转化为热能的耗散过程必定对旋转物质施加力矩。这些过程的效果是通过吸积盘向外转移角动量。

这种角动量转移的重要结论是,盘的外边缘的半径 R_{out} 一般将大于 R_{circ},R_{circ} 通常称为最小盘半径。

2.6　吸积盘中的黏滞

从以上讨论可以看出,吸积盘中的物质在星体的引力势场中缓慢下降,把其引力势能转化为辐射能。这种能量机制的核心是耗散过程,正是耗散过程把轨道动能转化为热能。令人惊奇的是,尽管科学家对耗散的本质还缺乏详细的理解,但他们在吸积过程中的能量转化方面仍然取得了相当的进展。

由表示开普勒旋转的 (2.25) 式可以看出,吸积物质的旋转是一种 "较差旋转",即相邻半径上的物质以不同的环向速度 v_ϕ 运动。即使旋转规律不是开普勒形式,也可能是一种 "较差旋转"。

由于邻近的环向流线涉及气体元之间的相互 "滑动",气体元在这些流线周围的任何无规运动都会引起黏滞力。与激波产生的黏滞力不同,这里所涉及的气体的迁移是垂直于气体的运动方向而不是沿着气体运动方向。这种迁移过程引起的黏滞称为 "剪切黏滞",它可以看作是在滑动气体元之间的一种动力学摩擦。

给定无序运动的典型尺度 λ 和无规则运动速度 $\tilde{v}$ 就可以计算出剪切黏滞所施加的力密度和力矩。在计算中,我们把 λ 和 $\tilde{v}$ 分别取为平均自由程 λ_{d} 和声速 C_{S} 的量级。为了与吸积盘的问题联系起来,我们讨论如图 2.7 所示的位于柱坐标系 (R,ϕ,z) 中的 $z=0$ 和 $z=H$ 两平面之间的气流的运动。

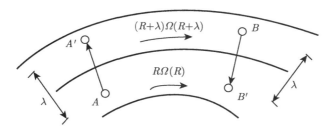

图 2.7 剪切介质中的黏滞和角动量转移

考虑在圆柱面 $R = \text{const}$ 两侧的两个相邻的流线。由于无序运动,气体元 (如 A 和 B) 不断地以速度 $\sim \tilde{v}$ 穿过此面,到达相隔量级为 λ 的点 A' 和 B'。在此过程中,气体元所携带的比角动量有微小的变化:气体元 A 带着环向速度 $R\Omega(R)$ 到点 A',并把比角动量 $(R + \lambda) R\Omega(R)$ 加到外层气流中。类似地、气体元 B 把比角动量 $(R + \lambda) R\Omega(R + \lambda)$ 带到内层气流中。由于运动是无序的,此过程不会导致两层气流之间物质的净转移,所以在单位弧长上质量穿过柱面 $R = \text{const}$ 的速率相等,均为 $H\rho\tilde{v}$,ρ 为质量密度。既然两种质量流携带着不同的角动量,流体元的无序运动会引起角动量转移。由此得到单位长度上由内层气流施加在外层气流上的黏滞力矩为

$$\sim H\rho\tilde{v}R(R + \lambda)\left[\Omega(R) - \Omega(R + \lambda)\right]$$

如果角速度 $\Omega(R)$ 在无序运动的尺度 λ 上改变很慢,则有

$$\Omega(R) - \Omega(R + \lambda) \cong -\Omega'\lambda$$

其中 $\Omega' \equiv \partial\Omega(R)/\partial R$。对于气体环,总力矩就等于单位长度的力矩乘以周长 $2\pi R$。设 $\rho H = \Sigma$ 为面密度,则外环施加于内环的力矩 (内环施加于外环的力矩的负值) 为

$$G(R) = 2\pi R\nu\Sigma R^2\Omega' \tag{2.28}$$

其中运动黏滞系数定义为

$$\nu \sim \lambda\tilde{v} \tag{2.29}$$

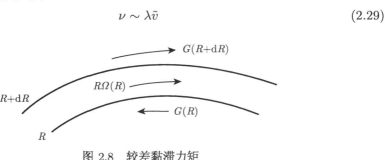

图 2.8 较差黏滞力矩

我们对 (2.28) 式作一点讨论。首先, 对于刚性旋转 $\Omega' = 0$, 则力矩为零。由于刚性旋转的情况没有气体元的剪切, 所以这个结果应当是合理的。其次, (2.28) 式的符号表明, 如果旋转规律 $\Omega(R)$ 是向外减少的, 则 $G(R)$ 为负, 因此内环流体把角动量转移给外环, 导致流体缓慢地旋入。

现在我们来计算作用在 R 和 $R + \mathrm{d}R$ 之间的气体环上的净力矩。如图 2.8 所示, 气体环的两侧受到的力矩方向相反, 则净力矩为

$$G(R + \mathrm{d}R) - G(R) = (\partial G/\partial R)\,\mathrm{d}R$$

而力矩的功率应为

$$\Omega\left(\partial G/\partial R\right)\mathrm{d}R = \left[\partial\left(G\Omega\right)/\partial R - G\Omega'\right]\mathrm{d}R \tag{2.30}$$

其中, $\partial(G\Omega)/\partial R$ 这一项正是由力矩对气体的作用而引起的旋转能量的对流速率。如果我们在整个盘上对 (2.30) 式积分, 就会得出仅由吸积盘的内外边缘的条件唯一确定的贡献 $[G\Omega]_{\mathrm{inner}}^{\mathrm{outer}}$。另一方面, $-G\Omega'\mathrm{d}R$ 这一项代表气体的机械能的局部损失率, 这一损失将转化为内能 (热能)。因此黏滞力矩在每个环的宽度 $\mathrm{d}R$ 上引起耗散的速率为 $G\Omega'\mathrm{d}R$。由于最后这个能量将在盘的上下表面辐射出去, 而上下表面积之和为 $4\pi R\mathrm{d}R$, 结合 (2.28) 式得到吸积盘单位表面积的能量耗散 $D(R)$ 为

$$D(R) = \frac{G\Omega'}{4\pi R} = \frac{1}{2}\nu\Sigma\left(R\Omega'\right)^2 \tag{2.31}$$

注意到, 对于刚性旋转 $D(R) = 0$。

下面来讨论 ϕ 方向的剪切黏滞力密度的问题。在量纲上 ϕ 方向的黏滞力密度应当与体黏滞力密度表达式相同, 即

$$f_{\mathrm{visc,shear}} \sim \rho\lambda\tilde{v}\frac{\partial^2 v_\phi}{\partial R^2} \sim \rho\lambda\tilde{v}\frac{v_\phi}{R^2}$$

将此项与欧拉方程中的惯性项 $v_\phi^2 R$ 作比较, 得到雷诺数(Reynolds number) 为

$$Re = \frac{\mathrm{inertia}}{\mathrm{viscous}} \sim \frac{v_\phi^2/R}{\lambda\tilde{v}v_\phi/R^2} = \frac{Rv_\phi}{\lambda\tilde{v}} \tag{2.32}$$

由 (2.32) 式可知, 如果 $Re \ll 1$, 则在气流中黏滞力占优势; 如果 $Re \gg 1$, 则黏滞力是可忽略的。如果我们取 $\lambda \sim \lambda_{\mathrm{d}}, \tilde{v} \sim C_{\mathrm{S}}$, 则对于典型的双星系统的吸积盘的参数, 标准的 "分子" 黏滞模型的雷诺数 Re_{mol} 的数值很大

$$Re_{\mathrm{mol}} > 10^{14} \tag{2.33}$$

因此 "分子" 黏滞模型中的黏滞力太小, 不足以产生我们所要求的耗散及角动量转移。

有趣的是, 根据实验在雷诺数达到某个临界值时, 流体中会出现湍动, 即流体的速度 v 会突然在任意短的时间和尺度上出现很大的无序变化 (湍流). 对于大多数实验室中的流体, 临界雷诺数的量级为 $10 \sim 10^3$. 考虑到 (2.33) 式的估值, 我们猜测吸积盘中的气流也是一种湍流. 果然如此的话, 气流应当用最大的湍流旋涡的大小 λ_{turb} 及回旋速度 v_{turb} 来表征. 由于湍流的运动是完全无序的, 我们采用简单的黏滞计算, 即取湍流黏滞为: $\nu_{\text{turb}} \sim \lambda_{\text{turb}} v_{\text{turb}}$. 湍流是目前经典物理未解决的主要领域之一, 我们不理解湍流的突发, 更不用说所涉及的物理机制, 以及如何确定湍流的尺度 λ_{turb} 和回旋速度 v_{turb}. 就目前已有的知识, 只能对 λ_{turb} 和 v_{turb} 设置一个合理的限制. 首先, 最大的湍流旋涡的尺度不能超过盘的厚度 H, 故有 $\lambda_{\text{turb}} \leqslant H$. 其次, 回旋速度 v_{turb} 不可能超过声速, 否则湍流运动很可能由于冲击波的作用产生热化. 于是, 黏滞系数可以表示为

$$\nu = \alpha C_{\text{S}} H \tag{2.34}$$

其中, $\alpha \leqslant 1$. (2.34) 式就是著名的 α-黏滞的表达式, 它是由 Shakura 和 Sunyaev 于 1973 年最先提出的[5]. 必须指出, (2.34) 式仅仅是一种参数化处理: 除了估计 $\alpha \leqslant 1$, 对黏滞的物理本质并没有新的认识. 然而, 已经表明 α-黏滞是一种有用的参数化方法, 并且激发了一种研究黏滞问题的半经典的方法: 人们通过理论与观测的比较来寻求对 α 值的估计.

2.7 薄盘结构和辐射光度

在许多情况中, 吸积盘中的气流被紧密地约束在轨道平面上, 若取一级近似可把盘看作是一个二维气体流. 薄盘理论已成为一种成功的定量理论, 将薄盘理论与对密近双星系统的观测作比较, 取得了令人鼓舞的结果, 这正是当前人们对吸积盘理论兴趣大增的主要原因之一. 本节将对薄盘的结构作初步的介绍.

假设吸积物质非常接近于柱坐标系的 $z = 0$ 平面, 物质在圆轨道上围绕吸积星体以角速度 Ω 运动, 吸积星体的质量为 $M = m_1 M_\odot$, 半径为 R_*. 通常取角速度为开普勒角速度

$$\Omega = \Omega_{\text{K}}(R) = \left(GM/R^3\right)^{1/2} \tag{2.35}$$

气流的轨道速度为

$$v_\phi = R\Omega_{\text{K}}(R) \tag{2.36}$$

此外, 我们假设气体有一个很小的径向 "漂移" 速度 v_R. 在靠近中心天体处 v_R 应取负值, 这样物质才能向天体吸积. 一般情况, v_R 应当是半径 R 和时间 t 的函数.

薄盘可以用其质量面密度 $\Sigma(R,t)$ 来表征, $\Sigma(R,t)$ 是对气体密度 ρ 在 z 方向上积分后得出的。

在上述假设的基础上, 可写出径向漂移运动导致的薄盘中质量和角动量转移的守恒方程。位于 R 和 $R+\Delta R$ 之间的环形盘物质的总质量为 $2\pi R\Delta R\Sigma$, 总角动量为 $2\pi R\Delta R\Sigma R^2\Omega$。环形盘物质的质量变化率为

$$\frac{\partial}{\partial t}\left(2\pi R\Delta R\Sigma\right) = v_R\left(R,t\right)2\pi R\Sigma\left(R,t\right) - v_R\left(R+\Delta R,t\right)2\pi(R+\Delta R)\Sigma\left(R+\Delta R,t\right)$$

$$\cong -2\pi\Delta R\frac{\partial}{\partial R}\left(R\Sigma v_R\right)$$

这样, 在极限 $\Delta R\to 0$ 下得到质量守恒方程为

$$R\frac{\partial\Sigma}{\partial t} + \frac{\partial}{\partial R}\left(R\Sigma v_R\right) = 0 \tag{2.37}$$

角动量守恒方程为

$$\frac{\partial}{\partial t}\left(2\pi R\Delta R\Sigma R^2\Omega\right) = v_R\left(R,t\right)2\pi R\Sigma\left(R,t\right)R^2\Omega\left(R\right)$$

$$\cong -2\pi\Delta R\frac{\partial}{\partial R}\left(R\Sigma v_R R^2\Omega\right) + \frac{\partial G}{\partial R}\Delta R$$

同样, 在极限 $\Delta R\to 0$ 下得到角动量守恒方程为

$$R\frac{\partial}{\partial t}\left(\Sigma R^2\Omega\right) + \frac{\partial}{\partial R}\left(R\Sigma v_R R^2\Omega\right) = \frac{1}{2\pi}\frac{\partial G}{\partial R} \tag{2.38}$$

结合 (2.37)、(2.38) 式和确定力矩的 (2.28) 式, 以及按照有关参量表示的运动黏滞系数 ν 等关系即可确定盘的径向结构。利用 (2.37) 式可把 (2.38) 式简化为

$$R\Sigma v_R\left(R^2\Omega\right)' = \frac{1}{2\pi}\frac{\partial G}{\partial R} \tag{2.39}$$

利用 (2.37) 和 (2.39) 式消去 v_R 可得

$$R\frac{\partial\Sigma}{\partial t} = -\frac{\partial}{\partial R}\left(R\Sigma v_R\right) = -\frac{\partial}{\partial R}\left[\frac{1}{2\pi\left(R^2\Omega\right)'}\frac{\partial G}{\partial R}\right]$$

将 (2.28) 和 (2.35) 式代入上式得到

$$\frac{\partial\Sigma}{\partial t} = \frac{3}{R}\frac{\partial}{\partial R}\left[R^{1/2}\frac{\partial}{\partial R}\left(\nu\Sigma R^{1/2}\right)\right] \tag{2.40}$$

(2.40) 式是支配薄吸积盘的面密度随时间演化的基本方程。一般来说, 它是一个非线性的扩散方程。如果求得方程 (2.40) 的解, 利用 (2.39) 和 (2.28) 式可得

$$v_R = -\frac{3}{\Sigma R^{1/2}}\frac{\partial}{\partial R}\left[\nu\Sigma R^{1/2}\right] \tag{2.41}$$

在方程 (2.40) 中黏滞系数 ν 是 Σ, R 和 t 的函数, 如果 ν 随 R 按照幂律变化, 方程 (2.40) 可以用分离变数法解出。如果薄盘近似成立, 则计算盘结构的工作就大大简化了。我们可以在一个给定的半径处计算盘的垂直结构, 与讨论恒星结构时一样, 我们需要求解流体静力学平衡方程和能量转移方程。对于薄盘, z 方向没有气流, 因此在 z 方向应当有流体静力学平衡

$$\frac{1}{\rho}\frac{\partial P}{\partial z} = \frac{\partial}{\partial z}\left[\frac{GM}{(R^2+z^2)^{1/2}}\right]$$

对于薄盘, $z \ll R$, 上式化为

$$\frac{1}{\rho}\frac{\partial P}{\partial z} = -\frac{GMz}{R^3} \tag{2.42}$$

如果盘在 z 方向的典型标高为 H, 设 $\frac{\partial P}{\partial z} \sim -\frac{P}{H}$, 以及 $z \sim H$, 则薄盘假设要求 $H \ll R$。由 $P \sim \rho C_S^2$, 可得

$$H \cong C_S\left(\frac{R}{GM}\right)^{1/2} R \tag{2.43}$$

因此, 我们要求

$$C_S \ll \left(\frac{GM}{R}\right)^{1/2} \tag{2.44}$$

上式表明, 薄盘的局部开普勒速度应当是高度超声速的。下面证明, 如果薄盘条件 (2.44) 式成立, 则物质的圆轨道速度 v_ϕ 将非常接近开普勒速度。欧拉方程 (2.14) 的径向分量为

$$v_R\frac{\partial v_R}{\partial R} - \frac{v_\phi^2}{R} + \frac{1}{\rho}\frac{\partial P}{\partial R} + \frac{GM}{R^2} = 0 \tag{2.45}$$

考虑到 (2.44) 式, 方程 (2.45) 中 $\frac{1}{\rho}\frac{\partial P}{\partial R} \sim \frac{C_S^2}{R}$ 比引力项小得多, 因此可忽略 $\frac{1}{\rho}\frac{\partial P}{\partial R}$。此外, 对于合理的黏滞我们有

$$v_R \sim \frac{\nu}{R} \sim \alpha C_S\frac{H}{R} \tag{2.46}$$

因此 v_R 应当是高度亚声速的。不难看出, 在方程 (2.45) 中, $v_R\frac{\partial v_R}{\partial R}$ 比压强梯度项还小。定义马赫 (Mach) 数为

$$M_{\text{Mach}} = v_\phi/C_S \tag{2.47}$$

则由 (2.45) 式可得

$$v_\phi = \left(\frac{GM}{R}\right)^{1/2}\left[1 + o\left(M_{\text{Mach}}^{-2}\right)\right] \tag{2.48}$$

因此 (2.43) 和 (2.46) 式可表示为

$$\begin{cases} H \sim M_{\mathrm{Mach}}^{-1} R \\ v_R \sim \alpha M_{\mathrm{Mach}}^{-1} C_{\mathrm{S}} \end{cases} \tag{2.49}$$

这样，我们证明了在薄盘中圆轨道速度是开普勒速度，并且是高度超声速的；而径向漂移速度和盘的垂直标高都非常小。

对于等温盘，容易求出其垂向结构。对方程 (2.42) 积分可得

$$\rho(R, z) = \rho_{\mathrm{c}}(R) \exp\left(-z^2/2H^2\right) \tag{2.50}$$

其中 H 由方程 (2.43) 确定，$\rho_{\mathrm{c}}(R)$ 是中心盘面 $z = 0$ 的密度。一般我们可以用下列关系确定中心盘密度：

$$\begin{cases} \rho = \Sigma/H \\ H = R C_{\mathrm{S}}/v_\phi \end{cases} \tag{2.51}$$

其中等温声速 C_{S} 为

$$C_{\mathrm{S}}^2 = P/\rho \tag{2.52}$$

一般来说，压强 P 是气压和辐射压之和

$$P = \frac{\rho k T_{\mathrm{c}}}{\mu m_{\mathrm{p}}} + \frac{4\sigma}{3c} T_{\mathrm{c}}^4 \tag{2.53}$$

这里 σ 是斯特藩–玻尔兹曼常数，并且我们假设温度 $T(R, z)$ 非常接近中心温度 $T_{\mathrm{c}}(R) = T(R, 0)$。

在许多情况中，盘的外部条件 (如质量转移率) 的变化时标比黏滞过程的时标 t_{visc} 长得多，吸积盘会处于一种稳定结构。在质量守恒方程 (2.37) 中，令 $\partial/\partial t = 0$ 可得

$$R\Sigma v_R = \mathrm{const}$$

上式代表盘中有恒定的质量吸积率 $\dot{M}$

$$\dot{M} = 2\pi R\Sigma(-v_R) \tag{2.54}$$

上式中 $v_R < 0$，表示物质是向中心天体吸积的。

由角动量方程 (2.38) 得到

$$R\Sigma v_R R^2 \Omega = \frac{G}{2\pi} + \frac{C}{2\pi}$$

其中 C 为常数。将力矩 G 的表达式 (2.28) 代入上式得到

$$-\nu\Sigma\Omega' = \Sigma(-v_R)\Omega + C/\left(2\pi R^3\right) \tag{2.55}$$

常数 C 与流向致密星的角动量的速率有关, 或者等效地说, 常数 C 与恒星对盘的内边缘施加的力偶有关。

假设吸积盘向内延伸到中心天体的表面 $R = R_*$ 上。一般情况恒星的旋转角速度应小于其表面的破裂速度, 故有

$$\Omega_* < \Omega_{\mathrm{K}}(R_*) \tag{2.56}$$

由于 $\Omega_{\mathrm{K}}(R)$ 是随 R 减小而增大的, 所以盘物质的角速度在接近 $R = R_*$ 附近必然要减小, 盘物质的角速度开始减小的区域叫做 "边界层", 其径向宽度为 b。以后我们将要证明 $b \ll R_*$。

显然在半径 $R = R_* + b$ 处, $\Omega' = 0$(角速度取极大值), 因此

$$\Omega(R_* + b) = \left(\frac{GM}{R_*^3}\right)^{1/2} [1 + o(b/R_*)] \tag{2.57}$$

在 $R = R_* + b$ 处, (2.55) 式变为

$$C = 2\pi R^3 \Sigma v_R \Omega(R_* + b)$$

利用 (2.57) 和 (2.54) 式可得

$$C = -\dot{M}(GMR_*)^{1/2} \tag{2.58}$$

将 (2.58) 式代入 (2.55) 式, 并令 $\Omega = \Omega_{\mathrm{K}}$ 可得

$$\nu\Sigma = \frac{\dot{M}}{3\pi}\left[1 - \left(\frac{R_*}{R}\right)^{1/2}\right] \tag{2.59}$$

对于稳定薄盘, 由 (2.59) 式可以得出重要的结果。在吸积盘单位面积的黏滞耗散 $D(R)$ 的表达式 (2.31) 中, $\Omega = \Omega_{\mathrm{K}}$, 并代入 (2.59) 式可得

$$D(R) = \frac{3GM\dot{M}}{8\pi R^3}\left[1 - \left(\frac{R_*}{R}\right)^{1/2}\right] \tag{2.60}$$

(2.60) 式表明, 稳定薄盘单位面积的黏滞产热与黏滞无关。这一结果的重要性在于: 尽管目前我们对黏滞系数 ν 的物理本质还一无所知, 但 $D(R)$ 这个具有重要观测意义的量与 $\dot{M}$ 和 R 等的关系却是已知的。$D(R)$ 之所以与 ν 无关, 是因为我们可以利用守恒定律消去 ν。而其他的盘变量 (如 Σ, v_R 等) 是与 ν 有关的。利用 (2.60) 式可以计算半径 R_1 和 R_2 的盘所产生的光度

$$L(R_1, R_2) = 2\int_{R_1}^{R_2} D(R) 2\pi R \mathrm{d}R$$

上式中出现因子 2 是因为吸积盘有两个面。由 (2.60) 式可得

$$L\left(R_1, R_2\right) = \frac{3GM\dot{M}}{2} \int_{R_1}^{R_2} \left[1 - \left(R_*/R\right)^{1/2}\right] \mathrm{d}R/R^2$$

$$= \frac{3GM\dot{M}}{2} \left\{\frac{1}{R_1}\left[1 - \frac{2}{3}\left(\frac{R_*}{R_1}\right)^{1/2}\right] - \frac{1}{R_2}\left[1 - \frac{2}{3}\left(\frac{R_*}{R_2}\right)^{1/2}\right]\right\} \quad (2.61)$$

令 $R_1 = R_*$, 且 $R_2 \to \infty$, 可得整个盘的光度

$$L_{\mathrm{disc}} = \frac{GM\dot{M}}{2R_*} = \frac{1}{2}L_{\mathrm{acc}} \quad (2.62)$$

这正是 (2.27) 式。正如在前面解释那样, 在 R_* 处的物质仍然保留一部分动能, 它等于在旋入过程中所损失的一半势能, 这意味着在盘的边界层还对 L_{acc} 有贡献。对于总光度来说, 边界层的贡献与整个盘的贡献同样重要。

在 R 和 $R + \mathrm{d}R$ 之间的环上能量的耗散总速率为

$$2 \times 2\pi R \mathrm{d}R D\left(R\right) = \frac{3GM\dot{M}}{2R^2}\left[1 - \left(\frac{R_*}{R}\right)^{1/2}\right]\mathrm{d}R$$

在这个耗散总速率中, $GM\dot{M}\mathrm{d}R/\left(2R^2\right)$ 来自 R 和 $R + \mathrm{d}R$ 之间的引力束缚能的释放率, 剩余部分为

$$\frac{GM\dot{M}}{R^2}\left[1 - \frac{3}{2}\left(\frac{R_*}{R}\right)^{1/2}\right]\mathrm{d}R \quad (2.63)$$

由 (2.63) 式可知, 若 $R > 9R_*/4$, 能量耗散的速率超过了引力束缚能的释放速率; 而对于 $R \gg R_*$, 在势阱下降过程所释放的能量的黏滞迁移是局部束缚能量损失的两倍。可见, 黏滞迁移的作用只是重新分配盘中所释放的能量, 它不能改变总的能量释放的速率。为了补偿在盘的外部较大的能量耗散率, 在区域 $R_* \leqslant R < 9R_*/4$ 中能量的耗散速率小于引力束缚能的释放速率, 因为在此区域中, (2.63) 式取负值。

在薄盘中能量的转移机制既可能是辐射的, 也可能是对流的, 这取决于辐射转移所要求的温度梯度大于或小于绝热假设所给出的温度梯度。目前, 我们假设能量转移的机制是辐射的, 许多重要情况的确如此。考虑到薄盘近似, 在每个半径处盘介质是 "面平行" 的, 所以温度梯度在 z 方向上。这样, 通过 $z = \mathrm{const}$ 某个表面的辐射能流为

$$F\left(z\right) = -\frac{16\sigma T^3}{3\kappa_{\mathrm{R}}\rho}\frac{\partial T}{\partial z} \quad (2.64)$$

其中 κ_{R} 是 Rosseland 平均不透明度。在 (2.64) 式中隐含假定吸积盘是光学厚的, 亦即

$$\tau = \rho H \kappa_{\mathrm{R}}\left(\rho, T_{\mathrm{c}}\right) = \Sigma \kappa_{\mathrm{R}} \gg 1 \quad (2.65)$$

所以辐射场在局部非常接近于黑体辐射。能量平衡方程为

$$\frac{\partial F}{\partial z} = Q^+$$

其中 Q^+ 是能量在单位体积中的黏滞耗散率。对上式积分得到

$$F(H) - F(0) = \int_0^H Q^+(z)\,\mathrm{d}z = D(R) \tag{2.66}$$

在 (2.64) 式中令 $\frac{\partial T}{\partial z} \sim -\frac{T}{H}$，并代入 (2.65) 式可得

$$F(z) \sim (4\sigma/3\tau) T^4(z)$$

如果中心温度比表面温度高得多，则 (2.66) 式可近似写作

$$\frac{4\sigma}{3\tau} T_\mathrm{c}^4 = D(R) \tag{2.67}$$

这正是我们所要求的能量方程。

最后，我们把有关薄盘结构的主要公式汇集如下：

$$\begin{cases}
\rho = \Sigma/H \\
H = C_\mathrm{S} R^{3/2}/(GM)^{1/2} \\
C_\mathrm{S}^2 = P/\rho \\
P = \dfrac{\rho k T_\mathrm{c}}{\mu m_\mathrm{p}} + \dfrac{4\sigma}{3c} T_\mathrm{c}^4 \\
\dfrac{4\sigma T_\mathrm{c}^4}{3\tau} = \dfrac{3GM\dot{M}}{8\pi R^3}\left[1 - \left(\dfrac{R_*}{R}\right)^{1/2}\right] \\
\tau = \Sigma\kappa_R(\rho, T_\mathrm{c}) = \tau(\Sigma, \rho, T_\mathrm{c}) \\
\nu\Sigma = \dfrac{\dot{M}}{3\pi}\left[1 - \left(\dfrac{R_*}{R}\right)^{1/2}\right] \\
\nu = \nu(\rho, T_\mathrm{c}, \Sigma, \alpha, \cdots)
\end{cases} \tag{2.68}$$

以上 8 个方程可以解出 8 个未知函数：$\rho, \Sigma, H, C_\mathrm{S}, P, T_\mathrm{c}, \tau$ 和 ν，它们都是 $\dot{M}, M, R$ 和出现在黏滞方案中的参数 (如 α) 的函数。

下面对一个简单情况求解稳定盘方程组 (2.68)。这个盘结构首先由撒库拉和森亚耶夫得出，并以他们的名字命名。

根据 Kramers 定律，Rosseland 平均不透明度可表示为

$$\kappa_\mathrm{R} = 5 \times 10^{24} \rho T_\mathrm{c}^{-7/2} \mathrm{cm}^2 \cdot \mathrm{g}^{-1} \tag{2.69}$$

此外，我们略去方程组 (2.68) 中的方程 4 的辐射压强项 $\frac{4\sigma}{3c}T_c^4$。在上述假设下，方程组 (2.68) 成为一个代数方程组，可以直接求解。为了书写简洁，在 (2.68) 式中令 $f^4 = 1 - (R_*/R)^{1/2}$，并把其中的方程 5 的右端记为 D。这样，利用 (2.68) 式中方程 6、方程 2 和 (2.69) 式，由 (2.68) 式中方程 5 可得

$$T_c^8 \propto \Sigma^2 D M^{1/2} R^{-3/2}$$

其中，我们利用 (2.68) 式中方程 3 和 4 得出 $C_S \propto T_c^{1/2}$。将上式与 (2.68) 式中方程 7 和 8 结合得到

$$\Sigma \propto \alpha^{-4/5} \dot{M}^{7/10} M^{1/4} R^{-3/4} f^{14/5}$$

这就是我们所要求的结果，其他结果很容易随后求出。为了看出所求解的大小，我们采用下列典型的盘参量尺度来表示解：

$$R_{10} = R/(10^{10}\text{cm}), \quad M_1 = M/M_\odot, \quad \dot{M}_{16} = \dot{M}/(10^{16}\text{g}\cdot\text{s}^{-1})$$

并取 $\mu = 0.615$ 来表示完全电离的宇宙混合气体的平均分子量。撒库拉–森亚耶夫的解可表示为

$$\begin{cases}
\Sigma = 5.2\alpha^{-4/5}\dot{M}_{16}^{7/10}M_1^{1/4}R_{10}^{-3/4}f^{14/5}\text{g}\cdot\text{cm}^{-2} \\
H = 1.7\times10^8\alpha^{-1/10}\dot{M}_{16}^{3/20}M_1^{-3/8}R_{10}^{9/8}f^{3/5}\text{cm} \\
\rho = 3.1\times10^{-8}\alpha^{-7/10}\dot{M}_{16}^{11/20}M_1^{5/8}R_{10}^{-15/8}f^{11/5}\text{g}\cdot\text{cm}^{-3} \\
T_c = 1.4\times10^4\alpha^{-1/5}\dot{M}_{16}^{3/10}M_1^{1/4}R_{10}^{-3/4}f^{6/5}\text{K} \\
\tau = 33\alpha^{-4/5}\dot{M}_{16}^{1/5}f^{4/5} \\
\nu = 1.8\times10^{14}\alpha^{4/5}\dot{M}_{16}^{3/10}M_1^{-1/4}R_{10}^{3/4}f^{6/5}\text{cm}^2\cdot\text{s}^{-1} \\
v_R = 2.7\times10^4\alpha^{4/5}\dot{M}_{16}^{3/10}M_1^{-1/4}R_{10}^{-1/4}f^{-14/5}\text{cm}\cdot\text{s}^{-1}
\end{cases} \tag{2.70}$$

假设吸积盘是几何薄的，并且在 z 方向是光学厚的，那么盘上每个面积元的辐射可看作黑体辐射，并且等于该面元上的黏滞耗散

$$\sigma T^4(R) = D(R) \tag{2.71}$$

利用 (2.60) 式可得

$$T(R) = \left\{ \frac{3GM\dot{M}}{8\pi R^3 \sigma}\left[1 - (R_*/R)^{1/2} \right] \right\}^{1/4} \tag{2.72}$$

对于 $R \gg R_*$ 有

$$T = T_*(R/R_*)^{-3/4}$$

其中

$$T_* = \left(\frac{3GM\dot{M}}{8\pi R_*^3 \sigma} \right)^{1/4}$$

$$= 4.1 \times 10^4 \dot{M}_{16}^{1/4} M_1^{1/4} R_9^{-3/4} \mathrm{K}$$

$$= 1.3 \times 10^7 \dot{M}_{17}^{1/4} M_1^{1/4} R_6^{-3/4} \mathrm{K} \tag{2.73}$$

在 (2.73) 式中，我们分别给出了白矮星 ($M_1 \sim R_9 \sim \dot{M}_{16} \sim 1$) 和中子星 ($M_1 \sim R_6 \sim \dot{M}_{17} \sim 1$) 周围的吸积盘温度的数值表达式。

由 (2.72) 式可得，在 $R = (49/36)\, R_*$ 处，$T(R)$ 取得最大值 $0.488T_*$。由 (2.73) 式得到的 T_* 的数值可以看出，白矮星和中子星周围的吸积盘的辐射分别在紫外和 X 射线范围内。

2.8 广义相对论吸积盘模型

2.8.1 克尔度规中的粒子轨道

最早建立起来的吸积盘理论并没有考虑广义相对论，例如，在撒库拉和森亚耶夫 1973 年所提出的 α-黏滞方案的吸积盘模型中，引力势的表达式仍然采用牛顿引力势。这样做的大体原因是，在最初创建吸积盘理论时，主要矛盾是如何处理本质还不清楚的黏滞，以及如何用这一初步的吸积盘模型来解释恒星系统的高能辐射。α-吸积盘成功地解释了白矮星和中子星的高能辐射，在吸积盘理论的发展中具有里程碑的意义。当时还不可能把广义相对论作为吸积盘的理论框架。随着吸积盘理论的进一步发展，尤其是涉及黑洞的吸积时，对牛顿引力势的修正就必须考虑了。即使对于中子星吸积，若要进一步提高理论的精度，也应当考虑对牛顿引力势的修正。因为中子星表面附近的引力场与黑洞的引力场强度相差无几，而且根据吸积盘理论，有一半的能量是在盘的内区发射的。

1972 年 Bardeen，Press 和 Teukolsky 等研究了克尔度规中的粒子的短程线运动特征[12]。为表述简洁，以下采用普朗克单位制 $c = G = k_\mathrm{B} = 1$。

由于没有球对称性，所以求解粒子在克尔度规中的短程线是相当复杂的。然而，有一个隐含的对称性有助于我们解析求解短程线。为了深入了解旋转效应对短程线的影响，我们限于讨论赤道面上的检验粒子的运动。在 (1.14) 式中令 $\theta = \pi/2$，可得拉格朗日 (Lagrange) 函数为

$$2L = -\left(1 - \frac{2M}{r} \right) \dot{t}^2 - \frac{4aM}{r} \dot{t}\dot{\phi} + \frac{r^2}{\Delta} \dot{r}^2 + \left(r^2 + a^2 + \frac{2Ma^2}{r} \right) \dot{\phi}^2 \tag{2.74}$$

其中 $\dot{t} = \mathrm{d}t/\mathrm{d}\lambda,\ \dot{r} = \mathrm{d}r/\mathrm{d}\lambda, \cdots$ 对应于循环坐标 t 和 ϕ，我们得到两个第一积分

$$p_t \equiv \frac{\partial L}{\partial \dot{t}} = \mathrm{const} = -E = -\left(1 - \frac{2M}{r}\right)\dot{t} - \frac{2aM}{r}\dot{\phi} \tag{2.75}$$

$$p_\phi \equiv \frac{\partial L}{\partial \dot{\phi}} = \mathrm{const} = l = \left(r^2 + a^2 + \frac{2Ma^2}{r}\right)\dot{\phi} - \frac{2aM}{r}\dot{t} \tag{2.76}$$

联立求解方程组 (2.75) 和 (2.76) 得到

$$\dot{t} = \frac{\left(r^3 + a^2 r + 2Ma^2\right)E - 2aMl}{r\Delta} \tag{2.77}$$

$$\dot{\phi} = \frac{(r - 2M)\,l + 2aME}{r\Delta} \tag{2.78}$$

令 $g_{\alpha\beta}p^\alpha p^\beta = -m^2$，即 $L = -m^2 2$，可得粒子运动的第三个积分。将 (2.77) 和 (2.78) 式代入第三个积分，经化简可得

$$r^3\left(\frac{\mathrm{d}r}{\mathrm{d}\lambda}\right)^2 = R_E\left(E, l, r\right) \tag{2.79}$$

其中

$$R_E \equiv E^2\left(r^3 + a^2 r + 2Ma^2\right) - 4aMEl - (r - 2M)\,l^2 - m^2 r\Delta \tag{2.80}$$

函数 R_E 可视为赤道面上粒子径向运动的有效势。例如，在 $\mathrm{d}r/\mathrm{d}\lambda$ 保持为零处，会出现圆轨道。这要求

$$R_E = 0, \quad \partial R_E/\partial r = 0 \tag{2.81}$$

经过复杂的代数运算，由 (2.81) 式解得在近似圆轨道上做短程线运动的粒子的比能量和比角动量分别是

$$\tilde{E} = \frac{r^2 - 2Mr \pm a\sqrt{Mr}}{r\left(r^2 - 3Mr \pm 2a\sqrt{Mr}\right)^{1/2}} \tag{2.82}$$

$$\tilde{l} = \pm\frac{\sqrt{Mr}(r^2 \mp 2a\sqrt{Mr} + a^2)}{r\left(r^2 - 3Mr \pm 2a\sqrt{Mr}\right)^{1/2}} \tag{2.83}$$

在以上两式中，上符号代表顺行轨道(即粒子的轨道角动量与黑洞的自转角动量同向)；下符号代表逆行轨道(即粒子的轨道角动量与黑洞的自转角动量反向)。

圆轨道存在范围从 $r = \infty$ 到光子的极限圆轨道。光子的极限圆轨道可通过令 (2.82) 式的分母为零来确定，由此得到一个关于 $r^{1/2}$ 的三次方程。可解得光子的圆轨道为

$$r_{\mathrm{ph}} = 2M\left\{1 + \cos\left[(2/3)\arccos\left(\mp a/M\right)\right]\right\} \tag{2.84}$$

求解 (2.84) 式得到: 对于 $a = 0$(施瓦西度规), $r_{ph} = 3M$; 对于 $a = M$(极端克尔度规), $r_{ph} = M$(顺行轨道) 或 $4M$(逆行轨道)。

对于 $r > r_{ph}$ 的情况, 并非所有的圆轨道都是束缚的。对于非束缚圆轨道, $\tilde{E} > 1$。若给定一个无穷小的向外的干扰, 处于该轨道的粒子将会沿着一条渐进双曲线逃逸到无穷远。束缚轨道存在于 $r > r_{mb}$ 的区域, 其中 r_{mb} 是临界束缚圆轨道半径, 满足 $\tilde{E} = 1$。由 (2.82) 式解得

$$r_{mb} = 2M \mp a + 2M^{1/2} \left(M \mp a \right)^{1/2} \tag{2.85}$$

实际上, 粒子从无穷远下落的轨道非常接近抛物线轨道, 任何进入 $r < r_{mb}$ 区域的轨道将直接落入黑洞。由 (2.85) 式可知, 对于 $a = 0$, $r_{mb} = 4M$; 对于 $a = M$, $r_{mb} = M$ (顺行轨道) 或 $5.83M$(逆行轨道)。

束缚圆轨道也可能是不稳定的, 稳定性要求

$$\frac{\partial^2 R_E}{\partial r^2} \leqslant 0 \tag{2.86}$$

由 (2.80) 式可得

$$1 - \left(\tilde{E} \right)^2 \geqslant \frac{2M}{3r} \tag{2.87}$$

将 (2.82) 式代入上式, 并取等号 (对应于极限情况), 可得到一个关于 $r^{1/2}$ 的四次方程。巴丁等首先求出了临界稳定圆轨道半径 r_{ms}[12]

$$r_{ms} = M \left\{ 3 + Z_2 \mp \left[\left(3 - Z_1 \right) \left(3 + Z_1 + 2Z_2 \right) \right]^{1/2} \right\} \tag{2.88}$$

其中

$$Z_1 \equiv 1 + \left(1 - a^2/M^2 \right)^{1/3} \left[\left(1 + a/M \right)^{1/3} + \left(1 - a/M \right)^{1/3} \right]$$
$$Z_2 \equiv \left(3a^2/M^2 + Z_1^2 \right)^{1/2}$$

对于 $a = 0$, $r_{ms} = 6M$; 对于 $a = M$, $r_{ms} = M$ (顺行轨道) 或 $9M$(逆行轨道)。

一个有关黑洞吸积盘的能源效率的重要参量是临界稳定圆轨道的束缚能量。如果我们用 (2.87) 式消去 (2.82) 式中的 r 可得

$$\frac{a}{M} = \mp \frac{4\sqrt{2} \left(1 - \tilde{E}^2 \right)^{1/2} - 2\tilde{E}}{3\sqrt{3} \left(1 - \tilde{E}^2 \right)} \tag{2.89}$$

对于顺行轨道 $\tilde{E}$ 从 $\sqrt{8/9}(a = 0)$ 减少到 $\sqrt{1/3}(a = M)$; 而对于逆行轨道 $\tilde{E}$ 从 $\sqrt{8/9}$ 增加到 $\sqrt{25/27}$。单位质量的物质从无穷远通过赤道面上一系列近似圆轨道到达 r_{ms}, 并落入黑洞, 所释放的引力能为 $1 - \tilde{E}$, 对于极端克尔黑洞, 得到

$$1 - \tilde{E} = 1 - 1/\sqrt{3} \approx 42.3\% \tag{2.90}$$

最后由 r_{ms} 落入黑洞的能量是可以忽略的。这些结果对于计算广义相对论吸积盘的提取引力势能的效率是非常有用的。

2.8.2 广义相对论吸积盘的求解

1973 年，Novikov 和 Thorne 用广义相对论表述了黑洞吸积盘理论，1974 年，Page 和 Thorne 系统地阐述了黑洞吸积盘的时间平均结构[13,14]。Page 和 Thorne 的吸积盘模型建立在以下假设的基础上。

假设 (i) 在黑洞的外部时空几何中，吸积盘的自引力可以忽略，黑洞的外部几何是稳定的、轴对称的克尔度规，而且该度规是渐近平直的，并且在赤道面上是反射对称的。

假设 (ii) 吸积盘的中心平面位于黑洞的赤道面上。

假设 (iii) 吸积盘为薄盘，在盘半径 r 处的盘厚度 $\Delta z = 2h$ 比 r 小得多。

假设 (iv) 存在一个时间间隔 Δt，其大小满足下列要求：①Δt 足够小，使得在 Δt 内黑洞的外部几何的变化可以忽略；②Δt 足够大，使得在任何半径 r 处，在 Δt 内，吸积流通过半径 r 的总质量远大于吸积盘在 r 和 $2r$ 之间所包含的典型质量。我们用符号 $\langle\rangle$ 代表在角度 $\Delta\phi = 2\pi$ 及时间间隔 Δt 上对某个场量 $\Psi(t, r, z, \phi)$ 取平均值

$$\langle \Psi(z, r)\rangle \equiv (2\pi\Delta t)^{-1} \int_0^{\Delta t}\int_0^{2\pi} \Psi(t, r, z, \phi)\mathrm{d}\phi\mathrm{d}t \tag{2.91}$$

假设 (v) 在位于时空点 P_0 的重子上建立"局部静止坐标系"，该局部坐标系的 4 维瞬时速度为 $u^{\mathrm{inst}}(P_0)$（"inst" 代表"瞬时"的意思）。对 $u^{\mathrm{inst}}(P_0)$ 在 ϕ, Δt 和盘的垂直厚度作平均，可得

$$u(r) \equiv \frac{1}{\Sigma}\int_{-H}^{+H} \langle \rho_0 u^{\mathrm{inst}}\rangle\mathrm{d}z \tag{2.92}$$

其中 ρ_0 是在瞬时局部静止坐标系中测量的静止质量密度，Σ 是对时间平均的吸积盘的质量面密度

$$\Sigma(r) \equiv \int_{-H}^{+H} \langle \rho_0\rangle\mathrm{d}z \tag{2.93}$$

H 是在时间间隔 Δt 内盘的最大半厚度

$$H \equiv \max_{\Delta t}(h) \tag{2.94}$$

相对于 4 维速度场 $\boldsymbol{u}$，下列符号所代表的物理量为

$$\tilde{\boldsymbol{T}} = \rho_0(1 + \Pi)\boldsymbol{u}\otimes\boldsymbol{u} + \boldsymbol{\tau} + \boldsymbol{u}\otimes\boldsymbol{q} + \boldsymbol{q}\otimes\boldsymbol{u} \quad \text{应力-能量张量} \tag{2.95a}$$

$$\Pi = \text{"比内能"} \tag{2.95b}$$

$$\boldsymbol{\tau} = \text{"平均静止系中的 2 阶应力对称张量"}(\ \boldsymbol{\tau}\ \text{与}\ \boldsymbol{u}\ \text{正交}, \ \boldsymbol{\tau} \cdot \boldsymbol{u} = u \cdot \tau = 0) \quad (2.95\text{c})$$

$$\boldsymbol{q} = \text{"4 维能流矢量"} \quad (\boldsymbol{q}\ \text{与}\ \boldsymbol{u}\ \text{正交}) \quad (2.95\text{d})$$

假设 (vi) 当在对 $\phi, \Delta t$ 和垂向高度作平均时, 重子围绕黑洞在赤道面上作非常接近圆轨道的短程线运动, 故有

$$u(r) \approx w(r) \equiv \text{"赤道面上的圆形短程线轨道的 4 维速度"} \quad (2.96\text{a})$$

在近圆轨道上的比能量 $E^{\dagger}$、比角动量 $L^{\dagger}$ 和角速度 Ω 分别为

$$E^{\dagger}(r) \equiv -w_t(r), \quad L^{\dagger}(r) \equiv w_{\phi}(r), \quad \Omega(r) \equiv w^{\phi}/w^t \quad (2.96\text{b})$$

在物理上, 仅当盘物质所受到的径向压力与黑洞的引力相比可以忽略时, 平均运动才可能是接近短程线的, 亦即

$$\text{(由压强梯度引起的径向加速度)} \sim \left| \frac{\tau_{rr,r}}{\rho_0} \right| \sim \left| \left(\frac{\tau_{rr}}{\rho_0} \right)_{,r} \right|$$

$$\ll \text{(黑洞引起的引力加速度)} \sim |E^{\dagger}_{,r}| = \left| \left(1 - E^{\dagger} \right)_{,r} \right|$$

对以上的不等式积分, 并利用对天体物理物质有效的关系式, 得到

$$\text{(内能密度)} \equiv \rho_0 \Pi \sim |\tau_{rr}|$$

不难看出

$$\Pi \ll 1 - E^{\dagger} \quad (2.97)$$

(2.97) 式表明相对于引力势能来说, 内能是可忽略的。换句话说, 随着盘物质缓慢地旋入并释放能量, 在所释放的能量中, 有可以忽略的少部分能量是以内能的形式储存的。几乎所有的能量被转移或被辐射了。(2.97) 式可以用温度表示为

$$\Pi \sim T/m_{\text{p}} \sim T/10^{13}\text{K} \ll 1 - E^{\dagger} \sim M/r$$

上式中 M 为黑洞的质量, m_{p} 为质子的质量。

假设 (vii) 除了垂直方向外, 吸积盘内的热流可以忽略, 亦即

$$\langle q(r,z) \rangle \approx q^z(r,z) \quad (2.98\text{a})$$

考虑到薄盘, 这个假设应当是合理的。

假设 (viii) 只有光子所携带的应力–能量的时间平均才能到达盘外。而且从根本上看，所有带走的应力–能量均为波长 $\lambda \ll$ (黑洞尺度) 的光子所携带。因此，静止系中的 2 阶应力对称张量 $\boldsymbol{\tau}$ 和 4 维能流矢量 $\boldsymbol{q}$ 的下列分量的平均值为零：

$$\langle \tau_\phi^z \rangle = \langle \tau_t^z \rangle = \langle \tau_r^z \rangle = \langle q_\phi \rangle = \langle q_t \rangle = \langle q_r \rangle = 0, \quad z = \pm H \tag{2.98b}$$

假设 (ix) 忽略已辐射出盘面的光子在吸积盘不同区域转移能量和角动量。定义从吸积盘面流出的平均辐射能流为

$$F(r) \equiv \langle q^z(r, z = H) \rangle = \langle -q^z(r, z = -H) \rangle \tag{2.99}$$

其中 $\langle q^z(r, z = H) \rangle$ 和 $\langle -q^z(r, z = -H) \rangle$ 分别是上、下盘面的平均辐射能流。

$$W_\phi^r(r) \equiv \int_{-H}^{+H} \langle \tau_\phi^r \rangle \mathrm{d}z = (g_{rr})^{1/2} \times (\text{由盘内应力引起的, 作用在半径为}$$
$$r \text{ 处的圆周单位长度上的力矩的时间平均值}) \tag{2.100}$$

根据质量守恒、角动量守恒及能量守恒三条基本定律可以得到以下三个方程：

$$\dot{M}_0 = -2\pi r \Sigma u^r \tag{2.101a}$$

$$F(r) = \frac{\dot{M}_0}{4\pi r} f \tag{2.101b}$$

$$W_\phi^r = \frac{\dot{M}_0}{2\pi r} \left[\frac{(E^\dagger - \Omega L^\dagger)}{(-\Omega_{,r})} \right] f \tag{2.101c}$$

(2.101a) 式中 u^r 为径向速度，在吸积情况 $u^r < 0$，(2.101c) 式中的 $\Omega_{,r}$ 代表对 Ω 求导，即 $\mathrm{d}\Omega/\mathrm{d}r$ (以下同)，f 是半径 r 的函数

$$f \equiv -\Omega_{,r} \left(E^\dagger - \Omega L^\dagger \right)^{-2} \int_{r_{\mathrm{ms}}}^r \left(E^\dagger - \Omega L^\dagger \right) L_{,r}^\dagger \mathrm{d}r = -\left(w_{,r}^t / w_\phi \right) \int_{r_{\mathrm{ms}}}^r \left(w_{\phi,r}/w^t \right) \mathrm{d}r \tag{2.102}$$

这里 r_{ms} 代表最内稳定圆轨道半径，在 r_{ms} 处满足下列关系：

$$\left. \frac{\mathrm{d}E^\dagger}{\mathrm{d}r} \right|_{r=r_{\mathrm{ms}}} = \left. \frac{\mathrm{d}L^\dagger}{\mathrm{d}r} \right|_{r=r_{\mathrm{ms}}} = 0 \tag{2.103}$$

在克尔度规下，我们给出下列符号的意义：

$$a \equiv J/M, \quad \text{黑洞的比角动量}$$
$$a_* \equiv a/M, \quad \text{黑洞的无量纲角动量}(-1 \leqslant a_* \leqslant +1)$$
$$x \equiv (r/M)^{1/2}, \quad \text{无量纲化的径向坐标}$$

$$x_0 = (r_{\mathrm{ms}}/M)^{1/2}$$

x_1, x_2, x_3 为方程 $x^3 - 3x + 2a_* = 0$ 的三个根，分别为

$$x_1 = 2\cos\left[\left(\cos^{-1}a_* - \pi\right)/3\right], \quad x_2 = 2\cos\left[\left(\cos^{-1}a_* + \pi\right)/3\right]$$
$$x_3 = -2\cos\left[\left(\cos^{-1}a_*\right)/3\right];$$
$$A = 1 + a_*^2 x^{-4} + 2a_*^2 x^{-6}, \quad B = 1 + a_* x^{-3}$$
$$C = 1 - 3x^{-2} + 2a_* x^{-3}, \quad D = 1 - 2x^{-2} + a_*^2 x^{-4}$$
$$E = 1 + 4a_*^2 x^{-4} - 4a_*^2 x^{-6} + 3a_*^4 x^{-8}, \quad F = 1 - 2a_* x^{-3} + a_*^2 x^{-4}$$
$$G = 1 - 2x^{-2} + a_* x^{-3}$$

此外还可以得出以下关系：

$$\Omega = M^{-1} x^{-3} B^{-1} \tag{2.104a}$$

$$E^\dagger = C^{-1/2} G, \quad L^\dagger = M x C^{-1/2} F \tag{2.104b}$$

$$E^\dagger - \Omega L^\dagger = B^{-1} C^{1/2}, \quad \Omega_{,r} = -(3/2) M^{-2} x^{-5} B^{-2} \tag{2.104c}$$

$$\chi_{\mathrm{ms}} = \left\{ 3 + Z_2 - \mathrm{sgn}(a_*)\left[(3 - Z_1)(3 + Z_1 + 2Z_2)\right]^{1/2} \right\}^{1/2} \tag{2.104d}$$

$$Z_1 = 1 + \left(1 - a_*^2\right)^{1/3}\left[(1 + a_*)^{1/3} + (1 - a_*)^{1/3}\right], \quad Z_2 = \left(3a_*^2 + A_1^2\right)^{1/2} \tag{2.104e}$$

可以验证，(2.104b) 式表示的吸积物质的比能量和比角动量与 (2.82) 和 (2.83) 式相同。在 (2.104d) 式中，对于 $a_* > 0$, $\mathrm{sgn}(a_*) > 0$; $a_* < 0$, $\mathrm{sgn}(a_*) < 0$。

$$
\begin{aligned}
f = {} & \frac{3}{2M} \frac{1}{x^2 \left(x^3 - 3x + 2a_*\right)} \\
& \times \left[x - \chi_{\mathrm{ms}} - \frac{3}{2} a_* \ln\left(\frac{x}{\chi_{\mathrm{ms}}}\right) - \frac{3\left(x_1 - a_*\right)^2}{x_1\left(x_1 - x_2\right)\left(x_1 - x_3\right)} \ln\left(\frac{x - x_1}{\chi_{\mathrm{ms}} - x_1}\right) \right. \\
& \left. - \frac{3\left(x_2 - a_*\right)^2}{x_2\left(x_2 - x_1\right)\left(x_2 - x_3\right)} \ln\left(\frac{x - x_2}{\chi_{\mathrm{ms}} - x_2}\right) \right. \\
& \left. - \frac{3\left(x_3 - a_*\right)^2}{x_3\left(x_3 - x_1\right)\left(x_3 - x_2\right)} \ln\left(\frac{x - x_3}{\chi_{\mathrm{ms}} - x_3}\right) \right]
\end{aligned}
\tag{2.104f}
$$

可以证明，圆形短程线轨道满足以下关系：

$$E^\dagger_{,r} = \Omega L^\dagger_{,r} \tag{2.105}$$

这是普遍的 "能量–角动量关系"：$\mathrm{d}E = \Omega \mathrm{d}J$ 的特殊情况，亦即

$$(\text{能量的改变}) = (\text{角速度}) \times (\text{角动量的改变}) \tag{2.106}$$

(2.106) 式在天体物理中有很重要的作用。

吸积盘的径向结构是由静止质量、角动量和能量三个守恒定律来支配的。静止质量守恒定律的微分形式为

$$\nabla \cdot \left(\rho_0 u^{\mathrm{inst}} \right) = 0 \tag{2.107}$$

在吸积盘中 r 和 $r + \Delta r$ 之间的 3 维体积和时间 Δt 上积分, 并利用高斯 (Gauss) 定理可得

$$0 = \int_V \nabla \cdot \left(\rho_0 u^{\mathrm{inst}} \right) (-g)^{1/2} \, \mathrm{d}t \mathrm{d}r \mathrm{d}z \mathrm{d}\phi = \int_{\partial V} \rho_0 u^{\mathrm{inst}} \cdot \mathrm{d}^3 \Sigma$$

$$= \left[\int_{-H}^{+H} \int_t^{t+\Delta t} \int_0^{2\pi} \rho_0 u^r_{\mathrm{inst}} (-g)^{1/2} \mathrm{d}\phi \mathrm{d}t \mathrm{d}z \right]_r^{r+\Delta r}$$

$$+ (\text{3 维体积中的总静止质量})_t^{t+\Delta t} = (\Delta t) \left(2\pi r \Sigma u^r \right)_{,r} \Delta r + 0$$

由以上方程即得 (2.101a) 式, 即静止质量守恒方程。角动量守恒定律的微分形式为

$$\nabla \cdot J = 0, \quad J \equiv T \cdot \partial/\partial \phi = (\text{角动量的密度流 4 维矢量}) \tag{2.108}$$

在吸积盘中 r 和 $r + \Delta r$ 之间的 3 维体积和时间 Δt 上积分, 并利用高斯定理把面积分转化为体积分。与质量守恒方程的情况不同之处在于: 在面积分中必须考虑从上、下盘面流出的角动量流, 因此面积分共有 6 项

$$0 = \int_V \nabla \cdot J (-g)^{1/2} \mathrm{d}t \mathrm{d}r \mathrm{d}z \mathrm{d}\phi = \int_{\partial V} J \cdot \mathrm{d}^3 \Sigma = \int_{\partial V} T_\phi^\alpha \cdot \mathrm{d}^3 \Sigma_\alpha$$

$$= \left\{ \int_{-H}^{+H} \int_t^{t+\Delta t} \int_0^{2\pi} \left[\rho_0 \left(1 + \Pi \right) u_\phi u^r + \tau_\phi^r + u_\phi q^r + q_\phi u^r \right] (-g)^{1/2} \, \mathrm{d}\phi \mathrm{d}t \mathrm{d}z \right\}_r^{r+\Delta r}$$

$$+ \left\{ \int_r^{r+\Delta r} \int_t^{t+\Delta t} \int_0^{2\pi} \left[\rho_0 \left(1 + \Pi \right) u_\phi u^z + \tau_\phi^z + u_\phi q^z + q_\phi u^z \right] (-g)^{1/2} \, \mathrm{d}\phi \mathrm{d}t \mathrm{d}z \right\}_{-H}^{+H}$$

$$+ (\text{3 维体积中的总角动量}) \Big|_t^{t+\Delta t} \tag{2.109}$$

在上式的第一个括号中, 我们可以忽略 Π; 与第二个括号中的 $u_\phi q^z$ 相比较, $u_\phi q^r$ 和 $q_\phi u^r$ 可以忽略, 因此第一个括号化为

$$\left\{ \int_{-H}^{+H} (2\pi \Delta t) \left[\langle \rho_0 \rangle u_\phi u^r + \langle \tau_\phi^r \rangle \right] (-g)^{1/2} \, \mathrm{d}z \right\}_r^{r+\Delta r}$$

$$= \left\{ (2\pi \Delta t) \left[\Sigma L u^r + W_\phi^r \right] r \right\}_r^{r+\Delta r}$$

$$= \Delta t \left[-\dot{M}_0 L^\dagger + 2\pi r W_\phi^r \right]_{,r} \Delta r \tag{2.110}$$

其中

$$W_\alpha^\beta \equiv \int_{-H}^{+H} \langle \tau_\alpha^\beta \rangle \mathrm{d}z \tag{2.111}$$

在 (2.109) 式的第二个括号中, 由于 $u^z = 0$, 因而其中第一项和最后一项为零; 由于 (2.98b) 式, 其中的第二项也为零, 因此第二个括号变为

$$\left\{ \int_r^{r+\Delta r} (2\pi\Delta t)\, u_\phi \langle q^z \rangle (-g)^{1/2}\, \mathrm{d}r \right\}_{-H}^{+H} = 2\Delta t \left[2\pi r L^\dagger F \right] \Delta r \tag{2.112}$$

推导时我们利用了 (2.96) 式, 以及 F 的定义 (2.99) 式。根据假设 (iv), 与第一个括号相比较, 第三个括号可以忽略。综上所述, 我们得到

$$\left[\dot{M}_0 L^\dagger - 2\pi r W_\phi^r \right]_{,r} = 4\pi r F L^\dagger \tag{2.113}$$

这是角动量守恒定律的最后形式。(2.113) 式中的第一项代表盘的静止质量所携带的角动量: 第二项是盘的力矩所转移的角动量; 右端项是通过辐射脱离吸积盘的角动量。

能量守恒定律的微分形式为

$$\nabla \cdot \boldsymbol{E} = 0, \quad \boldsymbol{E} \equiv -T \cdot \partial/\partial t (\text{能量密度流 4 维矢量}) \tag{2.114}$$

类似于质量守恒和角动量守恒定律的推导, 可得

$$\left[\dot{M}_0 E^\dagger + 2\pi r W_t^r \right]_{,r} = 4\pi r F E^\dagger \tag{2.115}$$

利用正交关系 $u^\alpha t_\alpha^\beta = 0$, 亦即 $u^\alpha W_\alpha^\beta = 0$, 或

$$W_t^r = -\left(u^\phi/u^t \right) W_\phi^r = -\Omega W_\phi^r$$

将上式代入 (2.115) 式得到

$$\left[\dot{M}_0 E^\dagger - 2\pi r W_\phi^r \Omega \right]_{,r} = 4\pi r F E^\dagger \tag{2.116}$$

(2.116) 式即为我们所求的能量守恒方程。

对方程 (2.113) 和 (2.116) 积分可求出吸积盘的辐射能流 F 和单位周长上的力矩 W_ϕ^r。下面我们给予详细推导, 令

$$f \equiv 4\pi r F/\dot{M}_0 \tag{2.117a}$$

$$w \equiv 2\pi r W_\phi^r/\dot{M}_0 \tag{2.117b}$$

则守恒定律 (2.113) 式和 (2.116) 式变为

$$\left(L^\dagger - w\right)_{,r} = fL^\dagger \tag{2.118a}$$

$$\left(E^\dagger - \Omega w\right)_{,r} = fE^\dagger \tag{2.118b}$$

结合 (2.118a) 和 (2.118b) 式以及能量–角动量关系 (2.105) 可得

$$w = \left[\left(E^\dagger - \Omega L^\dagger\right)/\left(-\Omega_{,r}\right)\right] f \tag{2.119}$$

利用 (2.119) 和 (2.118a) 式消去 w, 并利用能量–角动量关系 (2.105)，得到一个关于 f 的一阶微分方程, 积分后得到

$$\frac{\left(E^\dagger - \Omega L^\dagger\right)^2}{-\Omega_{,r}} f = \int_{r_{\rm ms}}^{r} \left(E^\dagger - \Omega L^\dagger\right) L^\dagger_{,r} {\rm d}r$$

通过分部积分并利用能量–角动量关系 (2.105)，可得

$$\begin{aligned}
f &= -\Omega_{,r} \left(E^\dagger - \Omega L^\dagger\right)^{-2} \int_{r_{\rm ms}}^{r} \left(E^\dagger - \Omega L^\dagger\right) L^\dagger_{,r} {\rm d}r \\
&= -\Omega_{,r} \left(E^\dagger - \Omega L^\dagger\right)^{-2} \left[E^\dagger L^\dagger - E^\dagger_{\rm ms} L^\dagger_{\rm ms} - 2\int_{r_{\rm ms}}^{r} L^\dagger E^\dagger_{,r} {\rm d}r\right] \\
&= -\Omega_{,r} \left(E^\dagger - \Omega L^\dagger\right)^{-2} \left[-E^\dagger L^\dagger + E^\dagger_{\rm ms} L^\dagger_{\rm ms} + 2\int_{r_{\rm ms}}^{r} E^\dagger L^\dagger_{,r} {\rm d}r\right]
\end{aligned} \tag{2.120}$$

式中 $E^\dagger_{\rm ms}$ 和 $L^\dagger_{\rm ms}$ 分别对应于 $r_{\rm ms}$ 的吸积物质的比能量和比角动量。结合 (2.99), (2.100) 和 (2.120) 式, 最后可得出吸积盘的平均辐射能流 F 和作用在半径为 r 处的圆周单位长度上的力矩的 W^r_ϕ 表达式。不难看出, 表达式 (2.120) 和 (2.104f) 是完全相同的。

2.9　径移主导吸积流

吸积是天体物理中极为重要的物理过程和能量机制。在吸积过程中引力势能转化为吸积气体的动能和热能。如果热能被有效地辐射出去, 则旋转气体的温度远低于局部的位力 (virial) 温度而采取薄盘位形。1994~1995 年 Narayan 和 Yi 指出: 如果吸积气体不能有效地冷却, 则吸积流不会成为薄盘。他们得到一族自相似解, 其中吸积气体接近于位力温度, 且吸积为准球形的。这种形式的吸积流称为径移主导吸积流(advection-dominated accretion flow, ADAF)[15−18]。

在薄吸积盘的标准理论中, 我们对流方程作垂向平均, 在黑洞赤道面上讨论二维流动。假设吸积流是稳定的, 轴对称的, 则有 $\partial/\partial t = \partial/\partial \phi = 0$, 而且所有的流变量只是 R 的函数。假设气压为主, 则压强表示为 $P = \rho C_{\rm S}^2$。

气体的密度 ρ, 径向速度 v, 角速度 Ω 以及等温声速 C_{S} 满足 4 个微分方程: 即连续性方程、径向动量方程、环向动量方程和能量方程

$$\frac{\mathrm{d}}{\mathrm{d}R}\left(\rho R H v\right) = 0 \tag{2.121}$$

$$v\frac{\mathrm{d}v}{\mathrm{d}R} - \Omega^2 R = -\Omega_{\mathrm{K}}^2 R - \frac{1}{\rho}\frac{\mathrm{d}}{\mathrm{d}R}\left(\rho C_{\mathrm{S}}^2\right) \tag{2.122}$$

$$v\frac{\mathrm{d}\left(\Omega R^2\right)}{\mathrm{d}R} = \frac{1}{\rho R H}\frac{\mathrm{d}}{\mathrm{d}R}\left(\frac{\alpha\rho C_{\mathrm{S}}^2 R^3 H}{\Omega_{\mathrm{K}}}\right) \tag{2.123}$$

$$\Sigma v T\frac{\mathrm{d}S}{\mathrm{d}R} = \frac{3+3\varepsilon}{2}2\rho H v\frac{\mathrm{d}C_{\mathrm{S}}^2}{\mathrm{d}R} - 2C_{\mathrm{S}}^2 H v\frac{\mathrm{d}\rho}{\mathrm{d}R} = Q^+ - Q^- \tag{2.124}$$

(2.124) 式左端与径移熵 (advected entropy) 联系起来, 其中 T 为温度, S 为熵。而右端给出 Q^+ 与 Q^- 之差, 其中 Q^+ 是黏滞耗散注入单位面积的能量, 而 Q^- 是辐射冷却引起的能量损失。参数 ε 定义为 $\varepsilon = (5/3 - \gamma)/(\gamma - 1)$ 或 $\frac{3+3\varepsilon}{2} = \frac{1}{\gamma - 1}$, 其中 γ 为比热比。注意到 $\varepsilon = 0$ 对应于 $\gamma = 5/3$, 而 $\varepsilon = 1$ 对应于 $\gamma = 4/3$。代入黏滞耗散率 Q^+ 的表达式得到

$$Q^+ - Q^- = \frac{2\alpha\rho C_{\mathrm{S}}^2 R^2 H}{\Omega_{\mathrm{K}}}\left(\frac{\mathrm{d}\Omega}{\mathrm{d}R}\right)^2 - Q^- = f\frac{2\alpha\rho C_{\mathrm{S}}^2 R^2 H}{\Omega_{\mathrm{K}}}\left(\frac{\mathrm{d}\Omega}{\mathrm{d}R}\right)^2 = fQ^+ \tag{2.125}$$

将 $\nu = \alpha C_{\mathrm{S}}^2/\Omega_{\mathrm{K}}$ 以及 $\Sigma = 2\rho H$ 代入薄盘单位面积的产热率的表达式 (2.31), 发现 $Q^+ = 2D(R)$, 原因在于薄盘中求得的是上半盘单位面积的产热率, 而此处 Q^+ 代表上、下盘单位面积的产热率。

在 (2.125) 式中, 参数 f 代表径移主导的程度: $f = 1$ 代表完全没有辐射冷却; $f = 0$ 代表非常有效的辐射冷却。定义一个新的参数 $\varepsilon' \equiv \varepsilon/f$, 此参数在决定吸积流的性质方面具有重要意义。为了简化讨论, 假设 ε' 与半径 R 无关。求解方程 (2.121)~(2.124) 可以得到一组自相似解

$$\rho \propto R^{-3/2}, \quad v \propto R^{-1/2}, \quad \Omega \propto R^{-3/2}, \quad C_{\mathrm{S}}^2 \propto R^{-1} \tag{2.126}$$

其中

$$v = -(5+2\varepsilon')\frac{g\left(\alpha,\varepsilon'\right)}{3\alpha}v_{\mathrm{K}} \approx -\frac{3\alpha}{(5+2\varepsilon')}v_{\mathrm{K}} \tag{2.127}$$

$$\Omega = \left[\frac{2\varepsilon'\left(5+2\varepsilon'\right)g\left(\alpha,\varepsilon'\right)}{9\alpha^2}\right]^{1/2}\Omega_{\mathrm{K}} \approx \left(\frac{2\varepsilon'}{5+2\varepsilon'}\right)^{1/2}\Omega_{\mathrm{K}} \tag{2.128}$$

$$C_{\mathrm{S}}^2 = \frac{2\left(5+2\varepsilon'\right)}{9}\frac{g\left(\alpha,\varepsilon'\right)}{\alpha^2}v_{\mathrm{K}}^2 \approx \frac{2}{5+2\varepsilon'}v_{\mathrm{K}}^2 \tag{2.129}$$

$$g\left(\alpha,\varepsilon'\right) \equiv \left[1 + \frac{18\alpha^2}{\left(5+2\varepsilon'\right)^2}\right]^{1/2} - 1 \tag{2.130}$$

密度 ρ 可以通过质量吸积率 $\dot{M} = -4\pi RH v\rho$ 得到。下面我们讨论自相似解的性质。

(1) 在 $f = 0$, $\varepsilon' \to \infty$ 的极限下，对应于非常有效的辐射冷却，自相似解 (2.127)~(2.130) 对应于标准薄吸积盘解：v, $C_{\mathrm{S}} \ll v_{\mathrm{K}}$, $\Omega \to \Omega_{\mathrm{K}}$。

(2) 对于 $0 < f < 1$, 或者说 f 略小于 1, 则有 $\varepsilon' \sim \varepsilon < 1$ ($4/3 < \gamma < 5/3$), 对应于 ADAF 模式，在此情况下自相似解具有非常有趣的性质。

① (2.129) 式表明在 ADAF 中，声速与 Kepler 速度可比拟，$C_{\mathrm{S}} \sim v_{\mathrm{K}}$, 这意味着吸积气体的温度接近位力温度；

② $C_{\mathrm{S}} \sim v_{\mathrm{K}}$ 意味着盘的垂向厚度与 R 可比拟 ($H \sim RC_{\mathrm{S}}/v_{\mathrm{K}}$), 吸积流成为准球形的；

③ (2.127) 式表明吸积气体的径向速度与 α 成正比，这是因为径向速率主要取决于黏滞向外转移角动量的速率。由于 $v \sim \alpha C_{\mathrm{S}}^2/v_{\mathrm{K}}$, 此式推导可参考 (2.43) 和 (2.46) 式。

在薄盘情况下 $H \ll R$, 因此 $C_{\mathrm{S}} \ll v_{\mathrm{K}}$, 所以 ADAF 的径向速度比薄盘情况的径向速度大得多；

(3) 当 ε' 很小时，由 (2.128) 式可知，ADAF 的角速度 Ω 比局部的开普勒角速度小 $\sim \sqrt{\varepsilon'}$ 倍，当 $\gamma \to 5/3$ 时, $\Omega \to 0$, ADAF 解与球形吸积衔接。

(4) ADAF 的低角速度 Ω 意味着, 在中心天体远没有达到破裂速度极限以前就已经停止加速了，这对于中心天体的自转有重要含义。

方程 (2.122) 表明，自相似解满足

$$\frac{1}{2}v^2 + \Omega^2 R^2 - \Omega_{\mathrm{K}}^2 R^2 + \frac{5}{2}C_{\mathrm{S}}^2 = 0 \tag{2.131}$$

由 (2.127) 式得到

$$v\frac{\mathrm{d}v}{\mathrm{d}R} = \frac{1}{2}\frac{\mathrm{d}v^2}{\mathrm{d}R} = \left(\frac{3\alpha}{5+2\varepsilon'}\right)^2 v_{\mathrm{K}}\frac{\mathrm{d}v_{\mathrm{K}}}{\mathrm{d}R} = -\frac{1}{2}\left(\frac{3\alpha}{5+2\varepsilon'}\right)^2 \frac{v_{\mathrm{K}}^2}{R} = -\frac{1}{2}\frac{v^2}{R} \tag{2.132}$$

(2.132) 式可以证明如下：由 (2.129) 式得到

$$\begin{aligned}
\frac{1}{\rho}\frac{\mathrm{d}}{\mathrm{d}R}\left(\rho C_{\mathrm{S}}^2\right) &= \frac{1}{\rho}\frac{\mathrm{d}}{\mathrm{d}R}\left(\frac{2\rho}{5+2\varepsilon'}v_{\mathrm{K}}^2\right) = \frac{1}{\rho}\frac{2}{5+2\varepsilon'}\frac{\mathrm{d}}{\mathrm{d}R}\left(\rho v_{\mathrm{K}}^2\right) \\
&= \frac{v_{\mathrm{K}}^2}{\rho}\frac{2}{5+2\varepsilon'}\frac{\mathrm{d}\rho}{\mathrm{d}R} + \frac{2}{5+2\varepsilon'}\frac{\mathrm{d}v_{\mathrm{K}}^2}{\mathrm{d}R} = \frac{C_{\mathrm{S}}^2}{\rho}\frac{\mathrm{d}\rho}{\mathrm{d}R} - \frac{2}{5+2\varepsilon'}\frac{v_{\mathrm{K}}^2}{R} \\
&= C_{\mathrm{S}}^2\frac{\mathrm{d}\ln\rho}{\mathrm{d}R} - \frac{C_{\mathrm{S}}^2}{R} = -\frac{5}{2}\frac{C_{\mathrm{S}}^2}{R} \tag{2.133}
\end{aligned}$$

最后一步利用了 $\rho \propto R^{-3/2}$, $\dfrac{\mathrm{d}\ln\rho}{\mathrm{d}R} = -\dfrac{3}{2R}$。将 (2.132) 和 (2.133) 式代入 (2.122) 式, 即得到 (2.131) 式。结合 (2.131) 和 (2.129) 式可以得到归一化的伯努利 (Bernoulli) 常数如下:

$$b = \frac{Be}{v_{\mathrm{K}}^2} = \frac{1}{v_{\mathrm{K}}^2}\left(\frac{1}{2}v^2 + \frac{1}{2}\Omega^2 R^2 - \Omega_{\mathrm{K}}^2 R^2 + \frac{\gamma}{\gamma-1}C_{\mathrm{S}}^2\right)$$
$$= -\frac{\Omega^2 R^2}{2v_{\mathrm{K}}^2} + \left(\frac{\gamma}{\gamma-1} - \frac{5}{2}\right)\frac{C_{\mathrm{S}}^2}{v_{\mathrm{K}}^2} = \frac{3\varepsilon - \varepsilon'}{5 + 2\varepsilon'} \qquad (2.134)$$

我们熟知, 对于无黏滞的绝热流, 伯努利常数是守恒的。因此在参数 b 取正值的情况下, (2.134) 式意味着, 气体可能以绝热方式、携带正能量沿径向逃逸到无穷远处; 而在 b 取负值的情况下, 气体不可能自发地逃逸到无穷远。

方程 (2.134) 表明, 只要满足 $\gamma < 5/3$, 以及 $f > 1/3$ 对于 α 任意取值, b 总是在 ADAF 中取正值。ADAF 的这些性质有助于我们理解天体物理吸积系统中普遍存在的风、喷流和其他外流。

2.10　其他类型的吸积模式

本节对标准薄盘和 ADAF 以外的其他吸积模式作简单的介绍。如上所述, 吸积盘是把吸积物质的引力势能转变为辐射能的有效机制, 其中吸积物质的引力势能是否完全转变为辐射能取决于吸积率的大小, 角动量转移的机制和黏滞耗散等很多复杂因素。另一方面, 吸积盘作为一种能量机制必须解释天文观测, 自从 1973 年 Shakura 和 Sunyaev 提出标准薄盘模型 (以下简称 SSD) 之后, 研究者相继提出不同的吸积盘模型解释黑洞系统的高能辐射, 有关综述文章可参考文献 [2] 和 [19]。

2.10.1　SLE 盘和细盘

1976 年, Shapiro, Lightman 和 Eardley 提出一种不同于 SSD 的吸积盘模型: 他们假设吸积流为光学薄, 而压强以气体压为主, 这种吸积模型简称为 SLE 盘[20]。SLE 盘处理的是双温等离子体, 其中离子温度 ($T_{\mathrm{i}} \sim 10^{12}\mathrm{K}$) 比电子温度高得多。SLE 盘的辐射冷却机制是电子与软光子碰撞的逆康普顿散射, 能产生 X 射线和软 γ 射线波段的幂率谱, 在解释某些黑洞系统的硬 X 射线辐射特征方面取得成功。然而 SLE 盘是热不稳定的[21], 因而不大可能在自然界真实存在。

SSD 盘适用于盘光度小于爱丁顿光度 L_{Edd}, 或吸积率小于爱丁顿吸积率的情况。当吸积率接近或超过爱丁顿吸积率时, 吸积气体的光学深度太大而不能把局部耗散产生的能量辐射出去。结果辐射被束缚在吸积流中并随吸积流向内径移到黑洞, 这种类型的盘模型称为细 (slim) 盘, 更准确地应称为 "光学厚 ADAF"[22−24]。细盘模型被用于解释窄线塞弗特星系 [25], SS433[26], 极亮 X 射线源的高能辐射 [27]。

2.10.2 明亮的热吸积流

从吸积流的温度来划分, 黑洞吸积盘模型分为 "冷吸积流" 和 "热吸积流" 两大类: 冷吸积流的典型代表就是标准薄盘 SSD, 其温度低于 $10^6 \sim 10^7$ K, 其吸积率低于爱丁顿吸积率; 当吸积率高于爱丁顿吸积率时, 标准薄盘就被另一种冷盘, 即细盘所取代。热吸积流的典型代表是ADAF[15,17,18], 另外热吸积流还有两个变种, 即绝热内外流解(adiabatic inflow-outflow solution, ADIOS) 和对流主导的吸积流 (convection-dominated accretion flow, CDAF)。ADIOS 和 CDAF 强调的是热吸积流中两个不同的物理现象, 即外流和对流 [19]。热吸积流很可能是双温的, 即离子和电子具有不同的温度, 其中的离子具有位力温度, 即 $10^{12}r^{-1}$K, r 是以施瓦西半径为单位的吸积流半径。热吸积流的电子温度稍低, 在 $10^9 \sim 10^{11}$K。

2001 年 Yuan 扩展了 ADAF 解对应的吸积率有效性范围, 得到明亮的热吸积流 (a luminous hot accretion flow, LHAF)[28]。结合质量守恒、动量守恒、角动量守恒以及质子和电子的能量守恒方程可以给出适用于任何形式的黑洞吸积流的动力学方程组如下 [29,30]:

$$\dot{M}(R) = 4\pi\rho RH|v| = \dot{M}_{\text{BH}} \left(\frac{R}{R_{\text{S}}} \right)^s, \quad R_{\text{S}} \leqslant R \leqslant R_{\text{out}} \tag{2.135}$$

$$v\frac{\mathrm{d}v}{\mathrm{d}R} - \Omega^2 R = -\Omega_{\text{K}}^2 R - \frac{1}{\rho}\frac{\mathrm{d}}{\mathrm{d}R}(\rho C_{\text{S}}^2) \tag{2.136}$$

$$v\frac{\mathrm{d}(\Omega R^2)}{\mathrm{d}R} = \frac{1}{\rho RH}\frac{\mathrm{d}}{\mathrm{d}K}\left(v\rho R^3 H\frac{\mathrm{d}\Omega}{\mathrm{d}R} \right) \tag{2.137}$$

$$q^{\text{adv,i}} \equiv \rho v\left(\frac{\mathrm{d}e_{\text{i}}}{\mathrm{d}R} - \frac{p_{\text{i}}}{\rho^2}\frac{\mathrm{d}\rho}{\mathrm{d}R} \right) \equiv \rho v\frac{\mathrm{d}e_{\text{i}}}{\mathrm{d}R} - q^{\text{i,c}} = (1-\delta)q^+ - q^{\text{ie}} \tag{2.138}$$

$$q^{\text{adv,e}} \equiv \rho v\left(\frac{\mathrm{d}e_{\text{e}}}{\mathrm{d}R} - \frac{p_{\text{e}}}{\rho^2}\frac{\mathrm{d}\rho}{\mathrm{d}R} \right) \equiv \rho v\frac{\mathrm{d}e_{\text{e}}}{\mathrm{d}R} - q^{\text{e,c}} = \delta q^+ + q^{\text{ie}} - q^- \tag{2.139}$$

以上方程中的符号具有通常的物理含义, 下面对各个方程的物理意义介绍如下。

(1) 方程 (2.135) 中 $\dot{M}(R)$ 和 $\dot{M}_{\text{BH}}$ 分别是盘半径 R 处和施瓦西半径 R_{S} 处的吸积率; R_{out} 为吸积流的外边界半径; s 为幂指数, 其取值范围是 $0 \leqslant s < 1$, $s = 0$ 对应于吸积率不随盘半径变化 (无外流), $0 < s < 1$ 对应于吸积率随盘半径 R 减小而单调减小 (有外流)。

(2) 方程 (2.136) 和 (2.137) 分别代表吸积流满足动量守恒和角动量守恒。

(3) 方程 (2.138) 和 (2.139) 构成等离子体的两个耦合的能量方程, 即离子和电子的能量方程。其中 $q^{\mathrm{adv,i}}$ 和 $q^{\mathrm{adv,e}}$ 分别是离子和电子吸积流中熵的径移速率; e_{i} 和 e_{e} 分别是吸积气体单位质量离子和电子的内能; $q^{\mathrm{i,c}}$ 和 $q^{\mathrm{e,c}}$ 分别是单位体积的离子和电子的压缩功率; q^{ie} 代表离子通过库仑碰撞向电子转移能量的速率, q^{-} 代表辐射致冷率, q^{+} 代表黏滞耗散加热率, 参数 δ 代表湍流耗散加热率中直接加热电子的比例。

以上方程组适用于任何黑洞吸积流, 通过适当选择参数及辐射机制, 既能得到标准薄盘解, 也能得到 ADAF 解和 LHAF 解。通过求解方程组 (2.135)~(2.139), 在吸积率 $\dot{M}$ 和吸积流面密度 $\Sigma \equiv 2\rho H$ 构成的二维参数空间中, 可得到黑洞吸积流各种解的轨迹如图 2.9 所示[19]。

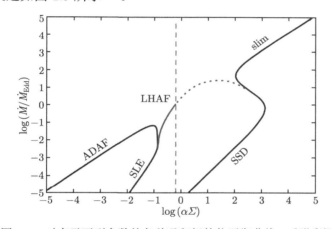

图 2.9 对应于下列参数的各种吸积解的热平衡曲线 (后附彩图)

$M = 10M_{\odot}, \alpha = 0.1, r = 0.5$, 吸积率以爱丁顿吸积率 $\dot{M}_{\mathrm{Edd}}$ 为单位, 面密度以 $\mathrm{g \cdot cm^{-2}}$ 为单位。黑色实线对应于经典解分支 (包括由 ADAF 解和 SLE 解构成的热分支, 以及由 slim 盘和 SSD 盘构成的冷分支); 蓝色垂直虚线把左边光学薄的解和右边光学厚的解分开; 红色曲线对应于 LHAF 解。虽然 LHAF 解似乎有跨越热解到冷解的可能性, 但只有位于垂直线左边的热解 (红色实线) 才是自洽的

ADAF模型存在一个临界吸积率, $\dot{M}_{\mathrm{ADAF}} \approx \alpha^2 \dot{M}_{\mathrm{Edd}}$, 以前认为高于这个临界吸积率, 热吸积解不存在, 只有标准薄盘存在。LHAF 解是 ADAF 模型的扩展, 它表明在高于这个临界吸积率, 甚至接近爱丁顿吸积率 $\dot{M}_{\mathrm{Edd}}$ 时仍然存在一个新的热吸积流, 即 LHAF 解。有关 LHAF 解在天体物理学中的应用可参考文献 [19], [30] 和 [31]。

参 考 文 献

[1] Frank J, King A R, Raine D L. Cambridge: Cambridge Univ. Press, 1992

[2] 卢炬甫. 天文学进展, 2001, 19(3): 365–374

[3]   Ribicki G B, Lightman A P. New York: Wiley, 1986

[4]   尤峻汉. 北京: 科学出版社, 1998

[5]   Shakura N I, Sunyaev R A. Astron. Astrophys., 1973, 24: 337–355

[6]   Remillard R A, McClintock J E. Ann. Rev. Astron. Astrophys., 2006, 44: 49–92

[7]   Mirabel I F, Rodriguez L F. Nature. 1998, 392: 673

[8]   黄克谅. 北京: 中国科学技术出版社, 2005

[9]   Urry C M, Padovani P. PASP, 1995, 107: 803–845

[10] Eggleton P P. Astrophys. J., 1983, 268: 368–369

[11] Paczynski B. Astrophys. J., 1983, 271: L81–L84

[12] Bardeen J M, Press W H, Teukolsky S A. Astrophys. J., 1972, 178: 347–369

[13] Novikov I D, Thorne K S. // Dewitt C Black Holes. New York: Gordon and Breach, 1973, 345–450

[14] Page D N, Thorne K S. Astrophys. J., 1974, 191: 499–506

[15] Narayan R, Yi I. Astrophys. J., 1994, 428: L13–L16

[16] Narayan R, Yi I. Astrophys. J., 1995, 444: 231–243

[17] Narayan R, Yi I. Astrophys. J., 1995, 452: 710–735

[18] Abramowicz M A, Chen X, Kato S, et al. Astrophys. J., 1995, 438: L37–L39

[19] Yuan F, Narayan R. Ann. Rev. Astron. Astrophys., 2014, 52: 529–588

[20] Shapiro S L, Lightman A P, Eardley D M. Astrophys. J., 1976, 204: 187–199

[21] Piran T. Astrophys. J., 1978, 221: 652–660

[22] Abramowicz M A, Czerny B, Lasota J-P. et al. Astrophys. J., 1988, 332: 646–658

[23] Chen X, Taam T E. Astrophys. J., 1993, 412: 254–266

[24] Szuszkiewicz E, Malkan M A, Abramowicz M A. Astrophys. J., 1996, 458: 474–490

[25] Mineshige S, Kawaguchi T, Takeuchi M, et al. Publ. Astron. Soc. Jpn, 2000, 52: 499–508

[26] Fabrika S. Ap. Space Phys. Rev., 2004, 12: 1–152

[27] Watarai K, Mizuno T, Mineshige S. Astrophys. J., 2001, 549: L77–L88

[28] Yuan F. Mon. Not. R. Astron. Soc., 2001, 324: 119–127

[29] Narayan R, Mahadevan R, Quataert E. //Abramowicz M A, Bjornsson G, Pringle J E The Theory of Black Hole Accretion Discs Cambridge: Cambridge University Press, 1998

[30] 袁峰. 天文学进展, 2007, 25(2): 101–112

[31] 袁峰. 天文学进展, 2007, 25(4): 285–295

第 3 章　黑洞系统的喷流理论

3.1　天体物理喷流概述

天体环境中普遍存在喷流现象。观测表明,银河系中喷流存在于年轻恒星体、X 射线双星、X 射线暂现源等天体中。大量证据表明在银河系之外的活动星系核以及 γ 射线暴也有喷流存在 [1, 2]。

喷流是活动星系核的一个极为重要的特征,第一个河外的光学喷流早在 1918 年就被美国天文学家赫伯·柯蒂斯 (Heber Curtis) 观测到 (图 3.1)[3]。但由于光学喷流数量很少,此后数十年中并未形成系统研究。20 世纪 70 年代后期发展起来的射电望远镜甚大阵 (VLA) 和甚长基线干涉仪 (VLBI) 才揭示出射电喷流在活动星系中普遍存在。

图 3.1　哈勃太空望远镜拍摄的来自室女座的椭圆星系 M87 的喷流
显示接近光速的喷射物质由星系中心形成的准直喷流向外延伸约 5 千光年,
该喷流于 1918 年由美国天文学家赫伯·柯蒂斯观测发现[3]

关于喷流,最令人感兴趣也最难回答的问题是喷流究竟是如何产生的,什么是喷流的加速和准直机制。遗憾的是,目前没有公认的理论解释喷流产生、加速与准直现象,迄今为止已提出的喷流模型遇到了一些困难。就星系的喷流而言,主要挑战在于喷流在距星系核心不到 1 秒差距 (1pc) 的地方已经实现了高度准直，而在这个阶段它们的内压强是很大的，因而需要有强大的力量来约束喷流。辐射压厚盘对喷流的加速和准直机制提供了一种可能的解释。如图 3.2 所示，厚盘的一对 "漏斗" 通道能有效地约束喷流的方向，而且厚盘强大的辐射压似乎能够克服黑洞的引力而加速喷流。遗憾的是，经过定量计算，辐射压至多只能把喷流加速到中等相对论速度 (0.8c 上下)，远小于视超光速所要求的 10 倍光速。另外，这种厚盘还有动力学不稳定性和 "死" 质量问题。

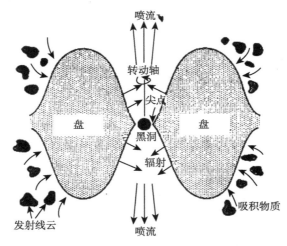

图 3.2   辐射压厚盘：喷流的准直模型

　　观测表明，喷流不仅来自星系中心的超大质量黑洞，而且也来自尺度小得多的中子星和恒星级黑洞系统。1994 年，Mirabel 和 Rodriguez 发现了银河系中第一个视超光速射电喷流，它来自明亮而奇特的 X 射线源 GRS 1915+105，从此打开了一个新的研究方向：恒星级吸积双星的喷流研究。具有喷流的恒星级黑洞被称为微类星体(microquasars)[4]。微类星体是类星体的微缩版本，这两类不同尺度的天体有着惊人的相似，它们的许多特征可以用黑洞吸积盘解释，如图 3.3 所示[5]。

　　另一方面，相对论性喷流的形成机制也是理解 γ 射线暴的关键，γ 射线暴要求这些喷流的洛伦兹因子达到 100 以上，即要求喷流物质的速度达到 0.99995c。

　　尽管喷流的产生及准直的物理本质在科学界尚未达成共识，但对这些问题的讨论与研究一直是天体物理的前沿与热点。人们普遍认为喷流的形成与致密天体的吸积过程密切相关，而且磁场在其中扮演了关键的角色[6-8]。

　　以下几节我们将重点讨论喷流产生与黑洞吸积的关系，以及磁场在喷流产生及准直中的作用。普遍认为喷流的产生及准直与致密天体的吸积过程有密切的关联，其理由如下。

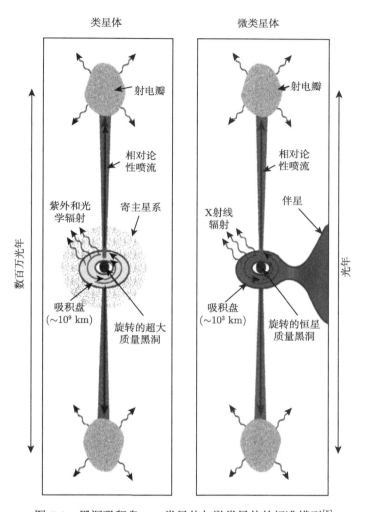

图 3.3 黑洞吸积盘——类星体与微类星体的标准模型[5]

(1) 吸积过程是把物质的引力势能转变成辐射能的有效机制, 理论上已证明在一定条件下, 吸积所释放的能量可以驱动喷流[9, 10]。

(2) 物质必须丢失足够的角动量才能发生吸积, 而磁旋转不稳定性 (MRI) 是向外转移吸积物质角动量的最有效的机制, 因此磁场对吸积过程是不可缺少的重要因素[11, 12]。

(3) 吸积盘中的旋转等离子体为大尺度磁场的形成提供了理想场所, 而通过大尺度磁场提取黑洞吸积盘的转动能量正是驱动喷流的最有效机制[13, 14]。

3.2　Penrose 过程

克尔黑洞的一个极其有趣的性质是: 存在一个检验粒子的负能轨道。结合方程 (2.80) 和 (2.81) 解出 E 为

$$E = \frac{2aMl + \left[l^2r^2\Delta + D\left(m^2r\Delta + r^3\dot{r}^2\right)\right]^{1/2}}{D} \tag{3.1}$$

其中 $D = r^3 + a^2r + 2Ma^2$。由 (3.1) 式可以看出, 检验粒子的负能轨道 ($E < 0$) 要求该粒子处于逆行轨道 ($l < 0$) 上, 且满足

$$l^2r^2\Delta + D\left(m^2r\Delta + r^3\dot{r}^2\right) < 4a^2M^2l^2 \tag{3.2}$$

使不等式 (3.2) 的左端取值尽可能小, 可得出负能轨道区域的边界。令 $m \to 0$(高度相对论性的粒子) 和 $\dot{r} \to 0$, 可求得边界位于 $r = 2M = r_0$ ($\theta = \pi/2$) 处。可以证明, (1.31) 式所表示的静限 r_0 是包含所有 θ 值的负能轨道区域的边界。

1969 年 Penrose 首先通过一个思想实验揭示了克尔黑洞是一个潜在的巨大能库[15]。设想一个能量为 E_{in} 的粒子由无穷远接近一个克尔黑洞, 仔细地选择粒子的轨道, 使其穿过静限。然后粒子分为两部分: 一部分进入负能轨道并落入黑洞, 其能量为 $E_{\mathrm{down}} < 0$, 另一部分返回到无穷远, 其能量为 E_{out}。能量守恒要求

$$E_{\mathrm{in}} = E_{\mathrm{out}} + E_{\mathrm{down}}, \quad 即 E_{\mathrm{out}} > E_{\mathrm{in}} \tag{3.3}$$

尽管黑洞失去了一些静止质量, 但是无穷远处有能量的净增。当逆行负能粒子被黑洞俘获时, 就有能量从旋转黑洞中被提取出来。这个能量可能被提取的区域 $r_{\mathrm{H}} < r < r_0$ 叫做能层。r_{H} 和 r_0 在第 1 章由 (1.26) 和 (1.31) 式表示。

Penrose 过程揭示了从克尔黑洞中提取能量的可能性, 具有重大的理论意义。但是此过程不大可能有重要的天体物理意义。1972 年 Bardeen, Press 和 Teukolsky 证明, 在克尔黑洞能层中粒子破裂成两部分的条件是, 两个粒子的相对速度至少要达到光速的一半, 但是天体物理过程不大可能使粒子产生如此巨大的相对速度[16]。

3.3　Blandford-Znajek 过程

1977 年, Blandford 和 Znajek 证明, 可以通过黑洞与其周围的电磁场的相互作用来提取克尔黑洞的旋转能量, 这个过程叫做 Blandford-Znajek (BZ) 过程。其天体物理意义在于它提供了类星体和活动星系核的喷流产生机制, BZ 机制也用来解释 γ 射线暴的相对论喷流, 成为 γ 射线暴的一种可能的中心引擎。

BZ 过程的要点是利用聚集在黑洞视界面的大尺度磁场提取克尔黑洞的转动能量，这个大尺度磁场是由围绕黑洞的吸积盘提供并维持的。下面我们详细讨论 BZ 过程的物理本质。

1. BZ 过程可提取的克尔黑洞的转动能

由于克尔黑洞有角动量，其总能量 $E = Mc^2$ 可以表示为

$$E = E_{\text{rot}} + E_{\text{irr}} \tag{3.4}$$

其中 E_{rot} 和 E_{irr} 分别是黑洞的转动能和不可缩减能量 (irreducible energy)。

根据黑洞热力学，黑洞熵S_{H} 与黑洞视界面积 A_{H} 成正比，又与 E_{irr} 的平方成正比，因此可以得到以下关系式：

$$
\begin{aligned}
M_{\text{irr}} &= \sqrt{A_{\text{H}}c^4/16\pi G^2} \\
&= \sqrt{(S_{\text{H}}/4\pi k_{\text{B}})}M_{\text{Planck}}
\end{aligned} \tag{3.5}
$$

其中 A_{H} 为 (1.33) 式表示的克尔黑洞的视界面积，$M_{\text{Planck}} = \sqrt{\hbar c/G} = 2.18\times10^{-8}\text{kg}$ 为普朗克 (Planck) 质量。根据黑洞热力学，克尔黑洞熵可以表示为[17, 18]

$$S_{\text{H}} = 4\pi \left(M_{\text{irr}}/M_{\text{Planck}}\right)^2 k_{\text{B}} = 2\pi \left(M/M_{\text{Planck}}\right)^2 \left(1 + \sqrt{1 - a_*^2}\right) \tag{3.6}$$

结合 (3.4) 和 (3.6) 式可以得到

$$E_{\text{rot}} = f\left(a_*\right) Mc^2, \quad f\left(a_*\right) = 1 - \sqrt{(1+q)/2} \tag{3.7}$$

(3.7) 式中 $q = \sqrt{1 - a_*^2}$，$a_* = Jc/(M^2 G)$ 为克尔黑洞的无量纲角动量(简称黑洞自转)。容易验证，函数 $f(a_*)$ 随黑洞自旋单调增加。在 (3.7) 式中取 $a_* = 0, 0.9, 1$，可得 $f(a_*) = 0, 0.153, 0.293$，这表明可提取的黑洞转动能占黑洞总质能的比例随黑洞自转的增加而单调增加：施瓦西黑洞可提取的转动能为零，极端克尔黑洞可提取的转动能占黑洞总质能的比例高达 29.3%！

我们可以估算一下这个能量有多么巨大。以 3 个太阳质量的黑洞为例，对于自转 $a_* = 0.9$，$E_{\text{rot}} = 0.153 \times Mc^2 \approx 8.25\times10^{46}\text{J}$；对于自转 $a_* = 1$，$E_{\text{rot}} = 0.293 \times Mc^2 \approx 1.58\times10^{47}\text{J}$，这个能量几乎等于太阳自身的总质能 $1.8\times10^{47}\text{J}$！对于超大质量黑洞，BZ 过程提取的转动能是上述数值的 $10^6 \sim 10^9$ 倍，因此高速转动的黑洞是天体物理环境中的巨大能库。

2. BZ 过程提取黑洞转动能的物理本质

BZ 过程中除了需要克尔黑洞含有转动能之外，还需要黑洞视界面存在大尺度磁场。如第 1 章所述，克尔黑洞只有质量和角动量两个参数，黑洞自身并没有磁

场。BZ 过程所必需的大尺度磁场是由其周围的吸积盘提供并维持的[19, 20]。1982 年，Macdonald 和 Thorne 提出克尔黑洞吸积盘的磁场位形如图 3.4 所示[19]。

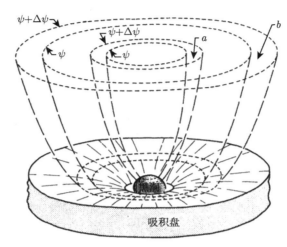

图 3.4　黑洞吸积盘的极向磁力线旋转形成的一系列磁面[19]

如图 3.4 所示，黑洞及吸积盘处在大尺度磁场中，冻结在吸积盘中的磁力线随吸积盘旋转而形成一系列磁面。1986 年，Thorne，Price 和 Macdonald 提出黑洞的膜范例 (membrane paradigm)[20]，并指出紧邻黑洞视界面之上存在一个延伸视界面(stretched horizon)。不同于第 1 章讨论的视界面，延伸视界面具有电阻率等电磁学性质，其面电阻率满足欧姆定律

$$j_{\mathrm{H}} = (1/R_{\mathrm{H}})\, E_{\mathrm{H}} \tag{3.8}$$

(3.8) 式中 j_{H} 和 E_{H} 分别为延伸视界的面电流密度和电场强度，$R_{\mathrm{H}} = 4\pi/c \approx 377\Omega$ 为延伸视界的面电阻率。

当克尔黑洞在磁场中旋转时，由于黑洞与磁场有相对运动，因而在延伸视界面上产生感应电动势和感应电流。根据电磁感应的楞次定律，大尺度磁场对感应电流的力矩总是阻碍黑洞旋转，如图 3.5(a) 所示。BZ 过程产生的坡印亭 (Poynting) 能流的方向由环向磁场 $\boldsymbol{B}^{\varphi}$ 和极向感应电场 $\boldsymbol{E}^{p}$ 决定，如图 3.5(b) 所示。图 3.5(b) 中的环向磁场 $\boldsymbol{B}^{\varphi}$ 来源于黑洞自转角速度 Ω_{H} 与磁力线的角速度 Ω_{F} 之差。图 3.5 所示的情况，满足 $\Omega_{\mathrm{H}} > \Omega_{\mathrm{F}}$，因此 $\boldsymbol{B}^{\varphi}$ 的指向与黑洞转动方向相反；另一方面，极向感应电场满足 $\boldsymbol{E}^{p} = -\left(\boldsymbol{v}^{\mathrm{F}}/c\right) \times \boldsymbol{B}^{p}$，由此可以判断 $\boldsymbol{E}^{p}$ 的方向，进而确定坡印亭能流

$$\boldsymbol{S}_{E}^{\mathrm{P}} = \frac{c}{4\pi} \boldsymbol{E}^{p} \times \boldsymbol{B}^{\varphi} \tag{3.9}$$

由 (3.9) 式容易看出，坡印亭能流总是沿着磁面离开黑洞视界面。不难看出，如果极向磁场 B^p 反向，或黑洞反向旋转，坡印亭能流仍然沿着磁面离开黑洞视界面。这样黑洞的转动能就可以通过大尺度磁场被提取出来，这就是 BZ 过程的物理本质。

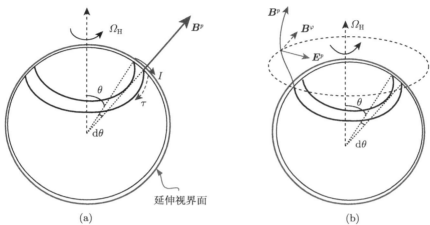

图 3.5 克尔黑洞的角速度 Ω_{H} 及延伸视界面上的磁场 B^p、电流 I 和力矩 τ 方向示意图 (a) 及延伸视界面上的极向磁场 B^p、环向磁场 B^φ、极向感应电场 E^p (b)(后附彩图)

图 (b) 中两条环形实线代表相邻两磁面与黑洞视界面的相交而形成的环带，$\mathrm{d}\theta$ 为环带对黑洞中心的张角。为作图简洁，图中没有画出图 1.2 所示的克尔黑洞扁球形的静限

3. BZ 过程提取黑洞转动能的功率

在以上讨论的基础上，我们用两种方法推导 BZ 过程提取黑洞转动能的功率 (简称 BZ 功率)。

方法 1 通过磁力矩对感应电流做功推导 BZ 功率[21]

结合图 3.5(a)，得到极向磁场作用于延伸视界面电流的安培力矩为

$$\Delta T = -R\sin\theta \times B^p I R\Delta\theta$$
$$= -(I/2\pi)\, B^p \Delta A_{\mathrm{ann}} = -(I/2\pi)\,\Delta\Psi \tag{3.10}$$

(3.10) 式中的负号表示磁力矩是制动力矩，方向与黑洞转动方向相反，ΔA_{ann} 和 $\Delta\Psi$ 分别是相邻两个磁面在视界面截取的环带面积和对应的磁通量。因此作用于延伸视界面的磁力矩的功率可以表示为

$$\Delta P_{\mathrm{rot}} = -\Omega_{\mathrm{H}} \times \Delta T$$
$$= -\Omega_{\mathrm{H}}(I/2\pi)\Delta\Psi \tag{3.11}$$

(3.11) 式中 ΔP_{rot} 代表在两个相邻磁面之间黑洞转动能损失的速率，由于磁力线转动的角速度是 Ω_{F}，而不是 Ω_{H}，因此在相邻两个磁面之间通过 BZ 过程，提取黑洞的转动能并以坡印亭能流形式释放出来的速率为

$$\Delta P_{\text{BZ}} = \Omega_{\text{F}} \left(I/2\pi \right) \Delta\Psi \tag{3.12}$$

ΔP_{rot} 与 ΔP_{BZ} 之差为黑洞视界面的热耗散速率，增加了黑洞熵。因此 ΔP_{BZ} 与 ΔP_{rot} 之比可以看作 BZ 过程的效率，即

$$k = P_{\text{BZ}}/P_{\text{rot}} = \Omega_{\text{F}}/\Omega_{\text{H}}$$

下面我们会看到，BZ 过程提取黑洞转动能的效率不可能达到 100%，即 k 的取值不可能达到 1，因为必然有一部分能量要耗散在延伸视界面上。我们把相邻两个磁面之间的延伸视界面的耗散功率记为 ΔP_{H}，则有

$$\Delta P_{\text{H}} = \Delta P_{\text{rot}} - \Delta P_{\text{BZ}} = (I/2\pi)\,\Delta\Psi\,(\Omega_{\text{H}} - \Omega_{\text{F}}) \tag{3.13}$$

在 (3.11)~(3.13) 诸式中，流过相邻两个磁面之间的延伸视界面的电流强度 I 可以表示为[20]

$$I(\theta) = (1/2c)(\Omega_{\text{H}} - \Omega_{\text{F}}(\theta))\varpi^2 B_{\text{H}} \tag{3.14}$$

其中 B_{H} 为黑洞视界面的磁场强度，ϖ 代表黑洞视界面上对应于角度 θ 的柱半径。为了以后章节引用，这里把有关克尔度规参数列举如下[20]：

$$\begin{cases} \varpi = (\Sigma\rho)\sin\theta \\ \Sigma^2 \equiv \left(r^2 + a^2\right)^2 - a^2\Delta\sin^2\theta \\ \rho^2 \equiv r^2 + a^2\cos^2\theta \\ \Delta \equiv r^2 + a^2 - 2Mr \end{cases} \tag{3.15}$$

把 (3.14) 式代入 (3.11) 和 (3.12) 式中得到

$$\Delta P_{\text{rot}} = [\Omega_{\text{H}}\,(\Omega_{\text{H}} - \Omega_{\text{F}})/4\pi]\,\varpi^2 B_{\text{H}}\Delta\Psi \tag{3.16}$$

$$\Delta P_{\text{BZ}} = [\Omega_{\text{F}}\,(\Omega_{\text{H}} - \Omega_{\text{F}})/4\pi]\,\varpi^2 B_{\text{H}}\Delta\Psi \tag{3.17}$$

根据 (3.17) 式可知，理想的 BZ 功率对应于 $k = 0.5$，即对应于 $\Omega_{\text{F}} = \Omega_{\text{H}}/2$。根据能量守恒，理想的 BZ 功率所对应的黑洞延伸视界面的耗散功率满足

$$\Delta P_{\text{H}} = \Delta P_{\text{rot}} - \Delta P_{\text{BZ}} = [(\Omega_{\text{H}} - \Omega_{\text{F}})/\Omega_{\text{F}}]\,\Delta P_{\text{BZ}} = \Delta P_{\text{BZ}} \tag{3.18}$$

在黑洞视界面上对 (3.17) 式表示的 ΔP_{BZ} 积分，即可求出 BZ 功率的表达式。

方法 2 利用等效电路推导 BZ 功率[19, 20]

如果把 BZ 过程看作是电路中的电动势对负载输出能量的过程,那么 ΔP_{rot} 就是电动势的总功率, ΔP_{BZ} 就是电动势对负载的输出功率, ΔP_{H} 就是在负载内阻的耗散功率。1982 年,Macdonald 和 Thorne 利用等效电路描写提取克尔黑洞转动能的 BZ 过程[19]。2002 年,Wang,Xiao 和 Lei 在文献 [19] 的基础上把等效电路方法扩展到黑洞与吸积盘之间的能量转移过程 (即磁耦合过程) 中[22]。下面我们采用文献 [22] 提供的等效电路来推导 BZ 功率。

图 3.6 中一系列子回路对应于图 3.4 的磁面,例如,第 i 个回路的线段 PS 和 QR 分别代表包含磁通量 Ψ 和 $\Psi + \Delta\Psi$ 的磁面,线段 PQ 和 RS 分别代表夹在这两个相邻磁面的延伸视界面和遥远天体物理负载 (以下简称负载)。本节讨论的 BZ 过程只涉及图 3.4 中连接黑洞视界面和负载的磁面,我们将在 3.4 节中讨论连接吸积盘和负载的情况。ΔZ_{H} 和 ΔZ_{L} 分别代表黑洞视界面的阻抗和负载的阻抗 (这里我们略去了下标 "i"),$\Delta\varepsilon_{\text{H}} = (\Delta\Psi/2\pi)\,\Omega_{\text{H}}$ 和 $\Delta\varepsilon_{\text{L}} = -(\Delta\Psi/2\pi)\,\Omega_{\text{L}}$ 分别是由黑洞和负载的转动导致的电动势,Ω_{H} 和 Ω_{L} 分别是黑洞和负载的角速度,Ω_{H} 的表达式为

$$\Omega_{\text{H}} = a_*/(2r_{\text{H}}) \tag{3.19}$$

其中 r_{H} 即为 (1.26) 式所表示的克尔黑洞的视界半径。

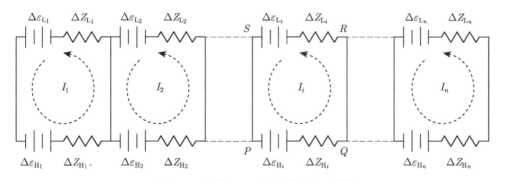

图 3.6 推导 BZ 功率的等效电路[22]

为了简化表述,巴丁等定义了一族零角动量观测者,以下简称 ZAMOs[16]。Macdonald 和 Thorne 采用天体物理学家比较熟悉的电磁学量 (电场和磁场等) 而不采用广义相对论的电磁场张量来表述黑洞磁层的电动力学[19,20]。遵循文献 [19],对子回路 i 的黑洞延伸视界面的路径 PQ 和天体物理负载的路径 RS 积分得到

$$\int_P^Q \alpha \boldsymbol{E} \cdot \mathrm{d}\boldsymbol{l} = \Delta V_{\text{H}} = (\Delta\Psi/2\pi)\,(\omega_{\text{H}} - \Omega_{\text{F}}) = (\Delta\Psi/2\pi)\,(\Omega_{\text{H}} - \Omega_{\text{F}}) = I\Delta Z_{\text{H}} \tag{3.20}$$

$$\int_R^S \alpha \left(\boldsymbol{E} + \boldsymbol{v}_{\mathrm{L}} \times \boldsymbol{B}\right) \cdot \mathrm{d}\boldsymbol{l} = \Delta V_{\mathrm{L}} + \left(\Delta \Psi / 2\pi\right)\left(\omega_{\mathrm{L}} - \Omega_{\mathrm{L}}\right) = \left(\Delta \Psi / 2\pi\right)\left(\Omega_{\mathrm{F}} - \Omega_{\mathrm{L}}\right) = I \Delta Z_{\mathrm{L}}$$

$$\tag{3.21}$$

$$\Delta V_{\mathrm{L}} = \int_R^S \alpha \boldsymbol{E} \cdot \mathrm{d}\boldsymbol{l} = \left(\Delta \Psi / 2\pi\right)\left(\Omega_{\mathrm{F}} - \omega_{\mathrm{L}}\right) \tag{3.22}$$

其中 ΔV_{H} 和 ΔV_{L} 分别是 ZAMOs 测量到的在黑洞延伸视界面和负载上的电位差。v_{L} 是负载相对于 ZAMOs 的速度；ω_{H} 和 ω_{L} 分别是 ZAMOs 在黑洞视界面和负载处的角速度；Ω_{F} 是磁力线的角速度。参数 α 是 "**度越函数**"(lapse function)，定义为

$$\alpha \equiv \left(\mathrm{d}\tau / \mathrm{d}t\right)_{\mathrm{ZAMO}} = \rho \sqrt{\Delta} / \Sigma \tag{3.23}$$

上式中 $\mathrm{d}\tau$ 和 $\mathrm{d}t$ 分别为 ZAMO 测量的固有时和坐标时间隔，参数 ρ, Δ 和 Σ 均为 (3.15) 式给出的克尔度规参数。结合 (3.20) 和 (3.21) 式得到

$$\Delta \varepsilon_{\mathrm{H}} + \Delta \varepsilon_{\mathrm{L}} = \int_P^Q \alpha \boldsymbol{E} \times \mathrm{d}\boldsymbol{l} + \int_R^S \alpha \left(\boldsymbol{E} + \boldsymbol{v}_{\mathrm{L}} \times \boldsymbol{B}\right) \cdot \mathrm{d}\boldsymbol{l} = I \left(\Delta Z_{\mathrm{H}} + \Delta Z_{\mathrm{L}}\right) \tag{3.24}$$

$$\Omega_{\mathrm{F}} = \left(\Omega_{\mathrm{H}} \Delta Z_{\mathrm{L}} + \Omega_{\mathrm{L}} \Delta Z_{\mathrm{H}}\right) / \left(\Delta Z_{\mathrm{H}} + \Delta Z_{\mathrm{L}}\right) \tag{3.25}$$

假设遥远的天体物理负载相对于 ZAMOs 的角速度 $\Omega_{\mathrm{L}} = 0$，则有

$$\Omega_{\mathrm{F}} = \Omega_{\mathrm{H}} \Delta Z_{\mathrm{L}} / \left(\Delta Z_{\mathrm{H}} + \Delta Z_{\mathrm{L}}\right) \tag{3.26}$$

根据以上关系式可消去 Ω_{L} 和 ΔZ_{L}，求得各回路中的感应电流为

$$I = \frac{\Delta \varepsilon_{\mathrm{H}} + \Delta \varepsilon_{\mathrm{L}}}{\Delta Z_{\mathrm{H}} + \Delta Z_{\mathrm{L}}} = \left(\Delta \Psi / 2\pi\right) \frac{\Omega_{\mathrm{H}} - \Omega_{\mathrm{L}}}{\Delta Z_{\mathrm{H}} + \Delta Z_{\mathrm{L}}} = \left(\Delta \Psi / 2\pi\right) \frac{\Omega_{\mathrm{H}} - \Omega_{\mathrm{F}}}{\Delta Z_{\mathrm{H}}} \tag{3.27}$$

(3.27) 式表示的就是在相邻两个磁面之间的黑洞延伸视界面上流动的感应电流，这个电流受到的安培力矩为

$$\Delta T_{\mathrm{BZ}} = \varpi B_{\mathrm{H}} I \Delta l = \left(\Delta \Psi / 2\pi\right)^2 \left(\Omega_{\mathrm{H}} - \Omega_{\mathrm{F}}\right) / \Delta Z_{\mathrm{H}} \tag{3.28}$$

其中 $\Delta l = \rho \Delta \theta$ 为视界面的环带宽度，$\Delta \Psi = B_{\mathrm{H}} 2\pi \varpi \Delta l$ 为环带上的磁通量。这样可以得到 BZ 过程在环带上提取的黑洞的功率

$$\Delta P_{\mathrm{BZ}} = \Omega_{\mathrm{F}} \Delta T_{\mathrm{BZ}} = \left(\Delta \Psi / 2\pi\right)^2 \Omega_{\mathrm{F}} \left(\Omega_{\mathrm{H}} - \Omega_{\mathrm{F}}\right) / \Delta Z_{\mathrm{H}} \tag{3.29}$$

ΔZ_{H} 为环带的电阻

$$\Delta Z_{\mathrm{H}} = R_{\mathrm{H}} \Delta l / \left(2\pi \varpi\right) = 2\rho \Delta \theta / \varpi \tag{3.30}$$

其中 R_{H} 为前面已描述过的黑洞延伸视界面的电阻率，结合 (3.28)，(3.29) 和 (3.30) 式，对黑洞视界面的极角 θ 积分，得到 BZ 功率和 BZ 力矩的表达式如下：

$$P_{\mathrm{BZ}}/P_0 = 2a_*^2 \int_0^{\theta_M} \frac{k\left(1-k\right)\sin^3\theta \mathrm{d}\theta}{2-\left(1-q\right)\sin^2\theta} \tag{3.31}$$

$$T_{\mathrm{BZ}}/T_0 = 4a_*\left(1+q\right) \int_0^{\theta_M} \frac{\left(1-k\right)\sin^3\theta \mathrm{d}\theta}{2-\left(1-q\right)\sin^2\theta} \tag{3.32}$$

其中

$$\begin{cases} P_0 = \left\langle B_{\mathrm{H}}^2\right\rangle M^2 \approx B_4^2 M_8^2 \times 6.59 \times 10^{44}\mathrm{erg}\cdot\mathrm{s}^{-1} \\ T_0 = \left\langle B_{\mathrm{H}}^2\right\rangle M^3 \approx B_4^2 M_8^3 \times 3.26 \times 10^{47}\mathrm{g}\cdot\mathrm{cm}^2\cdot\mathrm{s}^{-2} \end{cases} \tag{3.33}$$

在 (3.33) 式中，$\left\langle B_{\mathrm{H}}^2\right\rangle$ 是 B_{H}^2 在黑洞视界面的平均值，B_4 是以 $10^4\mathrm{G}$ 为单位的磁场在黑洞视界面的均方根值，M_8 是以 $10^8 M_\odot$ 为单位的黑洞质量，θ_M 是黑洞磁场在黑洞视界面的边界角。在 (3.31) 式中取 $\theta_M = \pi/2$，$k = 0.5$ 得到最大的 BZ 功率表达式为

$$P_{\mathrm{BZ}}^{\mathrm{optimal}}/P_0 = Q^{-1}\left(\arctan Q - a_*/2\right), \quad Q \equiv \sqrt{(1-q)/(1+q)} \tag{3.34}$$

(3.34) 式与 Lee 等得到的结果相同，他们曾指出在以前的计算中 BZ 功率大约被低估了 10 倍[21]。

3.4 Blandford-Payne 过程

在 3.3 节中我们讨论了大尺度磁场提取黑洞转动能驱动喷流的机制，即 BZ 过程。实际上，也可以通过大尺度磁场提取吸积盘的转动能来驱动喷流，这种机制称为 Blandford-Payne 过程，简称 BP 过程[14]。BZ 过程和 BP 过程都对驱动喷流有贡献，二者的能量来源如图 3.7 所示。

由图 3.7 可知，吸积盘把吸积物质的引力势能转化为动能，不仅构成盘辐射的能量来源，而且也成为 BZ 和 BP 过程驱动喷流的能量来源。下面我们重点讨论 BP 过程，然后比较 BZ 过程和 BP 过程在驱动喷流方面的异同。

3.4.1 BP 过程中的能量转化

BP 过程驱动喷流的基本物理过程：冻结在吸积盘的大尺度"开放"磁场对盘等离子体的"离心抛甩"。Spruit 详细描述了大尺度磁场提取吸积盘转动能的过程，冻结在吸积盘的大尺度磁场位形如图 3.8 所示[7]。

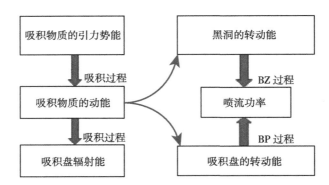

图 3.7 黑洞吸积盘中的能量转化机制

吸积过程把吸积物质的引力势能转化为动能; BZ 过程提取黑洞的转动能量驱动喷流;

BP 过程提取吸积盘的转动能量驱动喷流

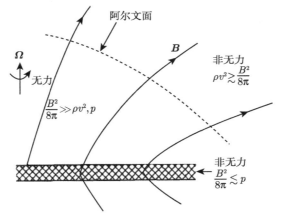

图 3.8 冻结在吸积盘中的大尺度磁场随着吸积盘转动位形图

中心天体位于吸积盘左侧从盘上方到阿尔文面的区域中磁压主导气压和外流物质的动能, 这就是

磁场对带电粒子的加速区域[7]

  BP 过程驱动喷流的能量来源于吸积盘物质的转动能, 而吸积盘物质的转动能
又来自吸积物质的势能, 其能量转化可以用图 3.9 说明。

  在 BP 过程中大尺度极向磁场穿过吸积盘, 由等离子体组成的吸积盘是导电
的, 吸积盘在大尺度磁场中的转动会导致感应电流。根据法拉第定律可以判断感应
电流的方向, 如图 3.9 的红色箭头所示, 根据楞次定律可以判断磁场对感应电流的
磁力矩总是阻碍吸积盘转动的。对大尺度磁场作进一步分析可以看出, 吸积盘对磁
场的拖曳会产生环向磁场 B^φ 和极向感应电场 E^p, 如图 3.9 所示。其中 E^p 由极
向磁场 B^p 和磁力线的速度 v^F 决定

$$E^p = -\left(v^F/c\right) \times B^p \tag{3.35}$$

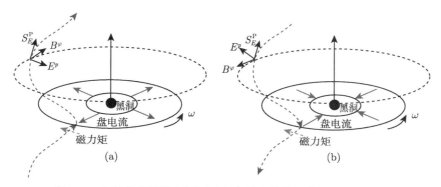

图 3.9　大尺度磁场提取黑洞吸积盘转动能的示意图 (后附彩图)

黑色箭头指示吸积盘的转动方向, 绿色箭头指示磁力矩的方向, 红色和蓝色箭头分别指示吸积盘的感应电
流方向和大尺度磁场的方向

从图 3.9(a) 和 (b) 两个子图可以看出, 当大尺度磁场穿过吸积盘的方向改变时, 磁场的环向分量和电场的极向分量也随之改变, 根据坡印亭能流的表达式 (3.9) 可以判断: 盘面上、下的坡印亭能流的方向总是离开吸积盘向外的。这样, 我们得出结论: 磁力矩对吸积盘做负功, 把吸积盘的转动能转化为电磁能, 以坡印亭能流的形式定向离开吸积盘向外传输。这就是 BP 过程的物理本质。

通过大尺度磁场提取吸积盘的转动能而驱动喷流的机制, 还存在一些不确定的因素, 主要涉及几个方面的问题: ①驱动喷流的大尺度磁场是如何形成的? ②这些大尺度磁场在吸积盘上是如何分布的? 以下我们分别结合标准薄吸积盘和 ADAF 的动力学方程来讨论 BP 过程。

3.4.2　标准薄吸积盘中的 BP 过程

考虑到大尺度磁场驱动喷流的两种机制 (BZ 过程和 BP 过程), 以及 BZ 过程的大尺度磁场需要吸积盘的大尺度磁场来维持, 我们假设黑洞吸积盘的极向磁场位形如图 3.10 所示[7, 23, 25, 26]。

考虑到大尺度磁场应该随吸积等离子体向盘内区转移, 我们假设极向磁场随盘半径按照以下幂率关系变化[14]:

$$B_{\mathrm{d}}^{p} = B_{\mathrm{H}}^{p} \left(r/r_{\mathrm{H}}\right)^{-5/4} \tag{3.36}$$

B_{d}^{p} 和 B_{H}^{p} 分别是吸积盘和黑洞视界面上的磁场。在文献 [14] 和 [26] 的基础上进一步假设大尺度磁场沿柱半径 R 的分布为

$$B^{p} \sim B_{\mathrm{d}}^{p} \left(R/r\right)^{-\alpha} \quad (\alpha \geqslant 1) \tag{3.37}$$

其中 α 为描写大尺度磁场随柱半径 R 变化的参数。

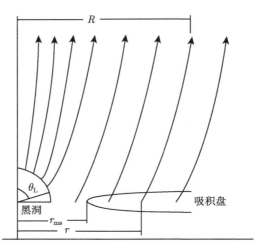

图 3.10   穿过黑洞和吸积盘的极向大尺度磁场位形

普遍认为，黑洞视界面的磁场不会由于吸积等离子体不断把磁场带入黑洞而一直增加，而认为最终磁压与吸积流的冲压会达到一种平衡[20, 23, 25]，故有下列关系成立：

$$(B_\mathrm{H}^p)^2/8\pi = P_\mathrm{ram} \sim \rho c^2 \sim \dot{M}_\mathrm{acc}(r_\mathrm{ms})/(4\pi r_\mathrm{H}^2) \tag{3.38}$$

其中 $\dot{M}_\mathrm{acc}(r_\mathrm{ms})$ 代表位于吸积盘最内稳定圆轨道的吸积率。(3.38) 式可以改写为

$$\dot{M}_\mathrm{acc}(r_\mathrm{ms}) \approx (B_\mathrm{H}^p)^2 r_\mathrm{H}^2/2 \tag{3.39}$$

根据文献 [14] 和 [7]，喷流物质被磁场离心抛甩的条件是：极向磁场足够强，而且磁力线与盘法线的夹角大于 30°。另外我们采用文献 [26] 的方法，把单位时间从吸积盘单位面积处抛甩到喷流中的物质 (质损率) 表示为

$$\dot{m}_\mathrm{jet} = \frac{(B_\mathrm{d}^p)^2}{4\pi} \frac{[r\Omega_\mathrm{d}]^\alpha \gamma_\mathrm{j}^\alpha}{(\gamma_\mathrm{j}^2-1)^{(1+\alpha)/2}} \tag{3.40}$$

其中 γ_j 为喷流的洛伦兹因子，Ω_d 为磁力线足点处的开普勒角速度

$$\Omega_\mathrm{d} = \frac{1}{M(\chi^3 + a_*)} \tag{3.41}$$

式中 $\chi \equiv \sqrt{r/M}$。

根据质量守恒，盘吸积率与喷流的质损率满足以下关系：

$$\mathrm{d}\dot{M}_\mathrm{acc}(r)/\mathrm{d}r = 4\pi r \dot{m}_\mathrm{jet}(r) \tag{3.42}$$

其中 $\dot{M}_{\mathrm{acc}}(r)$ 和 $\dot{m}_{\mathrm{jet}}(r)$ 分别是足点处的吸积率和质损率, 对 (3.42) 式积分得到

$$\dot{M}_{\mathrm{acc}}(r) = \dot{M}_{\mathrm{acc}}(r_{\mathrm{ms}}) + \int_{r_{\mathrm{ms}}}^{r} 4\pi r' \dot{m}_{\mathrm{jet}}\mathrm{d}r' \tag{3.43}$$

结合 (3.36), (3.39), (3.40) 和 (3.42) 诸式得到

$$\dot{m}_{\mathrm{acc}}(a_*, \alpha, \gamma_{\mathrm{j}}, \xi) \equiv \dot{M}_{\mathrm{acc}}(r)/\dot{M}_{\mathrm{acc}}(r_{\mathrm{ms}}) = 1 + 2\int_{1}^{\xi} g_{\mathrm{jet}} \xi'^{\alpha-3/2}\mathrm{d}\xi' \tag{3.44}$$

其中 $\xi \equiv r/r_{\mathrm{ms}}$, g_{jet} 定义为 $g_{\mathrm{jet}} = (r_{\mathrm{ms}}\Omega_{\mathrm{d}})^{\alpha} \xi_{\mathrm{H}}^{1/2} \gamma_j^{\alpha} (\gamma_j^2 - 1)^{(1+\alpha)/2}$。

已有一些学者指出, 在磁场驱动的外流/喷流中同时存在坡印亭能流和物质的动能流, 而且驱动喷流的过程就是喷流的坡印亭能流不断地转化为物质的动能流的过程[7, 14, 27]。根据文献 [14] 的估算, 在靠近吸积盘盘面处坡印亭能流和物质的动能流之比大约为 58, 但是在阿尔文面这个比例只有 2, 这意味着在喷流中大约 1/3 的电磁能转化为物质的动能了。动能流速率可以表示为

$$F_{\mathrm{jet}} = \dot{m}_{\mathrm{jet}}c^2(\gamma_{\mathrm{j}} - 1) \tag{3.45}$$

根据上述估算, 如果喷流中大约 1/3 的电磁能转化为喷流物质的动能, 不难推断阿尔文面的动能流速率 F_{jet} 与吸积盘面的坡印亭能流 S_E^{P} 满足下列关系:

$$S_E^{\mathrm{P}} = 3F_{\mathrm{jet}} \tag{3.46}$$

根据 3.4.1 节的讨论及文献 [14], 大尺度磁场从吸积盘驱动的喷流来源于磁力矩的功, 因此从吸积盘提取的电磁角动量 S_L 与坡印亭能流 S_E^{P} 满足下列关系:

$$S_L = S_E^{\mathrm{P}}/\Omega_{\mathrm{d}} \tag{3.47}$$

结合 (3.45)~(3.47) 式可以得到

$$S_L = 3\dot{m}_{\mathrm{jet}}(\gamma_{\mathrm{j}} - 1)/\Omega_{\mathrm{d}} \tag{3.48}$$

根据能量守恒和角动量守恒写出吸积盘的动力学方程如下:

$$\frac{\mathrm{d}}{\mathrm{d}r}\left(\dot{M}_{\mathrm{acc}}E^{\dagger} - T_{\mathrm{visc}}\Omega_{\mathrm{d}}\right) = 4\pi r \left[(\dot{m}_{\mathrm{jet}} + F_{\mathrm{rad}})E^{\dagger} + S_L\Omega_{\mathrm{d}}\right] \tag{3.49}$$

$$\frac{\mathrm{d}}{\mathrm{d}r}\left(\dot{M}_{\mathrm{acc}}L^{\dagger} - T_{\mathrm{visc}}\right) = 4\pi r \left[(\dot{m}_{\mathrm{jet}} + F_{\mathrm{rad}})L^{\dagger} + S_L\right] \tag{3.50}$$

其中 T_{visc} 是吸积盘内的黏滞力矩, F_{rad} 是吸积盘的辐射通量。$E^{\dagger}$ 和 $L^{\dagger}$ 分别是 (2.104b) 式表示的广义相对论吸积盘的比能量和比角动量, 二者满足下列关系[28]:

$$\frac{\mathrm{d}E^{\dagger}}{\mathrm{d}r} = \Omega_{\mathrm{d}}\frac{\mathrm{d}L^{\dagger}}{\mathrm{d}r} \tag{3.51}$$

结合 (3.49)~(3.51) 诸式可求得吸积盘辐射通量[29]

$$
\begin{aligned}
F_{\mathrm{rad}} = & -\frac{\mathrm{d}\Omega_{\mathrm{d}}/\mathrm{d}r}{4\pi r}(E^{\dagger}-\Omega_{\mathrm{d}}L^{\dagger}))^{-2} \\
& \times\left[\left(\int_{r_{\mathrm{ms}}}^{r}(E^{\dagger}-\Omega_{\mathrm{d}}L^{\dagger})\left(\dot{M}_{\mathrm{acc}}\frac{\mathrm{d}L^{+}}{\mathrm{d}r}\right)+(E_{\mathrm{ms}}^{\dagger}-\Omega_{\mathrm{ms}}L_{\mathrm{ms}}^{\dagger})T_{\mathrm{ms}}\right)\right. \\
& \left.-\int_{r_{\mathrm{ms}}}^{r}(E^{\dagger}-\Omega_{\mathrm{d}}L^{\dagger})4\pi r S_{L}\mathrm{d}r\right]
\end{aligned}
\tag{3.52}
$$

(3.52) 式中的下标 "ms" 代表在吸积盘最内稳定圆轨道 r_{ms} 处的取值。

BP 功率可以表示为

$$
P_{\mathrm{BP}} = \int_{r_{\mathrm{ms}}}^{r_{\mathrm{out}}}4\pi r\left(\dot{m}_{\mathrm{jet}}E^{\dagger}+S_{L}\Omega_{\mathrm{d}}\right)\mathrm{d}r
\tag{3.53}
$$

其中 r_{out} 代表大尺度磁场在吸积盘的分布的区域的外边界半径。

磁场是吸积盘中力矩的重要媒介，因此在吸积盘动力学中应该考虑磁场对吸积盘内边缘的力矩作用[30,31]。在此情况下，吸积盘光度会增大，求解动力学方程得到

$$
L_{\mathrm{disk}} = \int_{r_{\mathrm{ms}}}^{r_{\mathrm{out}}}4\pi r F_{\mathrm{rad}}E^{\dagger}\mathrm{d}r = \int_{r_{\mathrm{ms}}}^{r_{\mathrm{out}}}\dot{M}_{\mathrm{acc}}(r)\mathrm{d}E^{\dagger}-4\pi\int_{r_{\mathrm{ms}}}^{r_{\mathrm{out}}}S_{L}\Omega_{\mathrm{d}}r\mathrm{d}r+T_{\mathrm{ms}}\Omega_{\mathrm{d}}
\tag{3.54}
$$

其中 T_{ms} 代表作用于吸积盘最内稳定圆轨道的力矩，T_{ms} 与 r_{ms} 处的吸积率的关系可表示为[29]

$$
T_{\mathrm{ms}} \approx 0.2\dot{M}_{\mathrm{acc}}(r_{\mathrm{ms}})\sqrt{r_{\mathrm{ms}}r_{\mathrm{H}}}
\tag{3.55}
$$

根据 (3.53) 和 (3.54) 式，我们可以比较 P_{BP} 和 L_{disk} 的大小，如图 3.11 所示。

在图 3.11 中，粗实线代表辐射通量的最小值取零的等值线，因此粗实线以下 (标注 "禁止区") 的区域是非物理的。由此可知，$P_{\mathrm{BP}} > L_{\mathrm{disk}}$ 仅在参数空间中粗实线和虚线之间一个很窄的区域中才可能实现，所以 BP 功率一般不会超过盘光度。

结合 BZ 功率的表达式 (3.34) 和 BP 功率的表达式 (3.53)，我们可以在 $a_{*}\text{-}\alpha$ 构成的参数空间中画出 $P_{\mathrm{BZ}}/P_{\mathrm{BP}}$ 的等值线，如图 3.12 所示。

在图 3.12 中，点线、虚线和细实线分别对应于 $P_{\mathrm{BZ}}/P_{\mathrm{BP}}$ 取值为 0.1, 1 和 10 的等值线；粗实线仍然代表辐射通量的最小值取零的等值线，因此粗实线以下的区域 (标注 "禁止区") 是非物理的。在点线和细实线之间及粗实线以上的区域满足 $0.1 < P_{\mathrm{BZ}}/P_{\mathrm{BP}} < 10$；在细实线以上的区域满足 $P_{\mathrm{BP}} \ll P_{\mathrm{BZ}}$；在点线以下及粗实线以上的区域满足 $P_{\mathrm{BP}} \gg P_{\mathrm{BZ}}$。综上所述，究竟 BZ 功率和 BP 功率谁居主导地位，没有明确答案，必须根据具体问题加以分析。

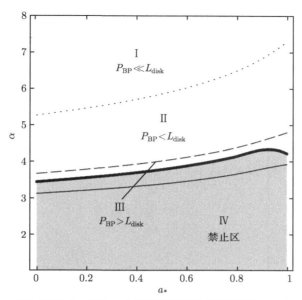

图 3.11 在 a_*-α 参数空间中：点线、虚线和细实线分别对应于 $P_{\mathrm{BP}}/L_{\mathrm{disk}}$ 取值为 0.1, 1 和 10 的等值线；粗实线代表 $\gamma_{\mathrm{j}} = 10$ 条件下 $(F_{\mathrm{rad}})_{\mathrm{min}}$ 取值为零的等值线

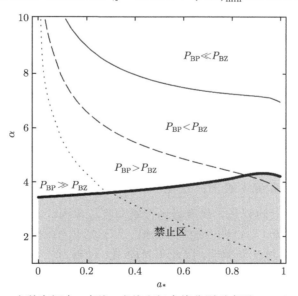

图 3.12 在 a_*-α 参数空间中：点线、虚线和细实线分别对应于 $P_{\mathrm{BZ}}/P_{\mathrm{BP}}$ 取值为 0.1, 1 和 10 的等值线；粗实线代表在 $\gamma_{\mathrm{j}} = 10$ 条件下 $(F_{\mathrm{rad}})_{\mathrm{min}}$ 取值为零的等值线

在计算喷流功率时应该同时考虑 BZ 过程和 BP 过程的贡献，故有

$$Q_{\mathrm{jet}} = P_{\mathrm{BP}} + P_{\mathrm{BZ}} \tag{3.56}$$

根据上述关系式，我们可以比较 Q_{jet} 和 L_{disk} 的大小，如图 3.13 所示。

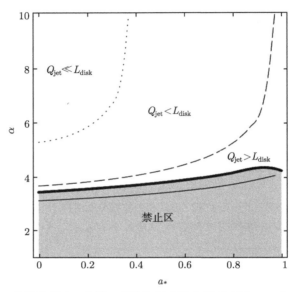

图 3.13　在 a_*-α 参数空间中：点线、虚线和细实线分别对应于 $Q_{\mathrm{jet}}/L_{\mathrm{disk}}$ 取值为 0.1, 1 和 10 的等值线；粗实线代表 $\gamma_{\mathrm{j}} = 10$ 条件下 $(F_{\mathrm{rad}})_{\mathrm{min}}$ 取值为零的等值线

由图 3.13 可知，增加 BZ 功率的贡献后，$Q_{\mathrm{jet}}/L_{\mathrm{disk}} \sim 1$ 对应于参数空间大多数区域；但是 $Q_{\mathrm{jet}} \gg L_{\mathrm{disk}}$ 不大可能实现，因为这对应于粗实线以下的非物理区域。

3.4.3　径移主导吸积流中的 BP 过程

薄吸积盘的最大问题是大尺度磁场很难向吸积盘内区集中，因此我们有必要讨论径移主导吸积流 (ADAF) 中的 BP 过程。为了突出 BP 过程我们作以下假设：

(1) 中心黑洞为施瓦西黑洞，因此不考虑 BZ 过程。

(2) 吸积流是稳定的、理想导电的、热的 ADAF，磁力线被冻结在吸积流内。吸积流位于黑洞赤道面内，并且内边缘延伸到黑洞视界面。

(3) 存在连接 ADAF 与负载之间的开放磁力线，极向磁场在吸积盘表面上随吸积盘半径作幂率衰减[14]

$$B_{\mathrm{ADAF}} = B_{\mathrm{H}} \left(r/r_{\mathrm{H}} \right)^{-5/4} \tag{3.57}$$

其中, r 和 r_H 分别为 ADAF 半径和施瓦西黑洞半径, $r_H = 2r_g$, $r_g = GM/c^2$; B_{ADAF} 和 B_H 分别为 ADAF 表面上和施瓦西黑洞视界面的极向磁场强度。

(4) 由于 ADAF 延伸到黑洞视界面, 在 ADAF 内边缘处, 磁压和冲压达到平衡[25], 将其表示为

$$B_H^2/8\pi = P_{ram} \sim \rho c^2 \sim \dot{M}_H c/\left(4\pi r_H^2\right) \qquad (3.58)$$

其中 $\dot{M}_H$ 为 ADAF 内边缘处的吸积率。考虑到 (3.58) 式的不确定性, 引入参数 λ 来调节黑洞视界面上磁压和冲压之间的关系, (3.58) 式可写为

$$\dot{M}_H c = \lambda B_H^2 r_H^2 \qquad (3.59)$$

ADAF 内边缘的吸积率 $\dot{M}_H$ 可写为以爱丁顿吸积率为单位的无量纲形式, 即

$$\dot{m}_H = \dot{M}_H / \dot{M}_{Edd} \qquad (3.60)$$

其中 $\dot{M}_{Edd}$ 为爱丁顿吸积率, 表达式如下:

$$\dot{M}_{Edd} \approx 1.4 \times 10^{18} m_{BH} \mathrm{g \cdot s^{-1}} \qquad (3.61)$$

$m_{BH} \equiv M_{BH}/M_\odot$ 为以太阳质量为单位的黑洞质量。

黑洞吸积盘的数值模拟研究发现, 吸积率应当是盘半径的函数, 随着盘半径的减小, 吸积率降低, 一部分吸积物质以外流 (outflow) 的形式损失掉, 而没有被吸积进入黑洞视界。一般认为外流存在的物理原因是 ADAF 辐射损失小, 流体的伯努利参数值比较大, 流体一旦受到扰动, 便很容易逃脱系统的引力束缚。再加上 ADAF 表面存在开放的大尺度磁场, BP 过程使 ADAF 表面的粒子离心加速, 脱离引力势阱, 形成磁流体喷流。根据图 3.8, BP 喷流的主要加速区域是从 ADAF 表面到阿尔文面之间的区域, 在粒子的加速过程中, 沿着磁力线方向的能量通量是守恒的。说明在此过程中, 外流粒子携带电磁能量在向动能转化。在外流粒子刚刚脱离 ADAF 表面时, 坡印亭通量占主导, 随着粒子加速电磁能逐渐转化为粒子动能。按照文献 [32], 大尺度磁场单位时间从单位面积 ADAF 面上提取的电磁能通量为 S_E 可以表示为

$$S_E = \frac{B_{ADAF}^2 \Omega^2 r^2}{4\pi c} \qquad (3.62)$$

则可求得单位时间从单位 ADAF 面上提取的角动量为

$$S_L = S_E/\Omega = \frac{B_{ADAF}^2 \Omega r^2}{4\pi c} \qquad (3.63)$$

基于以上讨论, 我们可以利用 (3.62) 和 (3.63) 式表示 BP 过程在 ADAF 盘面上提取的电磁能量和角动量。

另一方面，能量通量包含外流携带动能通量和电磁能通量之和，即

$$F_{\text{jet}} = \frac{1}{2}\dot{M}_{\text{jet}}\left(\Omega^2 r^2 + v_p^2\right) + S_E = F_K + S_E \tag{3.64}$$

其中 $\dot{M}_{\text{jet}}$, v_p, F_K 和 S_E 分别为 BP 过程产生的喷流在单位时间单位面积上的质损率，喷流物质的极向速度分量，喷流物质的动能通量和电磁能通量。

在外流粒子刚刚脱离 ADAF 表面时，外流只是处于刚刚发射阶段，动能通量相对于电磁通量很小，所以动能通量 F_K 相对于电磁能通量 S_E 可以忽略，所以在 ADAF 表面上 (3.64) 式可以写为

$$F_{\text{jet}} \approx S_E \tag{3.65}$$

喷流的能量通量也可以写成关于 $\dot{M}_{\text{jet}}$ 和喷流洛伦兹因子 Γ_{j} 的表达式

$$F_{\text{jet}} = \Gamma_{\text{j}}\dot{M}_{\text{jet}}c^2 \tag{3.66}$$

联立方程 (3.57), (3.59), (3.62), (3.65) 和 (3.66) 式可以得到喷流的质损率为

$$\dot{M}_{\text{jet}} = \dot{M}_{\text{H}}r_{\text{H}}^{0.5}r^{-0.5}\Omega^2 / \left(4\pi\lambda\Gamma_{\text{j}}c^2\right) \tag{3.67}$$

由 (3.67) 式发现，喷流的质损率与 ADAF 吸积粒子的旋转角速度有关。严格解出 ADAF 的动力学方程组是很困难的。1994 年 Narayan 和 Yi 得到了 ADAF 自相似解[9]。在文献 [9] 的基础上 Yuan, Ma 和 Narayan 采用 ADAF的转动角速度与开普勒角速度之间的简单代数关系代替 ADAF 的径向动量方程[33]

$$\Omega = f\Omega_{\text{K}} \tag{3.68}$$

其中

$$f = \begin{cases} f_0, & r \geqslant r_{\text{ms}} \\ f_0 3\left(r - 2r_{\text{g}}\right)/2r, & r < r_{\text{ms}} \end{cases} \tag{3.69}$$

在 (3.69) 式中，f_0 为一调节常数，r_{ms} 为吸积盘的最内稳定圆轨道半径，对于施瓦西黑洞，$r_{\text{ms}} = 6r_{\text{g}}$。由于在最内稳定圆轨道以内广义相对论效应显著，所以对开普勒角速度作了以上修正，修正之后吸积流在施瓦西黑洞视界面的角速度为 0，只存在指向黑洞的径向速度，因而更加合理。

当无量纲黏滞系数 α 较大，$\alpha \sim 0.3$，$f_0 = 0.33$ 时，对所有的吸积率 ADAF 的解都是可能的。$f_0 = 0.33$, $\alpha = 0.3$ 是一组合理参数，可以得到与整体解大致类似的解[33]。本书中大尺度磁场提取 ADAF 的角动量和能量，有利于吸积物质进入黑洞，因此会增大 ADAF 角速度与开普勒角速度的差别，也就是说本书的 f_0 因子应该小于文献 [33] 中的值，而 $f_0 = 0.33$ 可以看作是 f_0 的上限。由于迄今为止考虑

大尺度磁场提能影响的 ADAF 整体解还没有得到, 为了讨论简单, 在计算中本书仍采用 $f_0 = 0.33, \alpha = 0.3$ 这组参数。

将方程 (3.68) 和 (3.69) 代入方程 (3.67), 得到无量纲的喷流质损率为

$$\dot{m}_{\mathrm{jet}}(\lambda, \Gamma_{\mathrm{j}}, \xi) = \dot{M}_{\mathrm{jet}} \left(4\pi r_{\mathrm{g}}^2 / \dot{M}_{\mathrm{H}} \right) = \frac{2 f_0^2 \xi_{\mathrm{H}}^{0.5}}{\lambda \Gamma_{\mathrm{j}}} \xi^{-3.5}$$
$$\times \begin{cases} 1, & \xi \geqslant 6 \\ \left[3 \left(\xi - 2 \right) / 2\xi \right]^2, & \xi < 6 \end{cases} \tag{3.70}$$

其中 $\xi = r/r_{\mathrm{g}}$ 为以 r_{g} 为单位的半径。

由 (3.70) 式可知, 质损率 $\dot{m}_{\mathrm{jet}}$ 与描述磁场强弱的参数 λ 和喷流洛伦兹因子 Γ_{j} 有关。

(1) $\dot{m}_{\mathrm{jet}}$ 与 λ 成反比, 根据 (3.59) 式, 磁压与 λ 成反比, 所以喷流质损率与磁场强度正相关, 磁场越强, BP 过程驱动物质外流的效应越强;

(2) $\dot{m}_{\mathrm{jet}}$ 随 Γ_{j} 增大而迅速减小, 在极限情况 $\Gamma_{\mathrm{j}} \to \infty$ 时, $\dot{m}_{\mathrm{jet}} \to 0$, 即没有物质流出时, 能量完全以电磁能流的形式向外输送, 即得到文献 [32] 的结果。可见只有当磁场足够强、喷流的洛伦兹因子 Γ_{j} 不太大时才存在较强的物质外流。

在 (3.70) 式中取 $\lambda = 0.5$ 及 $\Gamma_{\mathrm{j}} = 2, 5, 10$, 作 $\dot{m}_{\mathrm{jet}}$ 随 ξ 分布的曲线如图 3.14 所示。结果表明, 当 $\xi < 6$ 时, $\dot{m}_{\mathrm{jet}}$ 从 0 开始随半径 ξ 的增大先增后减, 在 $\xi = 3.14$ 时出现峰值, 这是由 (3.70) 式对 $\xi < 6$ 区域中 ADAF 角速度的修正引起的; 而在 $\xi > 6$ 区域, $\dot{m}_{\mathrm{jet}}$ 随半径 ξ 幂率衰减: $\dot{m}_{\mathrm{jet}} \propto \xi^{-3.5}$。这个结果说明喷流的质损率集中在 ADAF 内区。

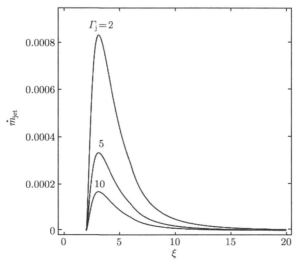

图 3.14 ADAF 喷流质损率 $\dot{m}_{\mathrm{jet}}$ 随半径 ξ 的分布曲线 (取 $\lambda = 0.5$, $\Gamma_{\mathrm{j}} = 2, 5, 10$)

在 ADAF 中吸积与外流满足质量守恒，故有

$$\mathrm{d}\dot{M}_{\mathrm{acc}}(r)/\mathrm{d}r = 4\pi r\dot{M}_{\mathrm{jet}} \tag{3.71}$$

将方程 (3.70) 代入方程 (3.71)，并对整个 ADAF 积分得到无量纲的吸积率 $\dot{m}_{\mathrm{acc}}(\lambda, \Gamma_{\mathrm{j}}; \xi)$ 的表达式为

$$\dot{m}_{\mathrm{acc}}(\lambda, \Gamma_{\mathrm{j}}; \xi) = \dot{M}_{\mathrm{acc}}/\dot{M}_{\mathrm{H}} = 1 + \int_{\xi_{\mathrm{H}}}^{\xi} \xi' \dot{m}_{\mathrm{jet}}(\lambda, \Gamma_{\mathrm{j}}, \xi')\mathrm{d}\xi' \tag{3.72}$$

在 (3.72) 式中取参数值 $\lambda = 0.5$，$\Gamma_{\mathrm{j}} = 2, 5, 10$，作 $\dot{m}_{\mathrm{acc}}$ 随半径 ξ 的变化曲线，如图 3.15 所示。可以看到在 ADAF 内区，吸积率 $\dot{m}_{\mathrm{acc}}$ 随半径 ξ 的增加而迅速增大，但在 ADAF 外区，几乎保持不变，说明外流主要集中在 ADAF 内区。不同的洛伦兹因子 Γ_{j} 对应的外流质损率只占黑洞视界面的吸积率千分之几到百分之几，洛伦兹因子 Γ_{j} 越大，外流物质所占比例越小。

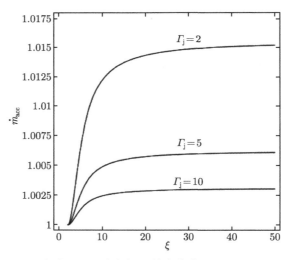

图 3.15   ADAF 吸积率 $\dot{m}_{\mathrm{acc}}$ 随半径 ξ 的变化曲线 (取 $\lambda = 0.5$，$\Gamma_{\mathrm{j}} = 2, 5, 10$)

由于 ADAF 上存在大尺度开放磁场，BP 过程将驱动喷流产生。同时磁场对 ADAF 会施加磁力矩，提取 ADAF 的角动量。考虑 BP 过程后 ADAF 的角动量守恒方程可写为

$$\frac{\mathrm{d}}{\mathrm{d}r}\left(\dot{M}_{\mathrm{acc}}\Omega r^2\right) = -\frac{\mathrm{d}}{\mathrm{d}r}\left(4\pi r^2\tau_{r\varphi}H\right) + 4\pi r\left[\dot{M}_{\mathrm{jet}}\Omega r^2 + S_L\right] \tag{3.73}$$

其中 H 和 $\tau_{r\varphi}$ 分别为 ADAF 的半厚度和应力张量 $r\varphi$ 分量，其表达式分别为

$$H = C_{\mathrm{S}}/\Omega_{\mathrm{K}} = \sqrt{P/\rho}/\Omega_{\mathrm{K}}, \quad \tau_{r\varphi} = -\alpha P \tag{3.74}$$

其中 C_{S}, P, ρ 分别为垂向平均的等温声速、总压强和密度，α 为无量纲黏滞系数。

将质量守恒方程 (3.71) 和方程 (3.74) 代入方程 (3.73)，对整个 ADAF 作径向积分，得到总压强和密度之间的表达式为

$$\sqrt{\frac{P^3}{\rho}} = \frac{\sqrt{r_{\mathrm{g}}c^2}}{4\pi\alpha r^{3.5}} \left[\int_{r_{\mathrm{H}}}^{r} \dot{M}_{\mathrm{acc}}(r)\frac{\mathrm{d}}{\mathrm{d}r}\left(\Omega r^2\right)\mathrm{d}r - \int_{r_{\mathrm{H}}}^{r} 4\pi r S_L \mathrm{d}r \right] \tag{3.75}$$

对于 ADAF 来说，辐射时标比吸积时标长，湍动耗散产生的热量来不及辐射出去，而是转化为流体的内能储存在流体中，最后进入黑洞视界面。因此 ADAF 的辐射效率比较低。严格来讲，辐射量应该通过复杂的辐射机制来计算。为简单起见，本书按照文献 [9]，引入参量 δ 表征径移能量与黏滞产热的比率，可得到 ADAF 辐射光度为

$$\begin{aligned} L_{\mathrm{ADAF}} &= (1-\delta) \int_{r_{\mathrm{H}}}^{r_{\mathrm{out}}} \tau_{r\varphi} r \, (\mathrm{d}\Omega/\mathrm{d}r) 4\pi r H \mathrm{d}r \\ &= (1-\delta) \int_{r_{\mathrm{H}}}^{r_{\mathrm{out}}} 6\pi\alpha f r \sqrt{P^3}/\mathrm{d}r \end{aligned} \tag{3.76}$$

将 (3.75) 式代入 (3.76) 式，得到 ADAF 辐射光度表达式为

$$\begin{aligned} L_{\mathrm{ADAF}} =& 1.5 \times \sqrt{r_{\mathrm{g}}c^2}\,(1-\delta) \int_{r_{\mathrm{H}}}^{r_{\mathrm{out}}} \frac{f}{r^{2.5}} \left[\int_{r_{\mathrm{H}}}^{r} \dot{M}_{\mathrm{acc}}(r')\frac{\mathrm{d}}{\mathrm{d}r'}\left(\Omega r'^2\right)\mathrm{d}r' \right. \\ & \left. - \int_{r_{\mathrm{H}}}^{r} 4\pi r' S_L \mathrm{d}r' \right] \mathrm{d}r \end{aligned} \tag{3.77}$$

(3.77) 式中右边被积函数中括号中的第一项是黏滞产热项，第二项是喷流冷却项。BP 过程驱动喷流提取 ADAF 的一部分吸积能量将导致盘光度降低。另外，对于 ADAF，辐射光度前面存在一个因子 $(1-\delta)$，一般而言，δ 的值比较大，即余下的大部分吸积能量以熵的形式储存在吸积流中，最后被径移到黑洞，这导致盘光度大大降低，喷流功率可以远大于盘光度，这可以解释低光度活动星系核的喷流主导态，也可以解释黑洞双星低硬态与喷流成协。

将 (3.57)，(3.59)，(3.60)，(3.63)，(3.66)，(3.71)，(3.72) 和 (3.75) 式代入 (3.77) 式，得到无量纲的 ADAF 光度表达式为

$$\begin{aligned} l_{\mathrm{ADAF}} =& L_{\mathrm{ADAF}}/\dot{M}_{\mathrm{Edd}}c^2 \\ =& 1.5 \times \dot{m}_{\mathrm{H}}\,(1-\delta) \int_{\xi_{\mathrm{H}}}^{\xi_{\mathrm{out}}} \frac{f}{\xi^{2.5}} \\ & \times \left(\int_{\xi_{\mathrm{H}}}^{\xi} \left[\dot{m}_{\mathrm{acc}}(\lambda, \varGamma_{\mathrm{j}}, \xi')\frac{\mathrm{d}}{\mathrm{d}\xi'}\left(f\xi'^{0.5}\right) - 2\lambda^{-1}\xi_{\mathrm{H}}^{0.5}f\xi'^{-1} \right] \mathrm{d}\xi' \right) \mathrm{d}\xi \end{aligned} \tag{3.78}$$

由 (3.78) 式发现, 无量纲的 ADAF 辐射光度 l_{ADAF} 主要取决于 4 个参数: 喷流的洛伦兹因子 Γ_{j}, 黑洞视界面上磁压和冲压的比率 λ, ADAF 内边缘的吸积率 $\dot{m}_{\mathrm{H}}$ 和径移能量与黏滞产热的比率 δ。

取 $\lambda = 0.5$, $\dot{m}_{\mathrm{H}} = 0.01$, $\delta = 0.99$, 作盘光度 l_{ADAF} 随喷流洛伦兹因子 Γ_{j} 变化曲线, 如图 3.16 所示。结果表明, 盘光度 l_{ADAF} 随 Γ_{j} 变化不敏感。计算中我们取 $\Gamma_{\mathrm{j}} = 10$, 所以, ADAF 辐射光度取决于黑洞视界面上磁压和冲压的比率 λ, ADAF 内边缘的吸积率 $\dot{m}_{\mathrm{H}}$ 和径移率 δ 的大小。

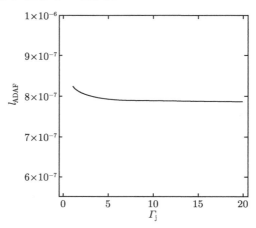

图 3.16 l_{ADAF} 随 Γ_{j} 的变化曲线 (取 $\lambda = 0.5$, $\dot{m}_{\mathrm{H}} = 0.01$ $\delta = 0.99$)

将 (3.67) 式代入 (3.65) 式并对整个 ADAF 面积分, 得到 BP 过程产生的喷流功率为

$$Q_{\mathrm{jet}} = \int_{r_{\mathrm{H}}}^{r_{\mathrm{out}}} \Gamma_{\mathrm{j}} \dot{M}_{\mathrm{jet}} c^2 4\pi r \mathrm{d}r = \dot{M}_{\mathrm{H}} r_{\mathrm{H}}^{0.5} \lambda^{-1} \int_{r_{\mathrm{H}}}^{r_{\mathrm{out}}} r^{0.5} \Omega^2 \mathrm{d}r \tag{3.79}$$

由 (3.79) 式发现, 喷流功率 Q_{jet} 的大小与 ADAF 内边缘的吸积率 $\dot{M}_{\mathrm{H}}$、描述磁场强度参数 λ 和吸积流的旋转角速度 Ω 有关。方程 (3.59) 表明 $\dot{M}_{\mathrm{H}}$ 和 λ 与磁场强度相关联, 吸积流的旋转角速度与吸积模式有关, 所以喷流功率主要受到磁场强度和吸积模式的约束。将 (3.60)、(3.68) 和 (3.69) 式代入方程 (3.79), 得到无量纲的喷流功率为

$$q_{\mathrm{jet}} = Q_{\mathrm{jet}}/\dot{M}_{\mathrm{Edd}} c^2 = 2\dot{m}_{\mathrm{H}} f_0^2 \xi_{\mathrm{H}}^{0.5} \lambda^{-1} \left[\int_{\xi_{\mathrm{H}}}^{6} \xi^{-2.5} \frac{9}{4} \left(\frac{\xi-2}{\xi} \right)^2 \mathrm{d}\xi + \int_{6}^{\xi_{\mathrm{out}}} \xi^{-2.5} \mathrm{d}\xi \right]$$
$$\tag{3.80}$$

在 3.4.2 节中我们在标准薄吸积盘情况下讨论了 BZ 过程和 BP 过程驱动喷流的相对重要性, 并没有给出明确答案。BZ 功率和 BP 功率谁居主导地位, 取决于黑洞自转 a_* 和描写大尺度磁场随柱半径 R 变化的参数 α, 如图 3.12 所示。实际上, 对于

给定质量和角动量的黑洞, BZ 功率的强度主要取决于穿过视界面的磁场强度, 因为 BZ 功率与磁场强度的平方成正比[13, 19, 23]。而 BP 功率主要取决于大尺度磁场在吸积盘中的分布, 与黑洞角动量关系不大。Livio, Ogilvie 和 Pringle 认为, 穿过黑洞视界面的磁场强度与黑洞周围吸积盘的磁场强度没有很大的差别, 因此一般情况下 BP 过程对喷流的贡献比 BZ 过程占优势[34]。文献 [34] 的论证简述如下。

BZ 过程提供的最大功率可估计为

$$L_{\mathrm{BZ}}\,(\max) \sim \left(\frac{B_{\mathrm{ph}}^2}{4\pi}\right)\pi r_{\mathrm{H}}^2\left(\frac{r_{\mathrm{H}}\Omega_{\mathrm{H}}}{c}\right)^2 c \qquad (3.81)$$

BP 过程从吸积盘提取的最大功率可估计为

$$L_{\mathrm{d}}\,(\max) \sim \left(\frac{B_{\mathrm{pd}}^2}{4\pi}\right)\pi r_{\mathrm{d}}^2\left(\frac{r_{\mathrm{d}}\Omega_{\mathrm{d}}}{c}\right) c \qquad (3.82)$$

黑洞自转可估计为 $a_* \sim r_{\mathrm{H}}\Omega_{\mathrm{H}}/c$, 结合 (3.81) 和 (3.82) 式得到

$$\frac{L_{\mathrm{BZ}}\,(\max)}{L_{\mathrm{d}}\,(\max)} \sim \left(\frac{B_{\mathrm{ph}}}{B_{\mathrm{pd}}}\right)^2\left(\frac{r_{\mathrm{H}}}{r_{\mathrm{d}}}\right)^{3/2} a_*^2 \qquad (3.83)$$

根据 (3.83) 式可知, $a_*^2 < 1$, r_{d} 至少是黑洞视界半径的若干倍, 而黑洞视界面的磁场强度与吸积盘的磁场强度差不多大, 因此 $L_{\mathrm{BZ}}\,(\max)$ 的贡献不可能大于 $L_{\mathrm{d}}\,(\max)$。

由于 BZ 功率和 BP 功率的不确定性, 通常情况不区别两种机制对喷流的贡献。2001 年 Meier 提出一个混合模型的喷流功率表达式[35]

$$L_{\mathrm{jet}} = B_{p0}^2 R_0^4 \Omega_0^2 / 32c \qquad (3.84)$$

其中 R_0 是喷流形成区域的特征半径, B_{p0} 和 Ω_0 分别是极向磁场和外部观测者测量的磁场所在区域的角速度。在一定条件下, 喷流功率也可以表示为

$$L_{\mathrm{jet}} = B_{\varphi 0}^2 H_0^2 R_0^2 \Omega_0^2 / 32c \qquad (3.85)$$

其中 $B_{\varphi 0}$ 是磁场的环向分量, H_0 是 R_0 处盘的半厚度。对于给定的盘模型, 可以确定 $B_{\varphi 0}$, H_0 和 R_0, 这样就可以利用 (3.85) 式计算喷流功率。文献 [35] 利用 (3.85) 式给出了标准薄盘和 ADAF 的喷流功率表达式。

3.5 黑洞与吸积盘的磁耦合 (MC 过程)

Blandford 指出, 从本质上看, 所有类型的极端相对论外流 —— 具体包括活动星系核的喷流、脉冲星风云和 γ 射线暴等是电磁起源的, 而不是气体动力学起源

的。电磁流动自然是非各向同性和自准直的，因此产生类似喷流的特征[36]。在文献 [36] 中 Blandford 总结了黑洞吸积盘中不同类型的磁场的作用，如图 3.17 所示。

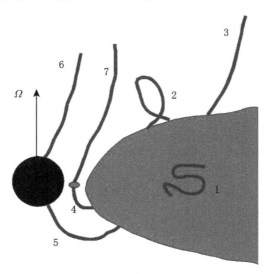

图 3.17　黑洞吸积盘中不同类型的磁力线(序号 1~7) 作用

1. 吸积盘内部的力矩是由磁旋转不稳定性放大的磁场贡献的；2. 环向磁场形成的短回路，其足点的反向扭曲产生小尺度的闪耀，对盘冕提供能量；3. 把吸积盘连接到外流的开放磁力线驱动磁流体风；4. 吸入区与盘内区的联系是通过闭合磁力线实现的；5. 黑洞视界面与盘内区的联系是通过闭合磁力线实现的；6. 穿过黑洞视界面的开放磁力线可以驱动相对论喷流；7. 连接黑洞能层中的吸积气体的开放磁力线同样对喷流功率有贡献[36]

　　在图 3.17 中，磁力线 6 代表 BZ 过程：通过开放大尺度磁场提取黑洞的转动能，并以坡印亭能流的形式转移到遥远的天体物理负载上；BZ 过程的作用是驱动黑洞吸积盘的相对论喷流。磁力线 3 代表 BP 过程：通过开放大尺度磁场提取吸积盘的转动能，BP 过程的作用是驱动黑洞吸积盘的盘风。相对于喷流来说盘风是非相对论的，即盘风的洛伦兹因子比较小。

　　下面我们重点讨论图 3.17 的磁力线 5，它对应于另一种大尺度磁场提取黑洞转动能的机制，即通过闭合大尺度磁场提取黑洞的转动能，以坡印亭能流的形式转移到黑洞吸积盘内区[37]。这种机制是 BZ 过程的变种，被称为黑洞与吸积盘之间的磁耦合(magnetic coupling) 过程，简称MC 过程[37−39]。

3.5.1　标准薄盘框架中的 MC 过程

　　我们在广义相对论薄盘框架中讨论 MC 过程，为了简化讨论，作几点假设如下：

　　(1) 磁力线冻结在黑洞周围的理想导电吸积盘中，在黑洞和吸积盘之外是轴对

称的稳定的磁层;

(2) 磁场比较弱,并忽略吸积盘和磁场的不稳定性;

(3) 薄吸积盘位于克尔黑洞的赤道面上,而且盘的内边缘位于最内稳定圆轨道上。

MC 过程与 BZ 过程都是通过大尺度极向磁场提取黑洞的转动能,因此 3.3 节给出的 BZ 功率的推导过程也适用于 MC 过程。2002 年 Wang, Xiao 和 Lei 建议黑洞吸积盘的磁场位形可能包含 BZ 和 MC 两种提能机制,如图 3.18 所示[22]。

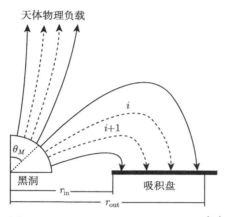

图 3.18   黑洞磁层中的极向磁场位形[22]

在图 3.18 中对应于 BZ 过程的开放磁力线位于黑洞视界面的高纬度部分,而对应于 MC 过程的闭合磁力线位于黑洞视界面的低纬度部分。图 3.18 中的角度 θ_M 代表两部分磁力线的分界角。文献 [22] 采用图 3.6 所示的等效电路及类似方程组 (3.20) 和 (3.21) 推导出 MC 过程提取的黑洞转动能量的功率和力矩的表达式如下:

$$P_{\mathrm{MC}}/P_0 = 2a_*^2 \int_{\theta_M}^{\pi/2} \frac{\beta\,(1-\beta)\sin^3\theta \mathrm{d}\theta}{2-(1-q)\sin^2\theta} \tag{3.86}$$

$$T_{\mathrm{MC}}/T_0 = 4a_*\,(1+q) \int_{\theta_M}^{\pi/2} \frac{(1-\beta)\sin^3\theta \mathrm{d}\theta}{2-(1-q)\sin^2\theta} \tag{3.87}$$

我们发现 P_{MC} 和 T_{MC} 的表达式 (3.86) 和 (3.87) 与 P_{BZ} 和 T_{BZ} 的表达式 (3.31) 和 (3.32) 非常相似,但是 BZ 和 MC 过程仍然存在很大的区别,这些区别是 BZ 和 MC 过程的负载不同导致的。BZ 过程的天体物理负载是未知的,而且距离遥远,通常假定 BZ 过程的负载是不旋转的,因此 BZ 过程提取的能量是单方向注入天体物理负载的;而 MC 过程的负载是黑洞周围的吸积盘,距离临近而且吸积盘围绕黑洞旋转,因此 MC 过程提取的黑洞能量不是向吸积盘的单向转移,也可能由吸积盘向黑洞转移。下面具体讨论 BZ 和 MC 过程的区别。

(1) 对角度 θ 的积分范围不同, BZ 过程位于视界面的高纬度 $(0, \theta_M)$, 而 MC 过程位于低纬度区域 $(\theta_M, \pi/2)$;

(2) P_{BZ} 和 T_{BZ} 的表达式 (3.31) 和 (3.32) 中的参数 k 定义为磁力线的角速度与黑洞角速度之比, 即 (3.12) 式, 而 P_{MC} 和 T_{MC} 的表达式 (3.86) 和 (3.87) 中的参数 β 定义为吸积盘的角速度与黑洞角速度之比, 即

$$\beta \equiv \Omega_{\mathrm{d}}/\Omega_{\mathrm{H}} = \frac{2(1+q)}{a_*(\chi^3 + a_*)} \tag{3.88}$$

(3.88) 式右端的参数 χ 的定义见 (3.41) 式, 参数 q 是黑洞自转 a_* 的函数, 见 (3.7) 式。

(3) 结合 3.3 节对 BZ 功率的推导可知, 在 MC 过程中的相邻两个磁面中转移的能量和角动量可以表示为

$$\Delta P_{\mathrm{MC}}/P_0 = 2a_*^2 \frac{\beta(1-\beta)\sin^3\theta \mathrm{d}\theta}{2-(1-q)\sin^2\theta} \tag{3.89}$$

$$\Delta T_{\mathrm{MC}}/T_0 = 4a_*(1+q)\frac{(1-\beta)\sin^3\theta \mathrm{d}\theta}{2-(1-q)\sin^2\theta} \tag{3.90}$$

由 (3.89) 和 (3.90) 式可知, $\Delta P_{\mathrm{MC}} = 0$, $\Delta P_{\mathrm{MC}} > 0$ 或 $\Delta P_{\mathrm{MC}} < 0$ 分别对应于 $\beta = 1$, $\beta < 1$ 或 $\beta > 1$。令 $\beta = 1$, 由 (3.88) 式得到对应的共转半径 r_{c} 的表达式为

$$\xi_{\mathrm{c}}(a_*) \equiv r_{\mathrm{c}}/r_{\mathrm{ms}} = \chi_{\mathrm{ms}}^{-2}(1-q)^{-1/3}(1+q) \tag{3.91}$$

(3.91) 式表明无量纲的共转半径 ξ_{c} 是黑洞自转的函数, ξ_{c} 随黑洞自转 a_* 的变化曲线如图 3.19 所示。

结合表达式 (3.88)~(3.91) 及图 3.19 我们得到 MC 过程中黑洞与吸积盘之间转移能量和角动量具有以下特征:

(1) 参数空间中的水平线 $\xi_{\mathrm{ms}} = 1$ 以上部分对应于吸积盘部分。共转半径 ξ_{c} 把吸积盘分为左右两个部分, 右边斜线区域 (Ⅰ) 满足 $\Delta P_{\mathrm{MC}} > 0$, $\Delta T_{\mathrm{MC}} > 0$, 即 MC 过程把黑洞的能量和角动量向吸积盘内区转移; 左边空白区域 (Ⅱ) 满足 $\Delta P_{\mathrm{MC}} < 0$, $\Delta T_{\mathrm{MC}} < 0$, 即 MC 过程把吸积盘的能量和角动量向黑洞转移。

(2) 共转半径 ξ_{c} 随黑洞自转 a_* 变化的曲线, 与代表最内稳定圆轨道半径的等值线 $\xi_{\mathrm{ms}} = 1$ 相交于临界黑洞自转 $a_* = 0.3594$, 由图 3.19 可知, 在 $0 < a_* < 0.3594$ 的范围, $\Delta P_{\mathrm{MC}} < 0$, $\Delta T_{\mathrm{MC}} < 0$ 成立, 即存在吸积盘向黑洞转移能量和角动量的可能性; 在 $0.3594 < a_* < 1$ 的范围, $\Delta P_{\mathrm{MC}} > 0$, $\Delta T_{\mathrm{MC}} > 0$ 成立, 只存在黑洞向吸积盘转移能量和角动量的可能性。这些结果与文献 [22], [37] ~ [39] 的结果是一致的。

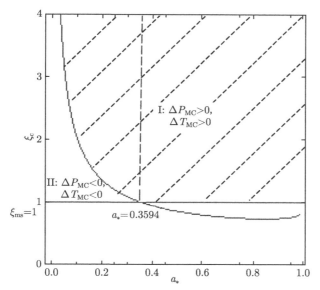

图 3.19 无量纲的共转半径 ξ_c 随黑洞自转 a_* 的变化曲线

水平线对应于无量纲最内稳定圆轨道半径 $\xi_{ms} = 1$

如上所述, 图 3.18 所示的磁场位形包含 BZ 和 MC 两种大尺度磁场提能机制, 从理论上能否解释 BZ 和 MC 两种大尺度磁场位形的共存, 能否定量确定 "开放" 和 "闭合" 这两种磁场位形的分界角 θ_M?

Wang 等提出如下解决方案[40]: 除了前面提到的关于磁场的几点假设之外, 又增加了以下两点假设:

(1) 大尺度磁场在黑洞视界面是均匀分布的, 在吸积盘上随盘半径按照幂率关系减小, 即 $B_d \propto r^{-n}$;

(2) 在磁耦合过程中满足磁通量守恒, 与连接遥远的天体物理负载相比较, 大尺度磁场优先连接临近黑洞的吸积盘.

在上述假设条件下, 我们得到黑洞视界面的角坐标 θ 与吸积盘的径向坐标 $\xi \equiv r/r_{ms}$ 之间的映射关系[40]

$$\sin\theta d\theta = -G(a_*; \xi, n) d\xi \tag{3.92}$$

其中

$$G(a_*; \xi, n) = \frac{\xi^{1-n}\chi_{ms}^2\sqrt{1 + a_*^2\chi_{ms}^{-4}\xi^{-2} + 2a_*^2\chi_{ms}^{-6}\xi^{-3}}}{2\sqrt{\left(1 + a_*^2\chi_{ms}^{-4} + 2a_*^2\chi_{ms}^{-6}\right)\left(1 - 2\chi_{ms}^{-2}\xi^{-1} + a_*^2\chi_{ms}^{-4}\xi^{-2}\right)}} \tag{3.93}$$

对 (3.92) 式积分, 并在角坐标 θ_L 处取积分下限 $\xi = \xi_{in} \equiv r_{in}/r_{ms} = 1$, 可以得到角

坐标 θ 与吸积盘径向参数 ξ 的映射关系如下:

$$\cos\theta - \cos\theta_L = \int_1^\xi G\left(a_*;\xi,n\right)\mathrm{d}\xi \tag{3.94}$$

如果已知连接吸积盘的闭合磁力线的外边界为 $\xi_{\mathrm{out}} \equiv r_{\mathrm{out}}/r_{\mathrm{ms}}$,则对应于黑洞视界面上 BZ 与 MC 两种机制的磁力线的分界角 θ_M 可以确定为

$$\cos\theta_M = \cos\theta_L + \int_1^{\xi_{\mathrm{out}}} G\left(a_*;\xi,n\right)\mathrm{d}\xi \tag{3.95}$$

在 (3.94) 和 (3.95) 式中,θ_L 是闭合磁力线的下边界角坐标,通常取 $\theta_L = \pi/2$。决定 MC 过程中能量转移方向的是坡印亭能流的极向分量,其表达式为

$$\boldsymbol{S}_E^{\mathrm{P}} = \frac{c}{4\pi}\boldsymbol{E}^p \times \boldsymbol{B}^\varphi \tag{3.96}$$

其中极向电场 $\boldsymbol{E}^p$ 表示为

$$\boldsymbol{E}^p = -\left(\boldsymbol{v}^{\mathrm{F}}/c\right) \times \boldsymbol{B}^p \tag{3.97}$$

(3.97) 式中 $\boldsymbol{v}^{\mathrm{F}}$ 是磁力线的角速度。如果给定克尔黑洞的旋转方向和极向磁场 $\boldsymbol{B}^p$ 的方向,根据结合磁力线足点与共转半径的位置关系,利用 (3.96) 和 (3.97) 式就可以确定极向坡印亭能流的方向。

对应于足点半径小于和大于共转半径两种情况我们讨论了 MC 过程中能量转移方向,分别如图 3.20(a) 和 (b) 所示。

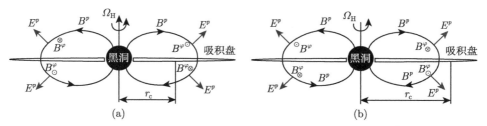

图 3.20　MC 过程中的坡印亭能流方向 $\boldsymbol{S}_E^{\mathrm{P}}$ 与磁力线足点的位置有关
(a) 闭合磁力线的足点半径大于共转半径,$r > r_{\mathrm{c}}$,$\Omega_{\mathrm{d}} < \Omega_{\mathrm{H}}$,能量由黑洞转移到吸积盘;
(b) 闭合磁力线足点半径小于共转半径,$r < r_{\mathrm{c}}$,$\Omega_{\mathrm{d}} > \Omega_{\mathrm{H}}$,能量由吸积盘转移到黑洞

3.5.2　ADAF 框架中的 MC 过程

1973 年 Shakura 和 Sunyayev 提出的标准薄盘模型被视为黑洞吸积理论的里程碑,但是标准薄盘的有效辐射温度比较低,不能解释 X 射线双星处于硬态时所观测到的辐射特征。为了克服标准薄盘的这个缺点,有些作者提出了一些改进模型,例如,冷却主导的热吸积盘[42] 和径移主导的 ADAF[43]。但是冷却主导的热吸

积盘存在热不稳定性，而且径移主导的热吸积流也不能解释某些 X 射线双星 (如 XTE J1550-564) 处于最高光度的硬态辐射特征[44]。然而，即使采用改进的 ADAF 模型也有可能无法解释处于最高光度的 X 射线双星 (如 GX 339-4) 的硬态辐射特征[44,45]。以下我们尝试通过 MC 过程转移黑洞的转动能到 ADAF 内区，以便增加黑洞双星的硬态光度。

在薄盘情况中，通常假设 MC 过程转移到盘内区的能量全部以黑体辐射的形式发射出去[46]；而在 ADAF 情况只有一部分转移到盘内区的能量被辐射出去，其余的能量以熵的形式储存在 ADAF 中，随吸积物质带入黑洞。为了解释黑洞双星的硬态特征，我们采用截断盘模型，其中盘内区为 ADAF，盘外区为薄盘 (SSD)[47,48]，而连接黑洞与吸积盘的闭合磁力线给出了 ADAF 与 SSD 的边界，如图 3.21 所示[49]。

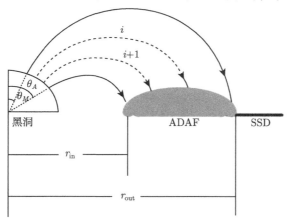

图 3.21 黑洞与 ADAF 的磁耦合模型

闭合磁力线形成 ADAF 与薄盘的自然边界 r_{out}

我们在文献 [49] 中采用黑洞与 ADAF 的磁耦合模型拟合了在 Seyfert 1 星系，MCG-6-30-15 和两个黑洞双星，XTE J1655-500 和 GX 339-4 观测，即铁 Kα 线辐射所要求的陡发射率指数。与薄盘框架的 MC 模型和不包含 MC 过程的 ADAF 模型比较，本模型具有以下优点：

(1) 包含在光学薄的等离子体中的高温电子通过同步辐射，韧致辐射和逆康普顿散射很自然地产生硬态的 X 射线谱；

(2) 成功解释了处于硬态的黑洞双星 GX 339-4 的最高光度。

参 考 文 献

[1] Livio M. Nature, 2002, 417: 125–125

[2] Belloni T M. Lect. Notes Phys., 2010, 794: 53–84

[3]   Curtis H D. California: University of California Press, 1918

[4]   Mirabel I F, Rodriguez L F. Nature, 1994, 371: 46–48

[5]   Mirabel I F, Rodriguez L F. Nature, 1998, 392: 673–676

[6]   Blandford R D. //Gilfanov M, Sunyaev R, Churazov E. Proceedings of the MPA/ESO/ MPE/USM Joint Astronomy Conference Held in Garching, Germany, 6-10 August 2001, ESO Edited Springer-Verlag, 2002

[7]   Spruit H C. Lect. Notes Phys., 2010, 794: 233–263

[8]   Sikora M, Begelman M C. Astrophys. J., 2013, 764: L24–28

[9]   Narayan R, Yi I. Astrophys. J., 1994, 428: L13–L16

[10]   Narayan R, Quataert E. Science, 2005, 307: 77–80

[11]   Balbus S A, Hawley J F. Rev. Mod. Phys, 1998, 70: 1–53

[12]   Frank J, King A R, Raine D L. Accretion Power in Astrophysics, 2nd ed. Cambridge: Cambridge Univ. Press, 1992

[13]   Blandford R D, Znajek R L. Mon. Not. R. Astron. Soc., 1977, 179: 433–456

[14]   Blandford R D, Payne D G. Mon. Not. R. Astron. Soc., 1982, 199: 883–903

[15]   Penrose R, Riv. Nuovo Cim., 1969, 1: 252–276

[16]   Bardeen J M, Press W H, Teukolsky S A. Astrophys. J., 1972, 178: 347–369

[17]   刘辽，赵峥. 北京：高等教育出版社，2004

[18]   Wald R M. Chicago: Chicago Univ. Press, 1984

[19]   Macdonald D, Thorne K S. Mon. Not. R. Astron. Soc., 1982, 198: 345–382

[20]   Thorne K S, Price R H, Macdonald D A. New Haven: Yale Univ. Press, 1986

[21]   Lee H K, Wijers R A M J, Brown G E. Phys. Rep., 2000, 325: 83–114

[22]   Wang D X, Xiao K, Lei W H. Mon. Not. R. Astron. Soc., 2002, 335: 655–664

[23]   Ghosh P, Abramowicz, M A. Mon. Not. R. Astron. Soc., 1997, 292: 887–895

[24]   Wang D X, Ye Y C, Yang L, et al. Mon. Not. R. Astron. Soc., 2008, 385: 841–848

[25]   Moderski R, Sikora M, Lasota J P. //Relativistic Jets in AGNs M. Ostrowski M. Sikora, Madejski G, Belgelman M. Krakow,1997, 110

[26]   Cao X W. Mon. Not. R. Astron. Soc., 2002, 332: 999–1004

[27]   Camenzind M. Astron. Astrophys., 1986, 156: 137

[28]   Novikov I D, Thorne K S. // Dewitt C. New York: Gordon and Breach, 1973, 345–450

[29]   Li Y, Wang D X, Gan Z M. Astron. Astrophys., 2008, 482: 1–8

[30]   Krolik J H. Astrophys. J., 1999, 515: L73–L76

[31]   Agol E, Krolik J H. Astrophys. J., 2000, 528: 161–170

[32]   Wang D X, Ye Y C, Ma R Y. New Astron., 2004, 9: 585–597

[33]   Yuan F, Ma R Y, Narayan R. Astrophys. J., 2008, 679: 984–989

[34]   Livio M, Ogilvie G I, Pringle J E. Astrophys. J., 1999, 512: 100–104

[35]   Meier D L. Astrophys. J., 2001, 548: L9–L12

[36] Blandford R D. //Proceedings of the MPA/ESO/ ed. Gilfanov M, Sunyaev R, Churazov
      E. Springer-Verlag, 2002, 381–406

[37] Blandford R D. //Astrophysical Discs: An EC Summer School, ASP Conference Series,
      ed. Sellwood J A, Goodman J. 1999, 160: 265

[38] Li L X. Astrophys. J., 2000, 533: L115–L118

[39] Li L X, Paczynski B. Astrophys. J., 2000, 534: L197–L198

[40] Wang D X, Ma R Y, Lei W H. Astrophys. J., 2003, 595: 109–119

[41] Shakura N I, Sunyayev R A. Astron. Astrophys., 1973, 24: 337–355

[42] Shapiro S L, Lightman A P, Eardley D M. Astrophys. J., 1976, 204: 187–199

[43] Narayan R, Yi I. Astrophys. J., 1994, 428: L13–L16

[44] Yuan F, Zdziarski A A, Xue Y Q, et al. Astrophys. J., 2007, 659: 541–548

[45] Done C, Gierlinski M. Mon. Not. R. Astron. Soc., 2003, 342: 1041–1055

[46] Li L X. Astrophys. J., 2002, 567: 463–476

[47] Esin A A, McClintock J E, Narayan R. Astrophys. J., 1997, 489: 865–889

[48] Remillard R A, McClintock J E. Ann. Rev. Astron. Astrophys., 2006, 44: 49–92

[49] Ye Y C, Wang D X, Ma R Y. New Astron., 2007, 12: 471–478

第 4 章　天体物理应用

本章在前面几章的基础上运用黑洞吸积与喷流理论解释天体物理观测, 其中涉及三种大尺度磁场的提能机制 (BZ 过程、BP 过程和 MC 过程)。本章涉及内容较多, 在此简介如下: 在 4.1 节中讨论 MC 过程对黑洞系统辐射的影响, 其中涉及建立在能量守恒定律和角动量守恒定律基础上的吸积盘动力学方程, 以及在此基础上建立的克尔黑洞与薄盘磁耦合的盘冕模型。在 4.2 节中讨论黑洞 X 射线双星的谱态, 并利用 MC 过程拟合与陡幂率态 (SPL) 成协的准周期振荡 (QPO)。在 4.3 节中讨论黑洞吸积盘的铁线展宽, 以及 MC 过程对黑洞吸积盘铁线展宽的影响。在 4.4 节中简略介绍黑洞双星的谱态分类及演化, 以及大尺度磁场在谱态演化中的作用。4.5 节中详细介绍活动星系核的吸积与喷流的最新观测结果与理论模型。4.6 节中详细介绍三种流行的 γ 射线暴的中心引擎: ① 磁星模型; ② 中微子主导吸积流 (NDAF) 模型; ③ BZ 模型。最后在 4.7 节中讨论黑洞吸积与潮汐瓦解事件。

4.1　MC 过程对黑洞系统辐射的影响

如 3.5 节所述, MC 过程通过大尺度闭合磁场连接黑洞与吸积盘内区, 在二者之间转移能量和角动量: 当黑洞的角速度大于吸积盘内区的角速度时, 能量和角动量由黑洞向吸积盘转移; 当黑洞的角速度小于吸积盘内区的角速度时, 能量和角动量由吸积盘向黑洞转移。因此磁耦合必然会对黑洞吸积盘的辐射产生影响。2002年 Li 在广义相对论薄盘框架中详细讨论了 MC 过程对黑洞系统辐射的影响, 在此简要介绍如下 [1]。

在弱磁场的条件及广义相对论薄盘模型的基础上 [2-4], 考虑到 MC 过程的影响, 文献 [1] 得到吸积盘的能量守恒方程和角动量守恒方程如 (4.1) 和 (4.2) 所示:

$$\frac{\mathrm{d}}{\mathrm{d}r}\left(\dot{M}_\mathrm{d} E^\dagger - g\Omega_\mathrm{d}\right) = 4\pi r\left(FE^\dagger - H_\mathrm{MC}\Omega_\mathrm{d}\right) \tag{4.1}$$

$$\frac{\mathrm{d}}{\mathrm{d}r}\left(\dot{M}_\mathrm{d} L^\dagger - g\right) = 4\pi r\left(FL^\dagger - H_\mathrm{MC}\right) \tag{4.2}$$

在方程 (4.1) 和 (4.2) 中, $\dot{M}_\mathrm{d}$ 和 Ω_d 分别为吸积率和角速度; $L^\dagger$ 和 $E^\dagger$ 分别为吸积物质的比角动量和比能量, g 和 F 分别为薄盘内部的黏滞力矩和薄盘的辐射通量; H_MC 和 $H_\mathrm{MC}\Omega_\mathrm{d}$ 分别为单位时间通过磁场转移到吸积盘内区单位面积的角动

量和能量 (以下分别简称为角动量通量和能量通量)。$L^\dagger$ 和 $E^\dagger$ 满足下列关系 [2,3]:

$$\frac{\mathrm{d}E^\dagger}{\mathrm{d}r} = \Omega_\mathrm{d} \frac{\mathrm{d}L^\dagger}{\mathrm{d}r} \tag{4.3}$$

在磁耦合的区域中对角动量通量 H_MC 积分，得到 MC 过程对吸积盘施加的力矩，即

$$T_\mathrm{MC} = 2\pi \int_{r_1}^{r_2} H_\mathrm{MC} r \mathrm{d}r \tag{4.4}$$

其中角动量通量 H_MC 表示为

$$H_\mathrm{MC} = \frac{1}{8\pi^3} \left(\frac{\mathrm{d}\Psi_\mathrm{HD}}{\mathrm{d}r} \right)^2 \frac{\Omega_\mathrm{H} - \Omega_\mathrm{d}}{-r\mathrm{d}Z_\mathrm{H}/\mathrm{d}r} \tag{4.5}$$

(4.5) 式中 Ψ_HD 是在以盘半径 r 为边界的吸积盘内的连接黑洞与吸积盘的磁通量，Z_H 是黑洞视界面的电阻，$\mathrm{d}Z_\mathrm{H}/\mathrm{d}r$ 可以通过黑洞视界面的角坐标与吸积盘半径的映射关系求出 [5,6]:

$$\frac{\mathrm{d}Z_\mathrm{H}}{\mathrm{d}r} = \frac{\mathrm{d}Z_\mathrm{H}}{\mathrm{d}\theta} \frac{\mathrm{d}\theta}{\mathrm{d}r} \tag{4.6}$$

为了说明 MC 过程中的角坐标 θ 与吸积盘半径 r 的映射关系，我们给出 MC 过程的磁场位形如图 4.1 所示。结合图 4.1 和 (4.6) 式可知，角坐标 θ 的增加对应于吸积盘半径 r 的减小，因此有 $\mathrm{d}\theta/\mathrm{d}r < 0$，由于 $\mathrm{d}Z_\mathrm{H}/\mathrm{d}\theta > 0$，故有 $\mathrm{d}Z_\mathrm{H}/\mathrm{d}r < 0$，这就是在 (4.5) 式中在 $\mathrm{d}Z_\mathrm{H}/\mathrm{d}r$ 前面加负号的原因。

另外由方程 (4.5) 可知，角动量通量和能量通量的符号直接取决于 Ω_H 和 Ω_d 的大小：

(1) $\Omega_\mathrm{H} > \Omega_\mathrm{d}$，导致 $H_\mathrm{MC} > 0$，$H_\mathrm{MC}\Omega_\mathrm{d} > 0$，这意味着角动量和能量由黑洞向吸积盘转移；

(2) $\Omega_\mathrm{H} < \Omega_\mathrm{d}$，导致 $H_\mathrm{MC} < 0$，$H_\mathrm{MC}\Omega_\mathrm{d} < 0$，这意味着角动量和能量由吸积盘向黑洞转移。

结合 (4.1)~(4.5) 式求解得到辐射通量 F 和吸积盘内部黏滞力矩 g 的表达式如 (4.7) 和 (4.8) 式所示

$$
\begin{aligned}
F = {} & \frac{\dot{M}_\mathrm{d}}{4\pi r} f + \frac{1}{4\pi r} \left(-\frac{\mathrm{d}\Omega_\mathrm{d}}{\mathrm{d}r} \right) \left(E^\dagger - \Omega_\mathrm{d}L^\dagger \right)^{-2} \\
& \times \left[4\pi \int_{r_\mathrm{ms}}^{r} \left(E^\dagger - \Omega_\mathrm{d}L^\dagger \right) H_\mathrm{MC} r \mathrm{d}r + g_\mathrm{ms} \left(E_\mathrm{ms}^\dagger - \Omega_\mathrm{ms}L_\mathrm{ms}^\dagger \right) \right]
\end{aligned} \tag{4.7}
$$

$$g = \frac{E^\dagger - \Omega_\mathrm{d}L^\dagger}{-\mathrm{d}\Omega_\mathrm{d}/\mathrm{d}r} 4\pi r F \tag{4.8}$$

在 (4.7) 式中，下标 "ms" 代表在吸积盘的最内稳定圆轨道的取值，g_{ms} 代表作用于吸积盘最内稳定圆轨道的力矩；f 是文献 [3] 求得的积分表达式，如第 2 章 (2.120) 式所示。

如图 4.1 所示，假设磁场分布在吸积盘从 r_1 到 r_2 的环带内，而且 r_1 和 r_2 满足 $r_2 > r_1 \geqslant r_{\mathrm{ms}}$，则有

$$
\int_{r_{\mathrm{ms}}}^{r} \left(E^{\dagger} - \Omega_{\mathrm{d}}L^{\dagger}\right) H_{\mathrm{MC}}r\mathrm{d}r = \begin{cases} 0, & r \leqslant r_1 \\ \displaystyle\int_{r_1}^{r} \left(E^{\dagger} - \Omega_{\mathrm{d}}L^{\dagger}\right) H_{\mathrm{MC}}r\mathrm{d}r, & r_1 < r < r_2 \\ \displaystyle\int_{r_1}^{r_2} \left(E^{\dagger} - \Omega_{\mathrm{d}}L^{\dagger}\right) H_{\mathrm{MC}}r\mathrm{d}r, & r \geqslant r_2 \end{cases} \tag{4.9}
$$

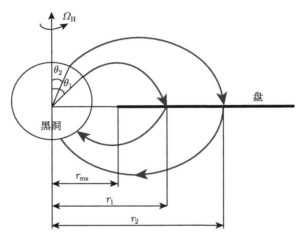

图 4.1   黑洞与薄盘磁耦合的磁场位形示意图

带箭头的实线代表磁力线

如果假设作用于吸积盘内边缘的力矩为零，即 $g_{\mathrm{ms}} = 0$，则方程 (4.7) 和 (4.8) 可以表示为

$$
F = \frac{1}{4\pi r} \left[\dot{M}_{\mathrm{d}}f + 4\pi \left(-\frac{\mathrm{d}\Omega_{\mathrm{d}}}{\mathrm{d}r} \right) \left(E^{\dagger} - \Omega_{\mathrm{d}}L^{\dagger}\right)^{-2} \int_{r_{\mathrm{ms}}}^{r} \left(E^{\dagger} - \Omega_{\mathrm{d}}L^{\dagger}\right) H_{\mathrm{MC}}r\mathrm{d}r \right] \tag{4.10}
$$

$$
g = \frac{E^{\dagger} - \Omega_{\mathrm{d}}L^{\dagger}}{-\mathrm{d}\Omega_{\mathrm{d}}/\mathrm{d}r} \dot{M}_{\mathrm{d}}f + 4\pi \left(E^{\dagger} - \Omega_{\mathrm{d}}L^{\dagger}\right)^{-1} \int_{r_{\mathrm{ms}}}^{r} \left(E^{\dagger} - \Omega_{\mathrm{d}}L^{\dagger}\right) H_{\mathrm{MC}}r\mathrm{d}r \tag{4.11}
$$

方程 (4.10) 和 (4.11) 分别代表吸积盘无力矩边界条件下的辐射通量和盘的内部黏滞力矩，其中 (4.10) 式的第一项就是文献 [3] 的吸积盘辐射通量的表达式，第二项

代表磁耦合对盘辐射的贡献。对方程 (4.2) 积分得到吸积盘盘光度的表达式

$$L \equiv 2\int_{r_{\mathrm{ms}}}^{\infty} E^{\dagger} F 2\pi r \mathrm{d}r = \int_{r_{\mathrm{ms}}}^{\infty} \left[\frac{\mathrm{d}}{\mathrm{d}r}\left(\dot{M}_{\mathrm{d}} E^{\dagger} - g\Omega_{\mathrm{d}} \right) - 4\pi r H_{\mathrm{MC}}\Omega_{\mathrm{d}} \right] \mathrm{d}r$$

$$= \dot{M}_{\mathrm{d}}\left(1 - E_{\mathrm{ms}}^{\dagger} \right) + 4\pi \int_{r_{\mathrm{ms}}}^{\infty} H_{\mathrm{MC}}\Omega_{\mathrm{d}} r \mathrm{d}r \tag{4.12}$$

(4.12) 式中第一个等号出现因子 2 是因为吸积盘有两个表面产生辐射，得出第三个等式时利用了边界条件：$E^{\dagger}\left(r \to \infty \right) = 1$，$g\Omega_{\mathrm{d}}\left(r \to \infty \right) = 0$ 及 $g\Omega_{\mathrm{d}}\left(r = r_{\mathrm{ms}} \right) = 0$。

　　单位时间通过大尺度磁场由黑洞转移到吸积盘内区的功率为

$$L_{\mathrm{MC}} = 4\pi \int_{r_{\mathrm{ms}}}^{\infty} H_{\mathrm{MC}}\Omega_{\mathrm{d}} r \mathrm{d}r = 4\pi \int_{r_1}^{r_2} H_{\mathrm{MC}}\Omega_{\mathrm{d}} r \mathrm{d}r \tag{4.13}$$

这样 (4.12) 式可以改写为

$$L = \dot{M}_{\mathrm{d}}\varepsilon_0 + L_{\mathrm{MC}} \tag{4.14}$$

其中

$$\varepsilon_0 = 1 - E_{\mathrm{ms}}^{\dagger} \tag{4.15}$$

(4.15) 式中 ε_0 代表广义相对论薄吸积盘把物质的引力势能转化为辐射能的效率，而 $E_{\mathrm{ms}}^{\dagger}$ 是对应于最内稳定圆轨道的比能量。把 r_{ms} 代入 (2.82) 式可以得到 $E_{\mathrm{ms}}^{\dagger}$ 的简化表达式 [7]：

$$E_{\mathrm{ms}}^{\dagger} = \frac{4\sqrt{r_{\mathrm{ms}}/M} - 3a_*}{\sqrt{3}r_{\mathrm{ms}}/M} \tag{4.16}$$

结合 (2.88) 式可知，ε_0 完全由黑洞自转 a_* 决定。容易验证 ε_0 随 a_* 单调增加：对应于 $a_*=0$，0.5，0.998，1，由 (4.15) 式得到薄吸积盘的能量转化效率分别为 $\varepsilon_0=0.057$，0.082，0.321，0.423。考虑到 MC 过程的贡献，由 (4.14) 式得到吸积盘的能量转化效率为

$$\varepsilon \equiv \frac{L}{\dot{M}_{\mathrm{d}}} = \varepsilon_0 + \frac{L_{\mathrm{MC}}}{\dot{M}_{\mathrm{d}}} \tag{4.17}$$

根据 (4.17) 式，可以得到以下结论：

　　(1) 如果黑洞与吸积盘不存在磁耦合，即 $L_{\mathrm{MC}}= 0$，则有 $\varepsilon = \varepsilon_0$；

　　(2) 如果黑洞角速度大于吸积盘内区的角速度，则有 $L_{\mathrm{MC}} > 0$，$\varepsilon > \varepsilon_0$；

　　(3) 如果黑洞角速度小于吸积盘内区的角速度，则有 $L_{\mathrm{MC}} < 0$，$\varepsilon < \varepsilon_0$；

　　(4) 如果吸积率 $\dot{M}_{\mathrm{d}}$ 非常小，则有 $\varepsilon \gg \varepsilon_0$；

　　(5) 如果 $L_{\mathrm{MC}} < 0$，由于吸积盘的总效率不可能为负值，即 $\varepsilon \geqslant 0$，则有 $\dot{M}_{\mathrm{d}}\varepsilon_0 \geqslant -L_{\mathrm{MC}}$。

　　文献 [1] 在广义相对论框架中对黑洞与薄吸积盘磁耦合的理论模型作了详细的讨论，但是没有涉及磁耦合对黑洞系统辐射的影响与天体物理观测的联系。下面介绍磁耦合对黑洞系统辐射的影响。

　　Ma, Wang 和 Zuo 等在黑洞与薄吸积盘磁耦合模型的基础上增加了盘冕, 以便解释活动星系核和黑洞双星的观测。结果表明, MC 过程可以有效地改进活动星系核 (Seyfert 1 galaxy MCG-6-30-15) 和黑洞双星 (XTE J1650-500) 的出射谱, 理论结果与观测符合得很好 [8]。文献 [8] 给出的磁耦合模型如图 4.2 所示。

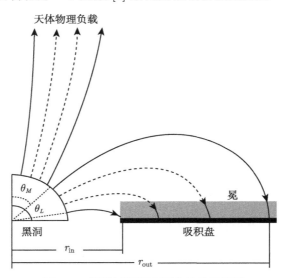

图 4.2　黑洞与薄盘磁耦合的盘冕模型

薄盘表面覆盖一层稀薄等离子体: 盘冕 (灰色区域)

　　盘冕模型最初的创意来自日冕, 它在解释黑洞双星和低光度活动星系核的高能辐射方面有其独特的优势。不同的盘冕模型主要区别在于冕的加热机制以及冕参数 (温度、密度和空间分布) 的确定方式不同。通常认为在吸积盘中得以放大的磁场可以浮出盘表面并在冕中发生重联, 释放能量从而加热冕 [9]。在假定冕的空间分布的前提下, Liu, Mineshige 和 Shibata 等通过求解冕对吸积盘色球层的热传导与色球层的蒸发冷却之间的能量平衡比较自洽地给出冕的相关参数 [10]。由于冕的能量均来自于吸积盘的引力束缚能, 冕的引入使得黑洞系统的出射谱明显变硬, 而不增加系统的总光度。

　　冕的空间位形是盘冕模型中最不确定的因素之一, 已有的工作往往事先假设冕的空间分布, 如常见的所谓的 "球形冕" "平板冕" 等。不同于文献 [8], Gan, Wang 和 Lei 建议 MC 过程的大尺度磁场除了可以在黑洞和吸积盘之间传递能量和角动量, 还会有一个附带的作用, 即通过磁场约束从吸积盘上 "蒸发" 出来的高温等离子体, 使其沿着磁力线运动并最终落入黑洞 [11]。这样就很自然地在吸积盘上方形成 "冕" 的位形, 如图 4.3 所示。

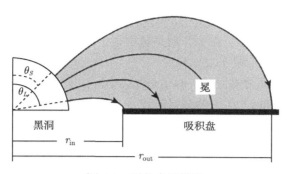

图 4.3 磁化盘冕模型

其中大尺度闭合磁场对盘冕的等离子体形成约束 (灰色区域)

下面我们简要介绍文献 [11] 提出的磁化盘冕模型。首先假设吸积盘的内部黏滞应力满足以下关系:

$$-t_{r\varphi} = \alpha P_{\text{gas}} \sim P_{\text{mag}} = B_{\text{D}}^2/8\pi \tag{4.18}$$

其中 $t_{r\varphi}$，P_{gas} 和 P_{mag} 分别代表吸积盘的内部黏滞应力、气压和磁压，B_{D} 代表吸积盘内部的小尺度磁场。

在盘冕模型中，吸积盘中的黏滞耗散产能 Q 的贡献分为两部分：一部分产生黑体辐射释放出来，并产生冕的康普顿散射所需要的种子光子，这部分耗散能量记为 Q_{d}^+；另一部分通过磁重联加热冕，并把冕的温度维持到相对论性的温度，这部分耗散能量记为 Q_{cor}^+ [10,12]，因此有

$$Q = Q_{\text{d}}^+ + Q_{\text{cor}}^+ \tag{4.19}$$

(4.19) 式中 Q_{d}^+ 和 Q_{cor}^+ 满足

$$Q_{\text{d}}^+ = \sigma T_{\text{eff}}^4, \quad Q_{\text{cor}}^+ = \frac{B_{\text{D}}^2}{4\pi} V_{\text{A}} = \frac{B_{\text{D}}^3}{4\pi\sqrt{4\pi\rho}} \tag{4.20}$$

其中 B_{D} 是吸积盘内部的无序小尺度磁场，ρ 为吸积盘的质量密度，$V_{\text{A}} = B_{\text{D}}/\sqrt{4\pi\rho}$ 是吸积盘中的局部阿尔文速度；T_{eff} 和 σ 分别是吸积盘的等效温度和斯特藩–玻尔兹曼常数。对于相对论性的热冕来说，逆康普顿散射非常有效，成为主导冕冷却的辐射机制，因此下列关系成立:

$$\frac{B_{\text{D}}^3}{4\pi\sqrt{4\pi\rho}} = \frac{4kT_{\text{cor}}}{m_{\text{e}}}\tau_{\text{cor}}U_{\text{rad}} \tag{4.21}$$

其中 $U_{\text{rad}} = aT_{\text{eff}}^4 = 4Q_{\text{d}}^+$ 为临近盘表面的辐射能量密度，T_{cor} 和 τ_{cor} 分别是冕的温度和光学厚度，k，m_{e} 和 a 分别是 Boltzman 常数、电子质量和辐射常数。对活动

星系核和处于低硬态的黑洞双星的观测表明，冕的光学深度取值范围很窄，$\tau_{\mathrm{cor}} = n_{\mathrm{cor}}\sigma_{\mathrm{T}}l \sim 1$，其中 n_{cor}，σ_{T} 和 l 分别是冕中电子的数密度、汤姆孙截面和冕的厚度。为了简化计算，我们取 $\tau_{\mathrm{cor}} = 1$。

吸积盘的能量守恒和角动量守恒方程 (4.1) 和 (4.2) 仍然适用于磁化盘冕模型，只需要把方程 (4.1) 和 (4.2) 中的辐射通量 F 改为能量耗散 Q，即

$$\frac{\mathrm{d}}{\mathrm{d}r}\left(\dot{M}_{\mathrm{d}}E^{\dagger} - g\Omega_{\mathrm{d}}\right) = 4\pi r\left(QE^{\dagger} - H_{\mathrm{MC}}\Omega_{\mathrm{d}}\right) \tag{4.22}$$

$$\frac{\mathrm{d}}{\mathrm{d}r}\left(\dot{M}_{\mathrm{d}}L^{\dagger} - g\right) = 4\pi r\left(QL^{\dagger} - H_{\mathrm{MC}}\right) \tag{4.23}$$

能量耗散 Q 和吸积盘的内部黏滞力矩 g 可以表示为

$$\begin{aligned}Q\left(r\right) &\equiv Q_{\mathrm{DA}} + Q_{\mathrm{MC}} \\ &= Q_{\mathrm{DA}} + \frac{1}{r}\left(-\frac{\mathrm{d}\Omega_{\mathrm{d}}}{\mathrm{d}r}\right)\left(E^{\dagger} - \Omega_{\mathrm{d}}L^{\dagger}\right)^{-2}\int_{r_{\mathrm{ms}}}^{r}\left(E^{\dagger} - \Omega_{\mathrm{d}}L^{\dagger}\right)H_{\mathrm{MC}}r\mathrm{d}r\end{aligned} \tag{4.24}$$

$$Q_{\mathrm{DA}} = \frac{1}{4\pi r}\left(-\frac{\mathrm{d}\Omega_{\mathrm{d}}}{\mathrm{d}r}\right)\left(E^{\dagger} - \Omega_{\mathrm{d}}L^{\dagger}\right)^{-2}\int_{r_{\mathrm{ms}}}^{r}\left(E^{\dagger} - \Omega_{\mathrm{d}}L^{\dagger}\right)\dot{M}_{\mathrm{d}}\mathrm{d}L^{\dagger} \tag{4.25}$$

$$g = \frac{E^{\dagger} - \Omega_{\mathrm{d}}L^{\dagger}}{-\mathrm{d}\Omega_{\mathrm{d}}/\mathrm{d}r}4\pi rQ\left(r\right) \tag{4.26}$$

为了求解吸积盘的动力学方程，我们采用 Livio 等给出的大尺度磁场和小尺度磁场的关系式 [13]：

$$B_{\mathrm{P}} \sim \left(\frac{h}{r}\right)B_{\mathrm{D}} \tag{4.27}$$

其中 B_{P} 代表大尺度磁场，h 是吸积盘的半厚度。

如图 4.3 所示，磁化盘冕区域被约束在吸积盘的最内稳定圆轨道和磁场的外边界之间。从 r_{in} 到 r_{out} 的范围中利用迭代方法求解方程组 (4.22)~(4.26)，可以得到磁化盘冕系统的整体解。

利用文献 [11] 提出的磁化盘冕模型，我们拟合了处于 "低硬态"(low hard state) 或者 "甚高态"(very high state) 三个黑洞双星的高能 X 射线光谱，它们是 GRO J1655-40，XTE J1118+480 和 GX 339-4，拟合结果分别如图 4.4~图 4.6 所示。

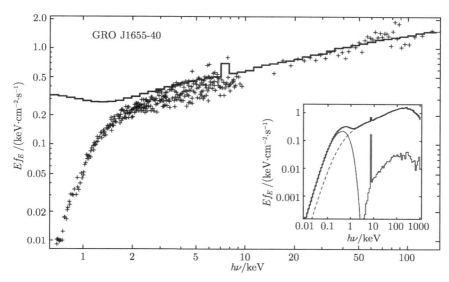

图 4.4 拟合 GRO J1655-40 处于低硬态时的硬 X 射线谱

观测时间为 2005.03.06, 其中的小图为我们模型的出射谱。可以看出 GRO J1655-40 的硬 X 射线谱可以
被很好地拟合, 而软 X 射线频段超出部分可能被周围的介质吸收 [14]

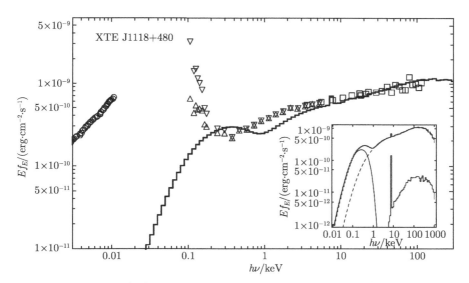

图 4.5 拟合 XTE J1118+480 处于低硬态时的 X 射线谱

其中的小图为我们模型的出射谱。可以看出 ($h\nu \geqslant 0.2$ keV) 频段的 X 射线谱拟合得比较好。其中低能段
($h\nu <0.1$ keV 的部分) 的超出可能源于吸积盘外区的热辐射或者来自于喷流 [15]

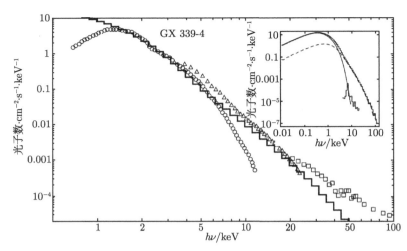

图 4.6　拟合 GX 339-4 处于甚高态时的硬 X 射线谱

观测时间为 2002.09.29, 其中的小图为我们模型的出射谱。可以看出 GX 339-4 的硬 X 射线谱可以被很好
地拟合, 而软 X 射线频段超出部分可能被周围的介质吸收[16]

4.2　黑洞系统的准周期振荡

黑洞等致密天体的辐射通常呈现出快速的变化, 有些黑洞系统的 X 射线光变表现出持续稳定的近似周期性, 称为准周期振荡(quasi-periodic oscillation, 以下简称 QPO)。在黑洞双星、中等质量黑洞和活动星系核中都观测到 QPO 的存在, QPO 是研究黑洞的辐射特征及状态变化的非常重要的手段 [17,18]。

4.2.1　黑洞双星的谱态及 QPO

黑洞双星的 X 射线爆发除了在强度上有近似周期性变化之外, 能谱成分的变化也比较复杂。其能谱主要由热成分和非热成分组成, 热成分可以用黑体谱很好地拟合, 非热成分则可用幂律谱拟合。幂律谱对应的光子数通量密度 (光子数 $\cdot cm^{-2} \cdot s^{-1} \cdot keV^{-1}$) 正比于光子能量的幂律形式: $F_N(E) \propto E^{-\Gamma}$, Γ 称为光子谱指数。

最早对 X 射线谱态的描述源自 Tananbaum 等于 1972 年对 Cyg X-1 的观测, 该源的软 X 射线通量 (2∼6 keV) 减小时, 硬 X 射线通量(10∼20 keV) 则增加 [19]。后来在其他源中也发现类似的转变, 逐渐发展出高软态和低硬态的说法。当源比较亮时, 通常谱比较软, 可以用约 1keV 的热谱描述, 此时称为高软态; 而当源比较暗时, 通常谱比较硬, 此时称为低硬态。Miyamoto 等于 20 世纪 90 年代发现另外一个态, 光度相当高, 光谱是热谱和幂律谱的组合, 通常伴随有 QPO, 被称为甚高态 [20,21]。

2006 年 McClintock 和 Remillard 将黑洞双星的X 射线辐射总结为 5 个态 [17]：① 热主导态(TDS) 或高软态 (HSS)，光度比较高，谱的热成分占主导，大于75% (2~20 keV)，特征温度约为 1 keV，幂律谱指数为 2.1~4.8；② 低硬态(LHS)，谱的幂律成分占主导，幂律谱指数为 1.5~2.1，X 射线光度通常低于 0.1 倍爱丁顿光度，低硬态是与稳定的射电喷流成协的；③ 中间态(IS)，是指介于低硬态和高软态之间的谱态，其谱特征也是介于这两个态之间；④ 陡幂律态 (SPLS)或甚高态 (VHS)，光度非常高，热谱和幂律谱的通量相当，幂律谱指数大于 2.4；⑤ 宁静态(QS)，光度非常低，明显的非热的硬谱，幂律谱指数为 1.5~2.1，黑洞双星大部分时间处于此态。

后来，Remillard 和 McClintock 舍弃光度的概念，完全从光谱上分类，更精确、定量地将黑洞双星的谱态分为三个类型：热态(对应高软态)，硬态 (对应低硬态)，陡幂律态 (对应甚高态或中间态)[18]。

观测表明，黑洞附近的 X 射线强度随时间发生快速变化，而探测这种快速变化的强有力的分析手段是功率密度谱(PDS)。功率密度谱定义为单位频带内的 "功率" 的均方值，是估计傅里叶功率密度 $P_\nu(\nu)$ 随傅里叶频率 ν 变化的方差工具。功率密度谱上比较宽的成分称为噪音，较窄的峰称为 QPO。图 4.7 给出几个黑洞双星 (或黑洞候选体) 的功率密度谱。

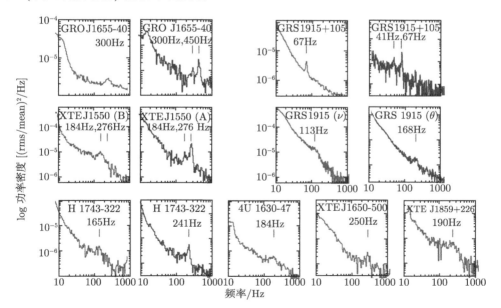

图 4.7　几个黑洞双星 (或黑洞候选体) 的功率密度谱 (后附彩图)

其中蓝色线形的能量范围是 13~30keV，红色线形具有更宽的能量范围 (2~30 或 6~30keV) 的功率密度谱，图中突起的峰对应于 QPO[18]

QPO 可以用洛伦兹函数描述 [22]

$$P_\nu \propto \frac{\lambda}{(\nu - \nu_0)^2 + (\lambda/2)^2} \tag{4.28}$$

其中 ν_0 是峰的中心频率，λ 是峰的半高全宽 (FWHM)。信号强度一般用品质因子 $Q \equiv \nu_0/\lambda$ 来衡量，如果一个信号的 Q 值大于 2，则称为 QPO，否则称为噪音。信号强度正比于其对功率谱积分功率 $P = \int P_\nu \mathrm{d}\nu$ 的贡献，一般用均方根 (rms) 表示，均方根幅度正比于 $P^{1/2}$。

4.2.2　黑洞双星的低频 QPO

黑洞双星的低频 QPO 是指频率在 0.1~30 Hz 的 QPO[17]。在已经被证认的 20 多个黑洞双星中，大部分都观测到了低频 QPO。低频 QPO 出现在 SPL 态和硬态，它们具有很高的 Q 值 (通常大于 10)，频率和幅度通常与谱参数相关。低频 QPO 的频率有的变化比较快，有的则比较稳定，可以持续几天或数周甚至更长，例如，GRS 1915+105 的 2.0~4.5Hz 的 QPO 从 1996 年到 1997 年持续了 6 个月[23]。观测表明，低频 QPO 与谱的幂律成分是紧密相连的。例如，Sobczak 发现，在 2~20keV 能段的通量中，一旦幂律成分超过了 20%，低频 QPO 就出现了 [24]。QPO 频率与幂律谱指数也有明显的相关性 [25]。分析发现，两个 X 射线能段 (如 2~6keV 和 13~30keV) 之间的相位滞后与低频 QPO 的某些参数有关，根据滞后为正、负或零把 QPO 分为 A、B、C 三种类型。A 和 B 型低频 QPO 是与 SPL 态和高频 QPO 相关的，而 C 型低频 QPO 大多出现在中间态和硬态 [26]。

低频 QPO 的频率要比吸积盘内区的开普勒轨道运动频率低很多，例如，一个 10 倍太阳质量的黑洞，轨道频率为 3Hz 时对应的半径约为 $100r_g$，而最强的 X 射线辐射一般认为来自 $10r_g$ 以内 [17]，因此很难直接把 QPO 与盘内区吸积流的运动联系起来。关于低频 QPO 的物理机制，目前还没有统一的说法。Tagger 和 Pellat 于 1999 年提出吸积喷射不稳定性模型，用磁化盘上的螺旋波与物质流的运动解释低频 QPO[27]。不少振荡模型都被先后提出来，如盘的整体振荡模型 [28]，吸积团块中激波前沿的径向振荡 [29]，盘与热康普顿区之间的转变层内的振荡 [30]。

4.2.3　黑洞双星的高频 QPO

黑洞双星的高频 QPO 一般指频率在 40~450Hz 的 QPO，目前在 7 个黑洞双星或候选体中观测到 [18]，其中 4 个源观测到成对 QPO 且频率比为 3:2，如 GRO J1655-40 (450Hz, 300Hz)，GRS 1915+105 (168Hz, 113Hz 和 67Hz, 41Hz)，XTE J1550-564 (276Hz, 184Hz)，H 1743-322(241Hz, 165Hz)，其中 GRS 1915+105 观测到两对 3:2 QPO。另外 3 个源是单一 QPO，如 XTE J1650-500(250 Hz)，XTE J1859+226(190 Hz) 和 4U 1630-47(184 Hz)，如图 4.7 所示。

高频 QPO 的一大特点是与 SPL 态成协,所有这些观测到的高频 QPO 都出现在 SPL 态。QPO 似乎与幂律成分的通量有很强的相关性,在呈现 3:2 QPO 对的几个源中,当幂律通量非常强时 $2\nu_0$QPO 出现,而当幂律通量较弱时 $3\nu_0$QPO 出现[31]。高频 QPO 比较稳定,其频率不随光度的改变而轻易改变[31,32]。

高频 QPO 是探测黑洞附近吸积流及强引力场的有效工具,因为其频率与几个引力半径处的开普勒轨道频率很接近。Abramowicz 和 Kluzniak 的共振模型指出,3:2 整数比表明高频 QPO 很可能与强引力场中的某种共振有关[33]。Remillard 和 McClintock 研究了 QPO 频率与黑洞质量的关系,发现 QPO 频率与黑洞质量有明显的反相关性,如图 4.8 所示,并且拟合得出频率与质量的关系[18]:

$$\nu_0\,(\mathrm{Hz}) = 931 m_{\mathrm{BH}}^{-1} \tag{4.29}$$

(4.29) 式中 $m_{\mathrm{BH}} \equiv M/M_\odot$ 为以太阳质量为单位的黑洞质量,关系式 (4.29) 意味着一个成功的 QPO 模型必须是相对论性的,且其内在频率与黑洞质量成反比。

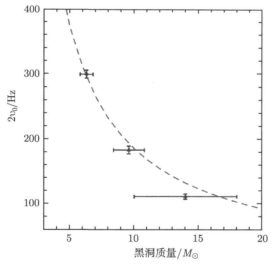

图 4.8   高频 QPO 频率与黑洞质量的关系

数据取自具有 3:2 整数比高频 QPO 的 3 个黑洞双星:XTE J1550-564, GRO J1655-40 和 GRS
1915+105。纵坐标代表较强的 QPO 频率:$2\nu_0$[18]

4.2.4   黑洞双星高频 QPO 的物理模型

目前学术界尚未对产生高频 QPO 的物理机制达成共识。现有的模型大部分都是动力学模型,很难与 X 射线光度的产生联系起来,下面简要介绍几个高频 QPO 的模型。

盘震模型 Kato 和 Fukue 于 1980 年发现吸积盘内区产生的低频振荡向外传播到一定半径 (约 $8R_g$) 时会被束缚住[34]，因为广义相对论径向本轮频率在此半径处达到峰值，向内一直减小，这种被限制在一定区域之内的径向振荡即所谓 "trapped oscillation"，频率与类星体的某些光变频率很接近，对应于恒星级黑洞则与高频 QPO 频率很接近。发生振荡的区域大小与黑洞质量和自转有关。1987 年 Okazaki 发现另外一种类型的振荡 (r 或 g 模式) 也可以被限制在本轮频率峰值之下[35]。这些 "trapped" 模式的频率都与黑洞质量成反比，而且都在高频 QPO 的频率范围之内[36]。

共振模型 Abramowicz 和 Kluzniak 于 2001 年提出吸积流的本轮共振模型来解释高频 QPO 对的 3:2 频率比[33]。根据广义相对论，在致密天体附近的强引力场中运动粒子在球坐标的三个方向 (r 方向，θ 方向和 ϕ 方向) 有独立的振荡频率，它们随着盘半径的改变会有不同的变化趋势，如果在同一半径上某两个方向的振荡频率恰好为整数比，则容易形成共振使得在该半径附近区域的 X 射线通量增强，从而产生可观测的高频 QPO 对。极向和环向频率随半径增加是单调减小的，而径向频率是非单调的，随着半径的增加先达到峰值然后减小。因此角向频率或环向频率与径向频率的比例很可能在某一半径上形成整数。共振模型虽然很自然地解释了高频 QPO 频率的整数比，但是能否克服吸积流的强大阻尼力并持续产生足够强度的 X 射线辐射从而形成可观测的 QPO 是很困难的[17]。我们将在 4.2.5 节讨论 MC 过程对共振模型的改进。

2003 年，Rezzolla 等将盘震模型和共振模型结合起来作为改进的 QPO 模型，其特点是吸积盘为非开普勒性的几何厚盘，利用在黑洞周围旋转的厚环状结构 "torus" 的 p 模式振荡理解高频 QPO[37]。具有一定宽度的 "torus" 为振荡模式提供必要的共振腔，其大小和宽度如果合适，产生的一次谐波频率将接近于 2:3，如果黑洞自转比较大，则其频率与高频 QPO 的频率接近。

热斑模型 2004 年 Schnittman 和 Bertschinger 用黑洞附近作测地线运动的团块即热斑的辐射解释高频 QPO 在功率密度谱上的幅度和位置[38]。他们用 Kerr 度规下的光线追踪技术得到热斑作轨道运动时辐射的 X 射线光谱以及时变的功率谱。通过调节热斑的大小和位置，热斑的坐标频率以及拍频会形成小整数比。该模型没有考虑吸积流中的流体动力学效应。实际上吸积盘的较差旋转、湍流、磁场等都会对热斑的运动和辐射产生很大影响。

4.2.5 黑洞双星高频 QPO 的 MC 共振模型

MC 模型的磁场位形如图 4.3 所示。大尺度磁场的闭合磁力线连接黑洞视界面和吸积盘，盘中的高温物质顺着磁力线蒸发到盘的上方形成冕，冕的区域如图中阴影部分所示。盘的内边缘半径为最内稳定圆轨道半径，外边界通过连接视界面和盘上的磁通量守恒确定。文献 [11] 结合 MC 过程提出了一种磁化盘冕模型, 并解释了黑洞双星的 X 射线出射谱。

X 射线出射谱可以通过 Monte Carlo 方法得到。先根据种子光子的谱形即盘上出来的黑体谱谱形抽取光子的能量和出射方向, 然后模拟光子在冕中随机行走以及与电子碰撞的过程, 碰撞后根据光子的位置判断光子是否超过冕的边界, 如果没有超过, 让其继续行走, 如果超过冕的边界, 统计光子数目。最后根据不同能段的光子数得到被冕散射后的整体谱, 详细情况可参考文献 [11]。本节结合文献 [11] 提出的磁化盘冕模型及文献 [33] 提出的共振模型, 拟合几个黑洞双星的 3:2 整数比的高频 QPO。与文献 [33] 比较, 我们的模型成功地拟合了高频 QPO 与这几个黑洞双星的 SPL 态成协, 并克服了共振模型中可能发生的阻尼衰减的困难。

首先简要介绍一下黑洞双星的 3:2 整数比的高频QPO 的共振模型[33]。根据广义相对论, 致密天体周围的吸积盘上的粒子在球坐标系三个方向上有各自的频率, 即 ν_ϕ, ν_r 和 ν_θ, 它们是中心天体的质量、角动量以及到天体中心距离的函数。在球坐标系中, 三个频率的表达式为 [39,40]

$$\nu_\phi = \frac{2.03 \times 10^5 \text{Hz}}{2\pi m_{\text{BH}}(\tilde{r}^{3/2} + a_*)} \qquad (4.30)$$

$$\nu_r = \nu_\phi \left(1 - 6\tilde{r}^{-1} + 8a_*\tilde{r}^{-3/2} - 3a_*^2\tilde{r}^{-2}\right)^{1/2} \qquad (4.31)$$

$$\nu_\theta = \nu_\phi \left(1 - 4a_*\tilde{r}^{-3/2} + 3a_*^2\tilde{r}^{-2}\right)^{1/2} \qquad (4.32)$$

其中 ν_ϕ 是粒子的开普勒频率, ν_r 和 ν_θ 分别为粒子的径向和垂向振动频率, $\tilde{r} \equiv r/r_g$ 是以引力半径为单位的吸积盘半径。粒子的本轮运动如图 4.9 所示。

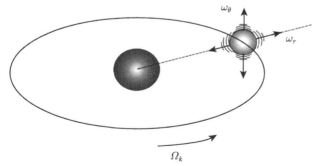

图 4.9 致密天体周围圆轨道上粒子的运动示意图 [40](来源于文献 [40])

由 (4.30) 式可知, 对于给定的黑洞自转 a_*, 开普勒频率 ν_ϕ 随盘半径 $\tilde{r}$ 增加而单调减小, 而频率 ν_θ 和 ν_r 是盘半径 $\tilde{r}$ 的非单调函数, 它们随着半径的增加会达到一个极大值。三个频率量级相当，因此很有可能在某个半径处三个频率中的某两个达成小整数比。如图 4.10 所示，当 $\tilde{r} \approx 4$ 时 $\nu_\theta/\nu_r = 3/2$。

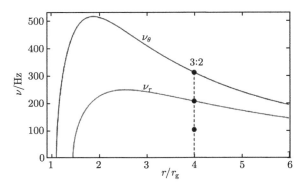

图 4.10　本轮频率 ν_θ 和 ν_r 随半径分布的曲线

黑洞自转 $a_* = 0.8$[40]

本轮共振模型认为，三个本轮频率 ν_ϕ、ν_θ、ν_r 以及两个频率的拍频 $\nu_\theta \pm \nu_r$、$\nu_\phi \pm \nu_r$，这些频率中的任何两个如果出现小整数比 (如 2:1，3:1，3:2)，则上述两个方向上的运动会产生共振并维持下去，形成 QPO 对。我们在文献 [41] 中采用最简单的共振模式，即

$$\nu_\theta/\nu_r = 3/2 \tag{4.33}$$

文献 [41] 结合观测到的黑洞双星高频 QPO 频率 $3\nu_0$ 和 $2\nu_0$，由方程 (4.30)~(4.32) 解出发生共振盘半径 r_{32} 和黑洞自转 a_*。在此基础上利用磁化盘冕模型拟合了黑洞双星的 SPL 态的谱形。表 4.1 列出了我们所拟合的三个黑洞双星 (GRS 1915+105，XTE J1550-564 和 GRO J1655-40) 的观测数据。表 4.2 列出了我们拟合这些源的高频 QPO 和 SPL 态的参数。

表 4.1　三个黑洞双星的观测参数

源	m_{BH}[a]	D/kpc[a]	i/(°)	ν_{QPO}/Hz[a]	$L_{X,SPL}/L_{Edd}$[b]
GRS 1915+105	10~18	11~12	70±2[c]	168, 113	1.1
XTE J1550-564	8.4~10.8	5.3±2.3	74[d]	276, 184	0.5
GRO J1655-40	6.0~6.6	3.2±0.2	70[e]	450, 300	0.1

说明: 表 4.1 中的第 1 列为黑洞双星的名称，第 2 列给出其黑洞质量范围，第 3 列为黑洞双星到我们的距离 (以 kpc 为单位)，第 4 列为吸积盘法线方向与我们视线的夹角，第 5 列为高频 QPO 的数值，第 6 列为处于 SPL 态的各个源的 X 射线光度 (以爱丁顿光度为单位)。上标 a, b, c, d, e 代表数据来源分别是文献 [17], [42], [43], [44], [45]。

表 4.2 拟合 3:2 高频 QPO 与 SPL 态的参数

源	m_{BH}	a_*	r_{32}/r_{ms}	r_{out}/r_{ms}	$\dot{m}$	α	光子指数	L_X/L_{Edd}	F_{disc}/F_{total}	F_{PL}/F_{total}
GRS 1915+105	10	0.685	1.931	14.255	0.250	0.300	2.875	0.460	0.274	0.722
	18	0.994	2.895	18.046	0.088	0.390	2.466	0.927	0.383	0.612
XTE J1550-564	8.4	0.888	2.114	19.670	0.130	0.300	2.348	0.442	0.234	0.757
	10.8	0.990	2.741	16.913	0.100	0.391	2.615	0.897	0.420	0.576
GRO J1655-40	6.0	0.955	2.332	19.463	0.110	0.300	2.585	0.549	0.347	0.646
	6.6	0.989	2.712	19.380	0.090	0.335	2.592	0.754	0.400	0.593

说明: 对于给定的黑洞质量, 表 4.2 中第 3 列的 a_* 和第 4 列的共振半径由方程 (4.30)~(4.32) 和表 4.1 中的 3:2 QPO 频率值解出。第 5 列为盘冕的外边界半径, 由磁通量守恒确定。第 6 列的吸积率和第 7 列的黏滞参量是 MC 模型的输入参量, 其中吸积率以爱丁顿吸积率为单位。最后 4 列为 MC 模型的输出参量, 第 8 列是 2~20keV 能段幂律成分的谱指数, 第 9 列是盘冕系统给出的 X 射线光度, 最后两列分别为 2~20keV 能段热成分和幂律成分的通量占总通量的比例。

由表 4.2 可知, 我们得出的相关参数与文献 [18] 中的 Table 2 给出的 SPL 态的定义符合得很好。拟合的相关细节总结如下:

(1) 表 4.2 表明, 共振半径 r_{32} 比 r_{out} 小, 即发生共振的位置被冕覆盖, 因此共振模式的辐射直接受到冕的影响。

(2) 计算表明, 较大的黑洞质量和较小的距离更有利于拟合上述三个源的谱形, 因此我们采用了黑洞质量的上限和距离的下限作为谱形的最佳拟合, 即采用了表 4.2 对应于每个源的第二行中的 m_{BH} 和 a_*。

(3) 由表 4.2 最后两列可知, 对每个源来说, 幂律成分的通量总是占主导。对于给定的 3:2 QPO 频率对, 黑洞自转 a_* 已经确定了, 可调参数只剩下吸积率 $\dot{m}$ 和黏滞参量 α。当 $\dot{m}$ 增加时, 幂律成分的较软部分 ($\leqslant$ 10keV) 的通量增加, 而较硬部分 ($\geqslant$ 10keV) 的通量减少。而黏滞系数的变化导致相反的结果: α 增加时, 较软部分的通量减少, 较硬部分的通量增加。为了拟合 SPL 态的陡光子谱指数, 表 4.2 中的吸积率都比较大。而较大的 α 值很有可能是 MC 过程把旋转黑洞的角动量转移到吸积盘内区从而增强了较差旋转引起的。

(4) 如表 4.2 所示, 在 (4.30)~(4.32) 式的基础上拟合 3:2 QPO 频率得到的黑洞自转 a_* 都比较大, 其中黑洞质量上限对应 $a_* \sim 0.99$。另一方面, 根据 MC 模型, 黑洞自转较大时, 输出的幂律成分通量硬度比较小, 即幂律谱指数比较大。因此我们自然地得到黑洞双星的 3:2 高频 QPO 与 SPL 态的成协。

图 4.11 给出上述三个黑洞双星的 SPL 态谱形, 这是根据表 4.2 中每个源对应的第二行参数作出的最佳拟合, 并附有观测数据。

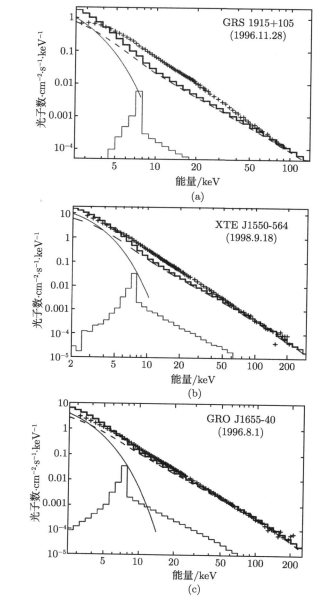

图 4.11   三个源 SPL 态的出射谱

(a) GRS 1915+105 (1996.11.28); (b) XTE J1550-564 (1998.9.18); (c) GRO J1655-40 (1996.8.1) 粗
锯齿线为总出射谱，实线、虚线和细锯齿线分别为其热成分、康普顿化成分和盘反射成分的谱。GRS
1915+105 的观测数据取自文献 [17] 的图 4.13，XTE J1550-564 和 GRO J1655-40 的观测数据分别取自
文献 [46] 的图 1 和图 2

为了形象地理解 MC 过程为共振模型注入能量的物理过程，我们把黑洞磁层和直流闭合电路作一个类比，如图 4.12 所示。两种情况中，电磁能量都是以坡印亭能流的形式传向负载。正如文献 [6] 所指出的，快转黑洞的能量可以通过 MC 过程提取出来并转移到盘内区，如图 4.12(a) 所示。这种情形与直流闭合电路中能量从电池传向具有电阻的负载非常相似。在图 4.12 (b) 所示的直流回路中，坡印亭能流被导线引导从电源传输到电阻负载。坡印亭能流进入负载后，电子被电场加速，将电磁能量转化为焦耳热释放出来。而在 MC 过程中，坡印亭能流被磁力线引导由快转黑洞进入吸积盘 (MC 过程的负载)，坡印亭能流进入盘内区后，通过磁重联释放电磁能量，例如，磁场的变化导致的诱导电场可以加速组成磁流体微团的电子和离子，从而克服共振模式的阻尼力，使得共振模式可以持续进行下去。另一方面，由于吸积流中等离子体的共振，磁重联很容易发生，冕中的电子由于获得磁重联释放的能量而被加速，有利于和软光子发生逆康普顿散射产生硬光子。这种情形有利于理解黑洞双星 SPL 态的非热辐射与高频 QPO 的联系。

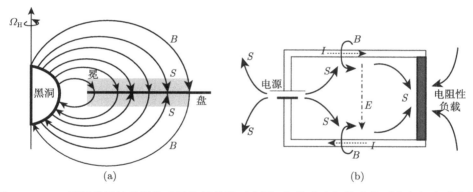

图 4.12　(a) 黑洞磁层的磁场位形及能量传输示意图，细箭头和粗箭头分别代表闭合磁力线和坡印亭能流；(b) 稳态直流闭合电路示意图，细实线箭头和点虚线箭头代表磁场和电场的方向，粗实线箭头和虚线箭头代表坡印亭能流和回路中的电流

4.2.6 不同尺度黑洞系统的 QPO

探寻黑洞系统的统一性是目前黑洞天体物理的前沿问题，观测表明，活动星系核的中心黑洞质量比 X 射线双星的黑洞大 5～8 个量级，并与黑洞双星有很多相似的现象，如喷流、QPO 等。本节讨论不同尺度黑洞系统的相似性，并尝试建立不同尺度黑洞系统的 QPO 模型。在 4.2.5 节 MC 模型的基础上通过合理假设盘上环向电流的分布，发现所产生的磁场发生磁重联的时标与黑洞系统的 QPO 时标相当。我们分别拟合了不同尺度黑洞系统的 QPO 以及它们对应的 X 射线光谱 [47,48]。

2003 年 Genzel 等在银河系中心黑洞 Sgr A* 的两次近红外耀变中观测到了

约 17 分钟的准周期性光变 [49]。2004 年 Aschenbach 等分析了 Sgr A* 于 2000 年和 2002 年两次爆发中的 X 射线耀变的光变数据，在功率密度谱上发现了周期为 ~100s、219s、700s、1150s、2250s 的五个峰 [50]。2006 年 Bélanger 等在 Sgr A* 2004 年 8 月 31 日爆发的 X 射线耀变数据中发现了 22.2 分钟的准周期性通量幅度变化 [51]。2008 年 Espaillat 等分析了活动星系核 3C273 2000 和 2003 年的 X 射线光变曲线，发现了 3300s 的光变信号 [52]。2008 年 Gierlinski 等在活动星系核窄线 Seyfert 1 RE J1034+396 中观测到了约 1 小时周期的 QPO[53]，为恒星级和超大质量黑洞的时变比较研究打开了窗口。

中等质量黑洞也观测到了 QPO。2003 年 Strohmayer 和 Mushotsky 在超亮 X 射线源 M82 X-1 的大于 2 keV X 射线通量中发现了 54 mHz 的 QPO[54]。Strohmayer 等于 2007 年又在超亮 X 射线源 NGC 5408 X-1 的 0.2~10 keV X 射线通量中发现了 20mHz 的 QPO[55]。Strohmayer 和 Mushotsky 于 2009 年分析了 NGC 5408 X-1 2008 年 1 月的观测数据，在大于 1keV 的通量中发现了强烈的 10mHz QPO，并发现 NGC 5408 X-1 的谱与时变的强烈相关性与黑洞双星非常相似 [56]。

我们将在第 5 章介绍吸积盘中的环向电流产生大尺度磁场，以及通过磁重联在不同尺度的黑洞系统中产生 QPO 的模型。

4.3　黑洞吸积盘的铁线展宽

黑洞天体物理的发展与 X 射线天文学的发展紧密相关，黑洞吸积盘的特征辐射是 X 射线辐射。下面简要地回顾一下 X 射线天文学的发展。

1946 年美国海军研究实验室应用第二次世界大战后从德国俘获的 V-2 火箭开始了太阳的短波辐射的研究，并于 1948 年第一次确切测量到太阳 X 射线，从而揭开了 X 射线天文学的序幕。1962 年人们开始用火箭探索天体的 X 射线辐射。当时发现了第一个宇宙 X 射线源和弥漫宇宙的 X 射线背景。后来发射了一些 X 射线卫星，限于观测太阳的 X 射线。1971 年 "自由号" 卫星的发射被公认为 X 射线天文发展的一个里程碑。它是第一个能长久地在大气层外稳定工作的 X 射线天文卫星。它发现了一批 X 射线源，尤其突出的是 X 射线脉冲星。

20 世纪 70 年代是 X 射线观测的兴旺时期。其标志是发射了能在太空长期工作的 X 射线天文卫星，使得 X 射线天体物理的成果源源不断。1978 年 HEAO-II 卫星 (或 "爱因斯坦天文台") 投入工作，这是第一个具有 X 射线聚焦系统的天文设备，具备前所未有的灵敏度和成像能力。它发现了上千个 X 射线源，提供了当时最重要的实测 X 射线天文资料。这是 X 射线天文学发展的第二个里程碑。

20 世纪 80 年代，欧洲、日本及俄罗斯空间局继续发射 X 射线卫星。在这 10 年中发射了 EXOSAT、Ginga 等卫星，主要是为了深入研究已有的观测现象。与以前相比 Ginga 卫星的观测精度有较大的提高,观测到了吸收线和发射线。

1990 年发射的 ROSAT 天文卫星巡天探测到十万个 X 射线源,1993 年发射的 ASCA 是第一颗 0.5~10keV 内具有中等分辨率的观测卫星,它在恒星冕、星际介质弥散以及 γ 射线暴等方面都有重要贡献。1995 年 Tanaka 和 Fabian 等发现,清晰观测到 Seyfert 1 星系 MCG-6-30-15 的极宽铁线可以用拖瓦西黑洞周围的吸积盘来解释[57]。1995 年发射的 RXTE 具有灵敏的时间分辨率,大大促进了对 X 射线光变、谱态和 QPO 的研究。1999 年发射的 Chandra 和 XMM-Newton 卫星在成像的灵敏度上提高了一个量级,已经使我们在X 射线天文学探索上,尤其是黑洞周围的时空性质方面,有了令人激动的突破。

进入 21 世纪后,多波段 (射电、红外、可见光及 X 射线等) 观测、偏振观测以及引力波探测技术都逐渐发展起来,可以预计黑洞天体物理学将会出现前所未有的全面发展。

对黑洞周围强引力场及周围物质状态的检验是 X 射线天文学备受瞩目的问题。其中有两个现象为天文学家提供了深入研究吸积盘内区的探针:一个探针是 4.2 节讨论的高频 QPO,另一个探针是极宽铁 Kα 线[18]。如果吸积物质的角速度可以用开普勒频率来描述,那么 40~450Hz 的高频 QPO 将会深入恒星级黑洞的最内稳定圆轨道,甚至可以成为测量黑洞自转的一种手段;但目前关于 QPO 的模型还没有统一的认识,所以这根探针还有待进一步的研究。相比之下,发射线的展宽机制早已得到共识,因此目前铁线是探测吸积流状态及黑洞周围时空性质的最有力工具。高频 QPO 和极宽铁线或许是罗塞达石碑 (Rosetta stone) 上的两种语言,解开其中一种,另一个也就迎刃而解了[58]。

4.3.1 黑洞系统铁线展宽的观测证据

X 射线卫星 ASCA 对 Seyfert 1 星系 MCG-6-30-15 的观测发现了极宽的铁线,并显示黑洞有可能是转动的[57,59]。因此,当 XMM-Newton 上天后,MCG-6-30-15 就成为主要的观测对象。第一次观测正好赶上 MCG-6-30-15 处于延长的 X 射线较低的 "deep minimum" 态[60]。由于 XMM-Newton 的接收面积大、X 射线 CCD 的谱分辨率高,所以对铁线的研究能够比以前细致得多。在对这次观测数据的处理中发现了一个非常有意思的结果,它有可能说明我们正在目睹黑洞旋转能转移到盘上的过程。

2001 年 Wilms 等对这次观测的数据进行了处理,他们集中讨论~6keV 的铁 Kα 线以及关联的反射连续谱。在考虑星际吸收和 MCG-6-30-15 自身的吸收对幂律谱的修正后,在 3~7keV 出现了鼓包,这个鼓包有可能是以极宽的铁线为主,但这么大的宽度不可能不包括盘的反射,所以在他们拟合这个鼓包时,铁线以及反射连续谱的相对论展宽都被考虑在内[61]。在拟合中有一个描述反射通量径向分布的

参量 α, 即发射率指数。Wilms 等假定反射通量在吸积盘的径向分布为 $r^{-\alpha}$, 然后进行数据拟合。结果他们发现, 要得到好的拟合, α 的取值就要求很高, $\alpha = 4.3 \sim 5$。按照标准盘模型, 盘的局部辐射通量在 $\sim 1.6 r_g$ 处达到峰值, 然后随半径逐渐衰减, 最后趋于 r^{-3}。如果假定反射强度的大小正比于盘的辐射通量, 那么标准盘模型产生的 α 远低于拟合的要求。可见高发射率指数说明反射的分布非常集中。

   假定反射强度的大小正比于盘的局部辐射通量或局部能量耗散功率的条件是: 盘的电离度与半径无关, 而一般情况下盘内区的电离度较高, 产生的铁线信号较弱, 因此实际上能量耗散沿径向的衰减应当更快, 即相对于铁线发射, 能量耗散应当更集中于盘内区。

   不只在 MCG-6-30-15 这样的超大质量黑洞系统中, 在黑洞双星或黑洞候选体中也观测到类似的结果, 如 GX 339-4、XTE J1650-500[62,16]。那么如何解释这种辐射高度集中的问题呢? 显然, 如果盘内区有足够的额外能量来源, 就可以很容易地解释这个问题。MC 过程能够将黑洞的旋转能提取出来并转移到吸积盘内区, 因此成为解释黑洞系统高发射率指数的非常有效的机制。

4.3.2   黑洞系统铁线展宽的 MC 模型

   Li 首先利用 MC 过程解释了 MCG-6-30-15 的铁线展宽, 由黑洞转移到吸积盘内区的角动量通量的表达式为 (4.5) 式 [63,1]。文献 [63] 进一步假设 MC 过程的角动量通量随盘半径的变化满足以下幂率关系:

$$H_{\mathrm{MC}} = \begin{cases} A r^n, & r_{\mathrm{ms}} < r < r_{\mathrm{b}} \\ 0, & r > r_{\mathrm{b}} \end{cases} \tag{4.34}$$

其中 A 为常数, 指数 n 的变化范围是 $-9 \leqslant n \leqslant 1$, r_{b} 是 MC 区域的外边界半径。在无吸积条件下, 吸积盘辐射通量的表达式 (4.10) 改写为

$$F = \frac{1}{r} \left(-\frac{\mathrm{d}\Omega_{\mathrm{D}}}{\mathrm{d}r} \right) \left(E^\dagger - \Omega_{\mathrm{D}} L^\dagger \right)^{-2} \int_{r_{\mathrm{ms}}}^{r} \left(E^\dagger - \Omega_{\mathrm{D}} L^\dagger \right) H_{\mathrm{MC}} r \, \mathrm{d}r \tag{4.35}$$

结合 (4.34) 和 (4.35) 式得到

$$F = \frac{A}{r} \left(-\frac{\mathrm{d}\Omega_{\mathrm{D}}}{\mathrm{d}r} \right) \left(E^\dagger - \Omega_{\mathrm{D}} L^\dagger \right)^{-2} \int_{r_{\mathrm{ms}}}^{\min(r, r_{\mathrm{b}})} \left(E^\dagger - \Omega_{\mathrm{D}} L^\dagger \right) r^{n+1} \, \mathrm{d}r \tag{4.36}$$

如果辐射通量随盘半径的变化满足 $F \propto r^{-\alpha}$, 则发射率指数可以表示为

$$\alpha \equiv -\frac{\mathrm{d} \ln F}{\mathrm{d} \ln r} \tag{4.37}$$

结合 (4.36) 和 (4.37) 式得到辐射通量的对数 $\lg F$ 和发射率指数 α 随 $\lg(r/M_{\mathrm{H}})$ 变化的曲线, 分别如图 4.13 和图 4.14 所示。

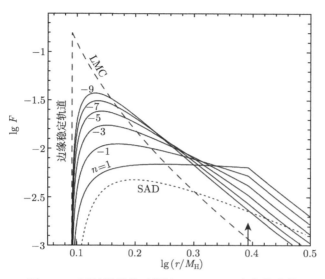

图 4.13 辐射通量的对数随 $\lg(r/M_{\mathrm{H}})$ 变化的曲线

其中黑洞自转为 $a_* = 0.998$, 磁耦合区域内外边界半径分别为 $r = r_{\mathrm{ms}}$ 和 $r = r_{\mathrm{b}} = 2r_{\mathrm{ms}}$, 其中 r_{b} 由向上箭头标注。对应于参数 n 从 1 减小到 -9, 辐射通量的斜率变得越来越陡。长虚线代表极限磁耦合 (LMC) 的情况, 短虚线代表标准吸积盘 (SAD) 的情况

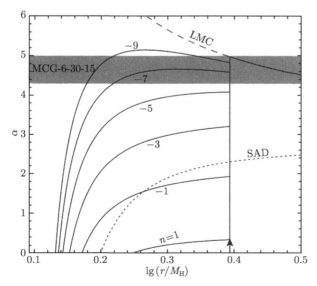

图 4.14 发射率指数 $\alpha \equiv -\mathrm{d}\ln F/\mathrm{d}\ln r$(对应于参数 n 的不同取值) 随 $\lg(r/M_{\mathrm{H}})$ 变化的曲线

图中的阴影区代表由 XMM-Newton 天文卫星的观测所推断的 Seyfert 1 星系 MCG-6-30-15 的发射率指数。长虚线代表 LMC 的情况, 短虚线代表 SAD 的情况

由图 4.13 和图 4.14 可以看出，SAD 不能解释 XMM-Newton 天文卫星的观测所要求的高发射率指数，而 MC 机制把黑洞旋转能量和角动量转移到吸积盘内区，成功地解释了观测所要求的高发射率指数 (对应于 $n = -7$)。文献 [63] 对观测所要求的高发射率指数的解释建立在 (4.34) 式基础上，其中角动量通量随盘半径的变化规律中的系数 A 和 MC 区域的外边界半径 $r_{\rm b}$ 是人为给出的；另外 (4.34) 式与黑洞自转无关，而且文献 [63] 在无吸积框架中讨论 MC 过程，这也是不合理的。实际上 MC 过程是通过大尺度磁场提取黑洞的旋转能量的，因此必定与黑洞自转密切相关，而且黑洞视界面的磁场需要吸积盘维持。

为了改进文献 [63] 的上述不足，Wang, Lei 和 Ma 把 MC 过程转移角动量通量表示为 [64]

$$
H\left(a_*;\xi,n\right)/H_0 = \begin{cases} A\left(a_*,\xi\right)\xi^{-n}, & 1 < \xi < \xi_{\rm out} \\[2mm] 0, & \xi > \xi_{\rm out} \end{cases} \tag{4.38}
$$

其中 $H_0 = \left\langle B_{\rm H}^2 \right\rangle M = 1.48 \times 10^{21} \times B_4^2 M_8 {\rm g \cdot s^{-2}}, \xi \equiv r/r_{\rm ms}, \xi_{\rm out} \equiv r_{\rm out}/r_{\rm ms},$

$$
\begin{cases} A\left(a_*,\xi\right) = \dfrac{a_*\left(1-\beta\right)\left(1+q\right)}{2\pi\chi_{\rm ms}^2\left[2\csc^2\theta - \left(1-q\right)\right]} F_A\left(a_*,\xi\right) \\[4mm] F_{\rm A}\left(a_*,\xi\right) = \dfrac{\sqrt{1 + a_*^2\chi_{\rm ms}^{-4}\xi^{-2} + 2a_*^2\chi_{\rm ms}^{-6}\xi^{-3}}}{\sqrt{\left(1 + a_*^2\chi_{\rm ms}^{-4} + 2a_*^2\chi_{\rm ms}^{-6}\right)\left(1 - 2\chi_{\rm ms}^{-2}\xi^{-1} + a_*^2\chi_{\rm ms}^{-4}\xi^{-2}\right)}} \end{cases} \tag{4.39}
$$

(4.39) 式中参数 q 仍然是黑洞自转的函数，$q \equiv \sqrt{1-a_*^2}$。与 (4.34) 式相比，(4.39) 式中的比例系数 $A\left(a_*,\xi\right)$ 不是常数，它与黑洞自转和盘半径密切相关。文献 [64] 采用 (4.10) 式计算盘辐射

$$
F = F_{\rm DA} + F_{\rm MC} \tag{4.40}
$$

其中 $F_{\rm DA}$ 和 $F_{\rm MC}$ 分别是吸积过程和 MC 过程的贡献。结合 (4.10)，(4.37)~(4.40) 诸式，得到发射率指数 α 随 $\lg\left(r/M_{\rm H}\right)$ 变化的曲线如图 4.15 所示。

由图 4.15 可知，考虑到吸积和 MC 贡献的吸积盘也能够很好地拟合 XMM-Newton 天文卫星的观测所推断的 Seyfert 1 星系 MCG-6-30-15 的高发射率指数。

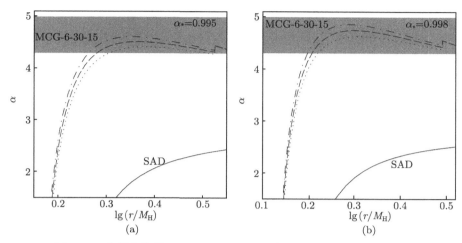

图 4.15 发射率指数 $\alpha \equiv -\mathrm{d}\ln F/\mathrm{d}\ln r$ 随 $\lg(r/M_\mathrm{H})$ 变化的曲线

$\xi_\mathrm{out}=2.5$，子图 (a) 和 (b) 分别对应于 $a_*=0.995$ 和 0.998；图中点线、虚线和点虚线分别对应于参数 $n=$ 6，7 和 8；实线对应于 SAD 的发射率指数；阴影区代表由 XMM-Newton 天文卫星的观测所推断的 Seyfert 1 星系 MCG-6-30-15 的发射率指数

4.3.3 MC 过程对黑洞吸积盘铁线展宽的影响

在 4.3.2 节中我们讨论了 MC 过程导致吸积盘内区极高发射率指数的产生。以下我们将详细介绍发射线的产生、谱线轮廓的形成及计算方法，并讨论 MC 过程对发射线的影响。

在讨论黑洞吸积盘产生的发射线时，涉及盘对 X 射线的反射，而对反射起主要作用的其实只是盘表面的一个薄层[65]。通常把这层厚度为几个 Thomson 深度的物质称为盘大气[60]，(一个 Thomson 深度等于电子散射光深为 1 的厚度)。反射连续谱以及发射线等都由盘大气产生。近似假定盘大气是在 X 射线源照耀下的密度均匀的半无限大平板，其中氢、氦充分电离而其他元素保持中性。照射到盘上的 X 射线可能被电离氢、氦所产生的自由电子或其他元素原子的外层束缚电子散射，如果光子能量大于某种束缚电子的电离能，则光子也有可能被光电吸收。由于动量守恒的要求，光电吸收截面最大的是 K 壳层电子。光致电离之后，有两种可能的退激发方式，它们都以 L 壳层电子跃迁为开始。第一种方式，跃迁释放的能量以 Kα 发射线的形式辐射出去，即发射荧光光子；第二种方式，能量通过其他 L 壳层的电子的发射被带走，即自电离或俄歇效应。离子通过第一种方式退激发的概率称为荧光产额。

假定大气按宇宙元素丰度 (或太阳丰度) 构成，入射 X 射线光谱的情况可以根据蒙特卡罗 (Monte Carlo) 模拟得到盘的反射谱。软 X 射线能段，盘的反照率非常低，这是由于盘内原子的光电吸收。但是，由于光电吸收截面反比于光子频率的立方，因此在硬 X 射线能段，光电吸收变得不重要，大部分入射 X 射线光子都被盘通过康普顿散射反射回去。荧光线中最重要的是铁 6.4keV 的 Kα 线，这是由于 Fe 的丰度和荧光产额都非常大。

正如光学谱线在决定天体的物理状态有着连续谱不能替代的作用，在 X 射线天体物理学中 X 射线谱线是研究发射区物理状态和性质的重要手段。发射线的展宽机制有很多，但是在黑洞的强引力场内影响最显著的机制只有两个：多普勒展宽和引力红移。在黑洞的强引力场中，吸积盘内物质的环向速度可达 $10^4 \sim 10^5$ km/s，因此盘物质在向着观测者与远离观测者时产生的多普勒展宽远大于其热运动 (10^6K 时热运动的平均速度约 100km/s) 产生的多普勒展宽。同时，强引力场还会导致光线弯曲和红移，这些对谱线也能产生重要影响。因此谱线的轮廓为我们研究黑洞周围强引力场性质提供了重要线索。

图 4.16 说明强引力场下发射线轮廓及成因[66]。(a) 图是在牛顿理论框架下，考

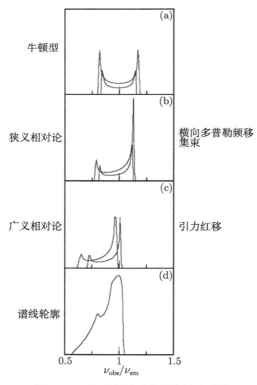

图 4.16　强引力场下发射线轮廓[66]

虑多普勒效应得到的两个半径处的谱线。由于退行和靠近，谱线会有对称的两个峰值。半径较小处物质的运动速度较大，频移较大，谱线较宽。如果考虑狭义相对论，则由于多普勒频移和相对论电子辐射的集束效应，对称性被破坏。再考虑引力红移效应，我们就可以得到盘上某个半径处的环所产生的铁线轮廓。如果半径足够小，铁线的蓝端甚至也能比发射频率低。再将所有半径产生的发射线叠加起来就可以得到铁线轮廓。

在 4.1 节中我们讨论了 MC 过程对盘局部热辐射通量的影响，如果假定铁线发射的强度正比于盘的热辐射，则我们可以讨论 MC 过程对铁线的影响。图 4.17给出了 MC 过程对发射线的影响。从图 4.17(a) 可以看到发射线变窄，这是由于在黑洞自转很慢时，能量要由盘转移给黑洞，所以内区铁线发射大大减弱，铁线发射区外移。从图 4.17(b) 可以看到在黑洞自转较快的情况下，铁线的宽度没什么变化，但是红端的强度增加。这是由于 MC 过程对铁线发射区的范围没有影响，所以铁线的宽度没有变化。但是内区的发射强度在 MC 过程的作用下大大加强，所以红端强度增加。

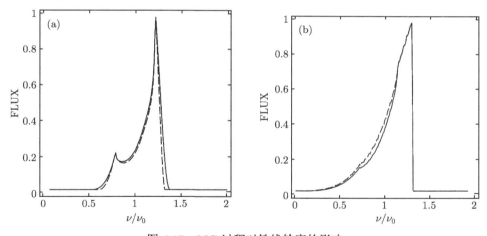

图 4.17　MC 过程对铁线轮廓的影响

倾角 $i = 75°$；实线为标准盘的发射线，虚线为 MC 过程影响后的结果。(a) $a_* = 0.1$；(b) $a_* = 0.998$[67]

此外，我们还绘出了 MC 过程影响下的黑洞吸积盘的像，如图 4.18 所示。

根据图 4.18 可知，MC 过程对盘辐射有很重要的影响。图 4.18(a) 与 (c) 对应于黑洞自转很小的情况，比较这两种情况可知，MC 过程把能量由盘内区转移到黑洞，从而导致辐射暗环变大；图 4.18(b) 与 (d) 对应于黑洞自转很大的情况，比较这两种情况可知，由于 MC 过程把能量由黑洞转移到盘内区，从而导致辐射亮斑变大。

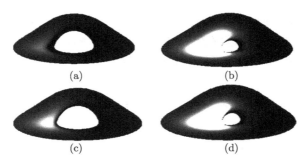

图 4.18   MC 过程对吸积盘成像的影响

(a), (b) 有 MC 过程的吸积盘；(c), (d) 无 MC 过程的 SAD；(a), (c) $a_* = 0.1$；(b), (d) $a_* = 0.998$

4.4   黑洞双星的谱态

广义相对论证明，电子简并压力和中子简并压力不可能抵抗质量大于 3 倍太阳质量的大质量恒星铁核心坍缩为黑洞。如果假设所有恒星的初始质量是太阳质量的 10 倍，则银河系可能有一亿个恒星级质量的黑洞[68]。恒星级黑洞存在的最有力的证据来自对 X 射线双星系统的观测。第一个黑洞双星的候选体是天鹅 X-1(Cygnus X-1)。对这个吸积天体本质的认识曾使两位科学家，索恩 (Kip Thorne) 和霍金 (Stephen Hawking) 设定赌局。1990 年霍金认输，承认这个源中包含一个恒星级黑洞。此后，天文学家在银河系和银河系之外发现几百个 X 射线双星，其中有几十个被认为是很好的黑洞 X 射线双星[17,18]。进入 21 世纪以来，天文学家在 X 射线、射电和红外波段对这些天体进行观测，取得不少有意义的发现，如图 4.19 所示。

图 4.19   低质量黑洞 X 射线双星的艺术图

双星的主要组成包含吸积流和外流[69]

由图 4.19 可知，黑洞双星由黑洞和伴星组成，伴星向黑洞转移物质，由于伴星物质的角动量很大，物质流不能直接吸积到黑洞，而是形成吸积盘。外流由喷流和盘风组成，其中喷流具有很好的准直性，位于吸积盘中心部分，而盘风的准直性较差，位于吸积盘的外部。本节着重讨论黑洞双星谱态演化的问题。

4.4.1 谱态的分类及演化

天文观测表明，黑洞双星的光度和谱形并非稳定不变的，而是存在宁静和爆发两种状态。在黑洞双星的爆发态中不仅有 X 射线的光度变化，还有外流形态的变化[69,70]。目前科学界对黑洞双星谱态的演化机制尚未取得共识，普遍认为这些谱态可分为两大类：硬态和软态。观测表明，处于硬态的黑洞双星有稳定的喷流，而处于软态的黑洞双星观测不到喷流，却可以观测到盘风。硬态的吸积率比较低，因而 X 射线光度比软态要低一些；另一方面，硬态的谱比较硬，而软态的谱比较软。所以有时候把硬态称为低硬态，把软态称为高软态。

观测表明，黑洞双星在爆发时总是从低硬态开始，随着光度增加，谱慢慢变软，形成高软态。理解这些谱态演化的物理本质是黑洞天体物理的重要问题[69,70]。尽管黑洞双星爆发 (包括同一个源的多次爆发) 的细致形态及演化进程各不相同，但过去 10 多年中，天文学家在大量观测数据的基础上进行分析、归纳与总结，得到适用于所有黑洞双星爆发的整体演化轮廓，如图 4.20 和图 4.21 所示，其中图 4.21 是图 4.20 的改进版本[69,70]。

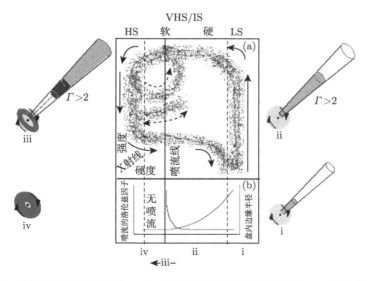

图 4.20　(a) 黑洞双星演化的 HID；(b) 黑洞双星喷流的洛伦兹因子，从左到右分别对应于 "软态" "中间态/射电耀发态" 和 "硬态"[69]

　　可以看到图 4.20 和图 4.21 分上、下两个部分，图 4.20(a) 图勾画出黑洞双星谱态演化的轮廓，称为 "硬度-强度图"(hardness-intensity diagram)，简称 HID。图 4.20(a) 的横坐标代表谱的硬度，在 HID 中的硬度实际上是硬度比，定义为 6.3~10.5 keV 能段的计数率除以 3.8~6.3 keV 能段的计数率。(b) 图勾画出黑洞双星吸积盘和喷流的洛伦兹因子或不同的几何形态。这些图建立在 GX 339-4，GS 1915+105 等黑洞双星的大量观测数据的基础上，首先是由 Fender, Belloni 和 Gallo 于 2004 年总结出来的 [69]。

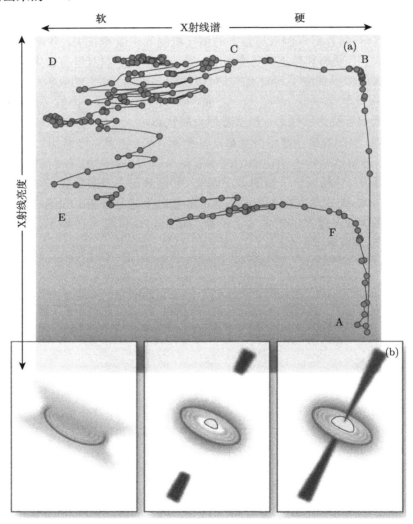

图 4.21　(a) 黑洞双星演化的 HID；(b) 黑洞双星的几何形态，从左到右分别对应于 "软态"、"中间态/射电耀发态" 和 "硬态"[70]

下面我们根据图 4.21(a) 标注的路径 (A→B→C→D→E→F→A) 描述黑洞双星态转变的基本轮廓 [70,71]。

(1) 爆发进入硬态阶段 (A→B)：此阶段中吸积率突然增大，谱通常比较硬并可以观测到稳定的喷流。

(2) 由硬态向软态转变阶段 (B→C→D)：X 射线光度达到峰值光度后，谱以一种无序的方式开始变软，通常可以观测到暂态间歇性喷流。

(3) 软态阶段 (D→E)：此阶段黑洞双星保持软态，但是光度逐渐减小，观测不到喷流，但观测到盘风。

(4) 收尾阶段 (E→F→A)：在较低光度下系统的谱由变硬到喷流重新出现，最后回到宁静态。

黑洞双星态转变的特征可以概括如下：

(1) 在整个爆发过程中，谱态转变在 HID 中的轨迹总是逆时针的：爆发总是从 HID 的右下角的宁静态开始，硬度不变，光度增加；然后在高光度谱开始变软，维持在软态的光度逐渐减小，最后在低光度回到硬态，再回到宁静态。

(2) 喷流与谱硬度正相关，盘风与谱的硬度反相关，因而盘风与喷流也是反相关的。

4.4.2 黑洞双星谱态演化模型

数十年来，许多研究者为探索黑洞双星的谱态演化做了大量工作，但是目前尚未取得共识。1997 年，Esin, McClintock 和 Narayan 结合吸积率和吸积模式的变化提出一种解释黑洞双星的谱态演化方案，如图 4.22 所示 [72]。

由图 4.22 可以看到，吸积盘的内边缘半径，随着吸积率增大而减小，即越来越接近黑洞，这意味着吸积物质的势能转化为辐射能的效率越来越高。

Fender 和 Belloni 根据黑洞双星的质量转移率和吸积率的关系，对谱态转变的特征给予如下解释 [70]：

初始阶段：伴星到主星 (黑洞) 的质量转移率大于盘到中心黑洞的吸积率，随着盘质量增加，盘温缓慢增加，直到达到临界温度约 4000 K，氢原子开始电离。此刻黏滞显著变大，导致角动量更有效地向外转移，质量更有效地向内转移。高质量吸积率导致明亮的 X 射线源。**中间阶段**：一旦质量吸积率大于质量转移率，黑洞吸积盘的质量便开始减小，此时吸积盘再次开始冷却。

文献 [70] 和 [72] 虽然在一定程度上解释了黑洞双星谱态光度的变化，但是未能解释黑洞双星爆发在 HID 的逆时针轨迹，也不能解释喷流和盘风与谱态的正相关或反相关。

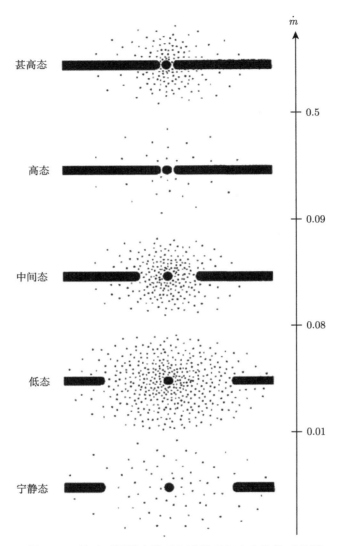

图 4.22   处于不同谱态的吸积流随吸积率变化的示意图

其中 $\dot{m}$ 代表以爱丁顿吸积率为单位的吸积率，水平实线代表薄盘，圆点集合代表 ADAF。随着吸积率 $\dot{m}$
由下至上增大，谱态由宁静态依次演化到低态、中间态、高态和甚高态 [72]

　　上述模型的缺点是把吸积率作为影响黑洞双星谱态演化的唯一参数。2005 年，
Spruit 和 Uzdensky 建议，通过吸积向内转移的大尺度磁场可能是影响黑洞双星谱
态演化的第二参数，Spruit 和 Uzdensky 指出，磁扩散可能阻碍大尺度磁场向内转
移，为了有效地转移大尺度磁场，他们提出一种补丁磁场模型，如图 4.23 所示 [73]。

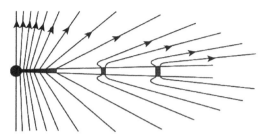

图 4.23　具有补丁磁场的吸积盘

灰色方块代表聚集大尺度开放磁场的补丁

引入补丁磁场基于如下理由:

(1) 补丁磁场能够减少磁场在吸积盘中向外扩散;

(2) 通过补丁磁场能够有效地丢失角动量,从而有利于磁场向内转移;

(3) 补丁磁场的吸积时标与黑洞双星态转变的时标大体一致,有利于解释态转变;

(4) 能有效地通过 BP 机制驱动喷流,并通过提取吸积盘的能量降低盘光度,有利于解释低硬态的谱形;

(5) 补丁磁场占据盘面积很小,对整个吸积盘冕系统内光子的出射以及光子与电子的散射过程的影响很小;

(6) 大尺度补丁磁场在刚开始时彼此分布比较分散,能够稳定驱动喷流,对应稳态喷流,当大尺度磁场被吸积到吸积盘内区时,各个补丁磁场之间靠得很近,导致磁重联,有利于解释中间态间歇性喷流的产生。

虽然采用 BZ 或 BP 机制,结合大尺度磁场可以解释黑洞双星硬态的喷流产生,但是在吸积过程中磁场是如何形成和演化的,以及磁场怎样与硬态成协等仍然是有待解决的问题。许多研究者在这方面作了有益的探索。我们将在第 5 章讨论这些问题。

4.5　活动星系核的吸积与喷流

活动星系是星系的一种特殊类型,其在极小的区域内 (pc 尺度) 产生了万倍于普通星系的极高光度 (可达 10^{48}erg·s^{-1}) 和剧烈的活动现象,如光变、高能辐射、相对论性物质粒子的抛射等,这些剧烈的活动发生在星系核心区域,因此这类星系也叫活动星系核。活动星系核是研究极端物理条件下诸多物理规律的理想实验室,也是研究星系形成和演化的重要手段。自 20 世纪 60 年代初发现类星体以来该领域一直是众多天文学家探讨研究的重点和热点之一。

4.5.1   活动星系核的特征、分类与统一模型

20 世纪 60 年代, 射电天文学取得了长足的发展, 许多强烈的射电源在河外星系中被发现。由于射电望远镜的空间分辨率较低, 这些射电源的光学对应体没有很好地证认, 人们也不清楚这类射电源对应何种天体。1963 年, Hazard 等 [74] 利用月掩射电源的机会, 通过澳大利亚 Parkes 64 米射电望远镜精确测定了射电源 3C 273 的位置, 发现其光学对应体为一个恒星状天体 (取名 "类星体", 如图 4.24 所示), 特别是其光谱中含有较强的发射线。Schmidt 等进一步观测了该源的光谱, 认为发射线应该是氢的巴尔末线系, 其红移为 $z = 0.158$[75]。类星体的颜色很蓝。此后, 很多天文学家都致力于利用光学手段寻找射电源对应的类星体, 并逐步发现了一批红移在 0.1~2 的源。在光学观测中, 后来发现很多类星体没有非常强的射电辐射, 但其他特征都跟 3C 273 这类的射电源类似。Schmidt 于 1969 年综合了相当数量类星体的观测后, 总结了类星体的主要观测特征: ①光学观测看上去像恒星; ②连续谱光变较强; ③紫外波段流量较大; ④有非常宽的发射线; ⑤有较大红移 [76]。

图 4.24   第一个发现的类星体 3C 273(来源于 Hubble Space Telescope, Wikipedia)

由于观测和认识, 历史上人们对活动星系核的定义较为复杂, 不同类型活动星系诸多观测上的差别并不是本质上的。为了更好地认识这类天体, 下面介绍一下不同类型的活动星系。

1. 塞弗特星系

塞弗特 (Seyfert) 星系是一种低光度活动星系, 跟类星体非常相似, 只是光度稍低, 在近邻宇宙中普遍存在。其主要特征包括: ① 具有明亮且不可分解的核, 由于其光度不像类星体那样高, 所以寄主星系可以被观测到, 一般为旋涡星系; ② 光谱中含有大量高电离的发射线, 其中有几百公里每秒的窄发射线, 也有的星系观测到几千公里甚至上万公里每秒的宽发射线, 利用这些发射线线宽可以将塞弗特星系分成不同的亚型; ③ 光学连续谱中有紫外超现象, 相对于其他星系, 其软 X 射线变化较为明显且部分源中观测到明显的软 X 射线超 (特别是在宽发射线小于

2000 千米每秒的窄线塞弗特 I 星系)。

2. 类星体

类星体(QSO) 是一种高光度的活动星系,光学图像上更为致密,由于核心光度非常大,其寄主星系一般很难观测到,部分近邻的类星体用大型光学望远镜可以分辨其寄主星系。由于其具有较高的光度,即便在很高的红移处也可以被观测到。近 10 年来越来越多的高红移类星体被发现,部分红移可以达到 6∼7 [77]。部分类星体可以观测到喷流现象,这种喷流一般在射电上最为明显,有些喷流也在光学、X 射线等波段上观测到。类星体的发射线、连续谱等很多特性与塞弗特星系类似。

3. 射电星系

星系一般都具有射电辐射,但射电星系(radio galaxy) 辐射更强 (射电辐射光度 $L_R \gtrsim 10^{41} \mathrm{erg \cdot s^{-1}}$),射电星系大多在椭圆星系中发现。从发射线角度来说,一般可以分为宽发射线射电星系和窄发射线射电星系。从射电观测的形态上来说,射电星系又可以分为致密型、双瓣型和头尾型等。其中致密型主要表现在射电辐射像光学辐射那样来自一个非常小的致密区域,而双瓣型则在光学像两边有两个巨大的射电辐射区,其尺度可达几百 kpc 甚至 Mpc 尺度。在双瓣型射电星系中,Fanaroff 和 Riley(1974) 根据射电形态把双瓣型射电星系分成两类 [78],一类是中心亮边缘暗型,即靠近光学中心的射电辐射最强向外逐渐减弱 (定义为 FR I),另一类是中心暗边缘亮型,即外区射电瓣非常亮而靠近光学中心的地方射电很弱 (FR II),如图 4.25 所示。还有一类射电星系表现为单侧射电辐射,即头尾型,这类射电星系在靠近光学像中心的地方射电辐射最强,并有一个射电辐射的尾巴从中心向外延伸。

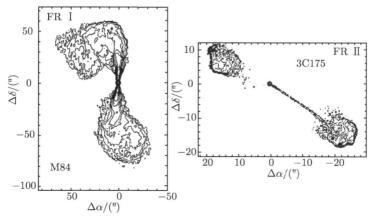

图 4.25 FR I 和 FR II 射电形态

4. 耀变体

一般来说，活动星系核从射电到 X 射线各个波段的连续谱都有一定的光变，然而有一小部分活动星系在各个波段 (从射电到 γ 射线) 都有剧烈的快速光变 (如在光学波段一天内变化可达 0.1 等以上)。这类天体主要包括蝎虎天体 (BL Lac) 和光学巨变体 (optically violent variables)。活动星系核偏振度一般不超过 1%，而耀变体 (Blazar) 的偏振度可以达到百分之几甚至更高，且偏振度随光变而变化。此外，耀变体有非常强的非热辐射谱，其射电辐射一般都非常强，射电谱为平谱或倒转谱 ($F_\nu \propto \nu^{-\alpha}$, $\alpha \lesssim 0.5$)，表明它们的射电辐射都来自致密的核区。这类源的 X 射线和 γ 射线也都非常强，其光学辐射一般没有大蓝包，这和类星体、塞弗特星系等有明显不同。从光学发射线角度，耀变体又可以分为蝎虎天体和平谱射电源 (FSRQ)，前者一般没有或只有很弱的发射线，而后者一般具有非常强且宽的发射线。

5. 低电离核发射线星系

1980 年，Heckman 证认了一批低电离核发射区星系 (LINER)，这类星系中心具有一个低光度的核，光谱中低电离发射线 (如 [O I] λ 6300, [N II] λ 6548, 6583) 一般很强，而高电离线 (如 Ne V) 一般很弱或观测不到 [79]。一般可以利用发射线的特性，将 LINER 同塞弗特星系等区分开来 [80]。

图 4.26 为 BPT 发射线星系诊断图，其中空心圆圈是 H II 区 (发射线主要由恒星激发)，实心圆圈为活动星系核，实心三角形为 LINER[80]。

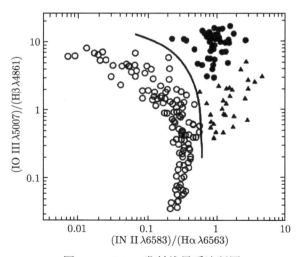

图 4.26   BPT 发射线星系诊断图

6. 其他相关星系

除了上述描述的各种活动星系外, 还有一些跟活动星系核密切相关的几类星系, 其中最常见的两种是星暴星系和极亮红外星系。星暴星系是指恒星处在快速形成阶段的星系, 这类星系颜色偏蓝、具有很强的 H II 区发射线特征以及较强的射电辐射。很多星暴星系具有明亮的核, 与塞弗特星系相似, 但辐射区较大, 能达到 kpc 尺度。很多星系中心也观测到了部分活动星系核的特征, 比如较强的宽发射线等, 目前关于星暴星系和活动星系的具体关系还不清楚, 有些研究认为活动星系可能是由星暴星系演化而来的。随着一批红外卫星的发射 (如 IRAS), 一批红外光度特别强的星系被发现了, 其红外光度比光学光度可以大 10 倍左右, 甚至更大。目前发现大部分的红外极亮星系都是星暴星系, 其中也有相当多的源展现出活动星系的特征。这些红外极亮星系的红外辐射可能主要来自其中大规模的恒星形成或隐藏活动星系核中尘埃环的辐射。两类星系的研究, 将对我们理解星系的形成和演化具有重要意义。

不同类型活动星系核中很多特征是相似的, 后来诸多的研究探讨如何理解这些不同类型星系的相似性与差异性。早在 20 世纪 70 年代, Osterbrock 研究不同宽度发射线 Seyfert 2 星系可能是取向效应导致的, 其中宽发射线被一个尘埃区遮挡住了, 其本质上可能与 Seyfert 1 星系类似[81]。宽线射电星系和窄线射电星系可能与 Seyfert 1 与 Seyfert 2 类似, 都是遮挡效应导致的。1978 年 Blandford 和 Rees 在讨论射电星系时也指出, 光学耀变体可能是对应喷流直接指向我们视线方向导致的, 这些光学耀变体就是射电星系的一类[82]。1995 年 Urry 和 Padovani 对比了不同类型的活动星系核, 根据观测视角效应, 提出了著名的活动星系核统一模型[83], 如图 4.27 所示。

在统一模型中, 星系中心存在一个 $10^6 \sim 10^{10} M_\odot$ 的超大质量黑洞。正是由于该巨型黑洞吸积周围物质释放引力能, 才能在非常小的区域内产生活动星系核所观测到的光度 ($L_{\mathrm{bol}} \approx 10^{40} \sim 10^{48} \mathrm{erg \cdot s^{-1}}$)。

黑洞吸积周围物质会形成吸积盘, 吸积盘产生的黑体谱可以很好地解释活动星系核中观测到的大蓝包, 同时吸积盘上可能存在的晃可以产生高能 X 射线辐射。在吸积盘的垂直方向有可能存在相对论性且准直较好的喷流, 有喷流的活动星系核一般属于射电噪星系, 而没有喷流或喷流较弱的则为射电宁静活动星系。特别是在射电噪星系中, 如果相对论性的喷流方向与我们视线方向夹角很小 (如小于几度), 集束效应导致我们观测到的喷流辐射远大于共动坐标系中喷流的光度 (可以高几千甚至上万倍), 此时我们观测到喷流的辐射可能远大于吸积盘的辐射, 可以看到快速的光变甚至喷流中的高偏振等, 这种情况就对应着观测到的耀变体。

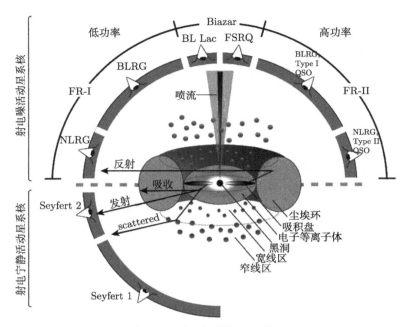

图 4.27　活动星系核统一模型

从不同视角看到不同类型的活动星系 [84]

在距黑洞约 1pc 尺度上, 存在一些气体云, 这些云块被中心吸积盘的光子照射电离产生发射线, 由于绕黑洞做开普勒运动速度可以达到几千或上万公里每秒, 因此我们可以看到很宽的发射线, 我们把这个区域称为宽线区。此外, 在 kpc 尺度也存在一些低速的稀薄气体云块, 这些云块同样被中心电离源电离, 产生发射线, 但距离黑洞较远, 因此速度较低 (几百公里每秒)。我们把这些速度较小的窄发射线区域称作窄线区。在吸积盘外区, 距离中心黑洞约 10pc 尺度还存在一个轴对称的尘埃遮蔽区, 一般我们称为尘埃环, 尘埃环在几何上很厚, 因此当我们从侧面看活动星系时, 中心的宽发射线以及光学连续谱等会被尘埃环遮挡住无法观测到, 这就是很多活动星系核中无法观测到宽发射线的原因。若从轴线或喷流方向看, 则中心的宽线区就可以观测到。尘埃环的辐射主要在近红外波段, 表现为黑体辐射, 此外通过 X 射线波段的吸收也可以很好地探测尘埃环中氢的柱密度。

除了上述所提到的视角效应和有无喷流, 近年观测还发现不同类型的活动星系中存在光度或吸积率的演化效应, 也就是说即使视角效应和喷流相似, 高光度和低光度时活动星系也会有不同的表现, 比如类星体和塞弗特星系。特别是到光度或爱丁顿比率降低到一定临界值时, 吸积盘、宽线区、尘埃环甚至喷流等都发生了截然不同的变化。在低光度活动星系(如 LINER 等) 中, 观测不到类星体和塞弗特星系中的大蓝包, 取而代之的是很多低光度活动星系在红外波段有些超出, 这被认为是中心产生大蓝包的标准吸积盘在低吸积率时演化成了辐射低效的径移主导吸积流 (ADAF, 综述文章见文献 [85])。也许正是中心的高辐射效率标准吸积盘的消失, 导致没有高电离的发射线 (如 LINER), 同时也没有靠近黑洞标准盘表面产生相对论的宽铁线 (综述文章见文献 [86])。此外, 在射电星系中, 如 FR I/FR II 和 BL Lac/FSRQ 的区别也很可能是其中心引擎的吸积模式发生了转变所导致的 [87,88]。

2004 年 Falcke 等在考虑活动星系核统一模型时把吸积率、黑洞质量甚至可能的寄主星系类型这些因素考虑进来, 如图 4.28 所示 [89]。比如塞弗特星系和 LINER 一般出现在旋涡星系中, 高吸积率时表现为塞弗特星系, 低吸积率时表现为 LINER 或低光度活动星系。类星体和射电星系一般出现在椭圆星系中, 高光度时表现为类星体、FRII 和 FSRQ, 而低光度时表现为低光度活动星系、FR I 和 BL Lac。这种以吸积率为参考的分类方法, 跟黑洞双星中的观测类似, 高光度时表现为高软态, 标准吸积盘的黑体辐射很强, 而当光度降低到某一临界值时, 就变成了低硬态甚至宁静态, 其中吸积过程可能变成辐射低效吸积过程了。

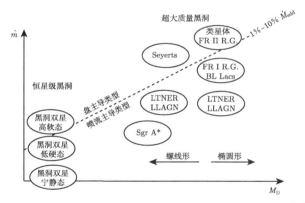

图 4.28　活动星系核与黑洞双星的黑洞质量–吸积率图 [89]

研究活动星系的过程就如同盲人摸象, 随着观测越来越多, 把不同望远镜不同波段观测数据综合起来后逐渐形成了对活动星系核的统一认识。目前的统一模型主要利用观测视角效应统一耀变体、1 型和 2 型星系 (包括类星体、塞弗特星系、射电星系); 利用有无喷流区分了射电噪和射电宁静的各类星系; 利用吸积率不同, 统一了 BL Lac/FSRQ、FR I/FR II、类星体/低光度活动星系等。

4.5.2　活动星系核中吸积与喷流理论模型

不同类型活动星系核中存在不同的吸积过程。从高爱丁顿比率 (热光度与爱丁顿光度的比值) 的窄线塞弗特星系到低光度活动星系核, 可能对应三种吸积过程: 细盘、标准吸积盘和径移主导吸积盘。窄线塞弗特星系中黑洞质量一般偏小

$(10^6 \sim 10^8 M_\odot)$ 且具有较高的爱丁顿比率 (接近或超过 1)，这类星系很可能对应星系形成的早期阶段，黑洞正在快速增长中 [90,91]。对于爱丁顿比率在 $\sim$0.01$\sim$1 的活动星系核，其吸积模式主要为标准吸积盘，比如塞弗特星系、类星体中看到的大蓝包就是标准吸积盘的黑体谱。而对于大多数低光度活动星系，其吸积模式应该是径移主导吸积流。部分光度稍高的源 (如 LINER 等)，可能存在截断盘结构 (即内区为径移主导吸积流，外区为标准盘，如图 4.29 所示)。

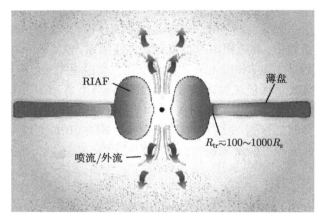

图 4.29　低光度活动星系核的卡通图
其中内区为径移主导吸积流 (有时也称辐射无效吸积流 RIAF)，外区为标准薄盘，同时伴随着外流或盘风[86]

　　不同的吸积过程，X 射线谱显著不同。Wu 和 Gu[92]，Gu 和 Cao[93] 研究了不同尺度黑洞天体的 X 射线谱演化，发现在黑洞双星和活动星系核中，在低爱丁顿比率时，X 射线光子指数与爱丁顿比成反比关系，而在高爱丁顿比率时二者成正比关系，其临界值大约对应热光度爱丁顿比为 1%(图 4.30)，这种正比和反比关系是吸积盘转换的强有力证据，其中在低爱丁顿比率时，吸积模式为 ADAF，其中随着吸积率的变化，电子温度变化不大，但光深变化较大，因此爱丁顿比增大时，光深变大，康普顿散射次数增加，X 射线谱变硬，但在高吸积率的标准盘冕模型时，吸积率增加会导致冕冷却变稀薄，光深变小，因此谱变软。

　　在活动星系中，大约 10% 为射电噪的 (射电噪度 $R > 10$，其中 R 定义为 5GHz 射电辐射流量与 4400Å 光学波段辐射流量的比值)，这部分源大都观测到了相对论性的大尺度喷流。利用上述射电噪度定义，很多低光度活动星系核都是射电噪的 [86]，一个重要原因就是黑洞在低吸积率时，射电辐射会变得略强些，同时也由于标准盘被径移主导吸积流取代，光学辐射会减弱更多，导致噪度变大，但需要指出在低光度活动星系中也仅有一小部分观测到了准直的相对论性喷流。

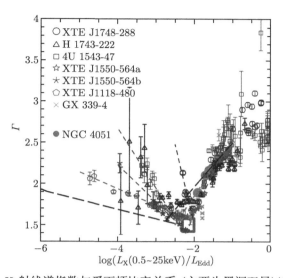

图 4.30　X 射线谱指数与爱丁顿比率关系 (主要为黑洞双星)(后附彩图)

其中长虚线为其他文章中活动星系核的最佳拟合, 其中一个变化剧烈的 AGN-NGC 4051 遵从正相关的谱指数关系也放入其中 [92]

目前关于喷流的形成机制是天体物理的前沿问题, 吸积模式(如径移主导吸积流)、黑洞自转、大尺度磁场和黑洞质量等因素中的一个或几个对相对论性喷流的形成可能起到了关键作用。相对于天体物理研究的其他领域 (如 γ 射线暴、黑洞双星等), 活动星系核在研究喷流的形成方面具有特殊的优势, 主要表现在黑洞角分辨率相对最高 (如银河系和 M87 星系中心黑洞)、多波段数据最为丰富和样本丰富等。由于活动星系核样本较大, 因此喷流形成环境可能比黑洞双星更为复杂, 目前不同光度 (或吸积率)、不同星系类型都观测到了喷流现象, 利用这些超大质量黑洞天体的观测现象结合黑洞双星的观测将可以加深我们对喷流物理的理解。

射电噪活动星系核中喷流的形成机制还不是非常清楚, 目前的观测似乎支持多种因素共同导致了相对论性喷流的形成。重要的因素之一是黑洞自转, 在黑洞双星间歇性喷流研究中似乎有初步的证据支持这个说法 [94]。进一步的证据来自对 FR I 射电星系的研究。

Wu 等基于混合喷流形成模型, 计算了在 ADAF 模式下喷流的形成效率 $(\eta = P_{\text{jet}}/\dot{M}c^2)$, 发现随着黑洞自转的增加, 喷流功率将迅速变大, 该结果与磁流体数值模拟得到的喷流效率基本吻合 (图 4.31(a))。然后, 利用 FR I 喷流的低频射电辐射计算了喷流功率, 结合核心的 X 射线辐射及观测限定的黑洞质量, 就可以同时限定黑洞吸积率和黑洞自转, 即利用 X 射线辐射和喷流功率和吸积–喷流模型来限定两个物理参数 —— 黑洞吸积率和黑洞自转, 发现这些射电星系中的黑洞都是高速自旋的，其无量纲自转参数 $a_* > 0.9$[95]。这个结论和传统的观点较为一致，即黑洞自转可能在喷流形成中起到了重要作用。Wu 和 Cao 还发现 FR I 和 FR II 射电形态二分现象基本可以用吸积模式的转换 (即热光度与爱丁顿比大约为 1%) 和高速转动的黑洞 ($a_* = 0.9 \sim 0.99$) 来解释[87,96]。

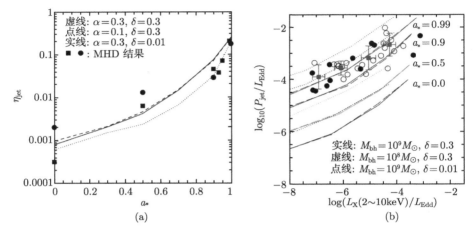

图 4.31　(a) 为混合喷流模型喷流形成效率，计算主要基于旋转黑洞周围的 ADAF，其中虚线、点线和实线分别表示不同的黏滞系数 α 与黏滞产热直接加热电子的比例 δ，实心方框和圆圈为两个组的数值模拟结果；(b) 为喷流功率和 X 射线光度关系图 (以爱丁顿光度作为归一化，不同源之间受黑洞质量影响较小)，其中空心圆和实心圆分别是不同手段得到的 FR I 喷流功率，实心方块为 FR I 源的平均值，点线、虚线和实线分别表示不同参数下理论模型预言，可以发现在可能的参数空间范围内，FR I 的黑洞自转参数 $a_* > 0.9$[95]

　　然而，在同一个黑洞双星中，喷流在高软态时变弱或消失，由于在一次爆发过程中黑洞自转几乎不会变化，因此其他过程对喷流的形成也起到了某种作用，具体是哪种因素目前并不十分清楚。由于黑洞双星在高软态时射电辐射较弱，无法很好地研究喷流物理，而在超大质量的活动星系核中即使是射电宁静的类星体，其射电辐射一般也还是较强的，Wu 等利用相似黑洞质量的活动星系核来模拟单个黑洞的演化，研究发现无论是射电宁静还是射电噪的活动星系核 (图 4.32)，其射电辐射或喷流的强弱可能与热等离子体的多少密切相关，其中热等离子体可能来自径移主导吸积流或标准盘上的冕[96]。在黑洞双星中，当爆发进入高软态后，大部分热等离子体被冷却到冷盘上或被较强的辐射压吹走，从而导致热等离子体变少，因而喷流减弱或消失，这里热等离子体可能在喷流的物质供给或大尺度磁场维持方面起到重要作用。将来在黑洞自转观测限定和磁流体数值模拟方面的研究将会加深我们对喷流形成过程的理解。

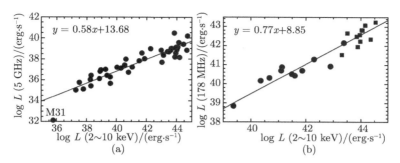

图 4.32　(a) 为射电宁静活动星系核中的射电辐射与 X 射线辐射关系，除了 M31 外，无论高光度的类星体还是近邻低光度活动星系似乎都遵从类似黑洞双星中发现的 L_R 正比 $L_X^{0.6}$ 关系；(b) 是射电噪 FR I 与 FR II 的射电辐射-X 射线辐射关系，为了减少喷流极束效应的影响，选择了喷流外区 151MHz 的低频射电辐射 [96]

　　随着观测分辨率的提高，越来越有可能看到黑洞视界附近的吸积和喷流过程。M87 是距离地球最近的活动星系之一 (大约 16.7Mpc)，其中心黑洞质量大约为 $(3{\sim}6){\times}10^9 M_\odot$，由于其近距离和巨大的黑洞质量，M87 的黑洞视界的张角约为 8 个微角秒，未来几年亚毫米波阵将有可能达到这样的角分辨率。因此，M87 是一个研究喷流物理极佳的天体。利用目前的射电干涉望远镜 (VLBA) 结合亚毫米望远镜研究发现，M87 中的喷流在 $10^5 r_S$ 以内是双曲线型，而在这个范围之外喷流呈锥形 (图 4.33)，这种构型意味着喷流在形成处是坡印亭能流主导，这种磁场能逐

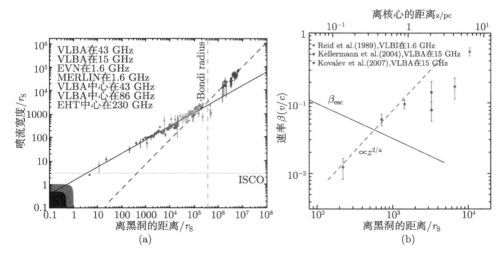

图 4.33　(a) 为 M 87 喷流离黑洞距离与喷流宽度关系图，内区为接近双曲线形而外区为锥形 (实线为内区拟合线，z 正比于喷流宽度 r^a，$a = 1.73$；虚线为外区拟合线)；(b) 为喷流速度随核心距离的关系 (其中虚线为速度 v/c 正比于 $z^{2/a}$，实线为逃逸速度 [97] (后附彩图)

渐转变为动能, 这种加速尺度可能持续到约 $10^5 r_S$, 对喷流中一些团块速度的测定
也支持这样的解释 [97]。目前对其他近邻的射电喷流观测也发现了类似的现象 [98],
这无疑对理解喷流的加速过程将有重要意义。

耀变体是具有相对论性速度的喷流, 且喷流视角非常小, 由于集束效应, 喷流
的辐射被放大几百到几万倍, 因此其多波段的辐射可能都是由喷流主导, 这为研究
喷流的辐射过程、喷流成分和辐射区位置等提供了有利条件。特别是 2008 年 6 月
高能 γ 射线 Fermi 卫星发射以来, 已经观测到了大量的 γ 射线源, 其中 2008~2012
四年间就探测到了 3034 个 (第三期发布的数据), 其中已经证认的 2024 个源中, 有
1745 个为活动星系, 估计剩下没有证认的源中绝大多数也应该是活动星系核, 在这
些 γ 射线的活动星系核中超过 99% 的源又属于其中的一个子类 —— 耀变体 [99]。
多波段观测发现, 耀变体的能谱主要表现为两个峰 (图 4.34(a)), 第一个峰的峰频
大约在红外到 X 射线波段, 一般认为其辐射来自同步辐射过程, 第二个峰的峰频
大约在 MeV~GeV 波段, 一般认为其辐射来自康普顿过程(图 4.34(b)), 但该辐射
过程的软光子起源目前仍不太清楚, 有可能来自喷流内部同步辐射过程的光子或
来自外面的光子, 如吸积盘、宽线区和尘埃环等辐射光子等, 具体哪种软光子起到
作用要依赖于 γ 射线辐射区的位置 [100,101]。利用 Fermi 时代准同时性的多波段观
测数据结合喷流模型, Kang 等在多波段能谱拟合中发现, 利用来自尘埃环的红外
光子比宽线区的软光子要好一些, 这表明 γ 射线辐射区的位置可能位于宽线区之
外 [102]。

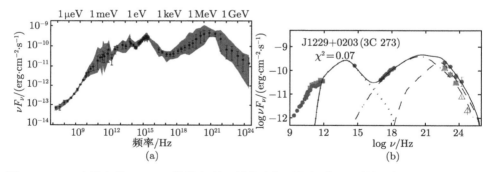

图 4.34   (a) 为耀变体 3C 273 从射电到 γ 射线多年平均能谱, 误差棒为标准偏差, 灰色区域
为多年观测变化范围 [105]; (b) 为 3C 273 一区喷流模型 (one-zone model) 拟合结果, 其中的
数据为同时性 (红色点) 或准同时性 (绿色点) 数据 (三角形为 27 个月的 Fermi 卫星数据),
点线、点虚线、虚线和实线分别代表同步辐射、同步自康普顿散射、外康普顿散射和模型总光
度 [102], 低频射电辐射可能来自于大尺度喷流 (后附彩图)

耀变体也是研究喷流成分的理想天体, 其 X 射线到 γ 射线波段的高能辐射,
特别是 TeV 波段辐射起源还存在争议, 这些高能辐射可以来自高能电子的康普顿

散射过程 (轻子模型), 也有可能来自高能质子的同步辐射过程 (重子模型)[103], 目前大部分的耀变体拟合中都采用了轻子模型, 但重子模型对解释一些极高能辐射 (如 TeV 及以上能量的光子和宇宙线等) 有时比轻子模型更好 [104]。在利用轻子模型解释耀变体多波段辐射时, Kang 等发现如果喷流物质成分为电子–质子对, 那么算得的喷流功率一般远大于从其他手段得到的估算值, 这暗示喷流中可能含有大量的正负电子对 (正电子数密度比质子数密度大近一个量级)[102]。未来的多波段偏振观测, 将有希望进一步限定喷流中的物质成分 (如重子模型、轻子模型、轻子模型中是电子–质子主导还是正负电子对主导等)。

　　黑洞的吸积和喷流作为活动星系的中央引擎模型建立在诸多高能物理现象上, 甚至包括整个星系的演化基础。近年来研究发现, 星系中心黑洞质量和星系核球之间存在非常紧密的关系, 这说明星系中心黑洞的增长和星系的形成与演化之间存在紧密关系 (图 4.35)。近年的研究表明, 反馈过程应该在星系形成和演化过程中起到了关键作用。在反馈过程中, 可能存在两种模式, 一种是辐射模式, 即在活动星系核光度接近或超过爱丁顿光度时, 较强的辐射压可以阻碍黑洞的进一步吸积, 同时辐射压会导致较强的外流, 这些外流携带动能与星系中介质相互作用并加热

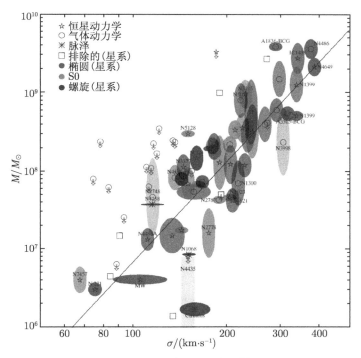

图 4.35　近期的黑洞质量 M 与核球速度弥散 σ 关系 (后附彩图)

不同颜色代表了不同类型星系, 不同符号如五角星、圆圈和米字代表不同黑洞质量测量方法 [107]

星际介质,影响星系的演化。另一种反馈是动能模式,对于大多数星系来说,其核心光度一般小于或远小于爱丁顿光度,对近邻一些低光度活动星系研究以及近年的数值模拟研究发现,在低效率的径移主导吸积流中,可能存在非常强的盘风,即吸积盘中的大部分物质可能被风带走,当然这些风携带了大量的能量,由于风的准直性较差,相对于准直性较好的喷流来说,风携带的能量可能会较容易影响整个星系的演化 [106]。这个领域目前还属于比较年轻的课题,研究刚刚开始,需要从观测和理论等多方面进行深入研究。

4.6   γ 射线暴的中心引擎

γ 射线暴是 20 世纪 60 年代末被 Vela 卫星 (一颗冷战时期旨在监测空间核爆炸的卫星) 偶然观测到的一种短时标的高能 γ 射线突然爆发的现象,其光子能量可达到 100~10^6keV,典型的光变如图 4.36 所示。这项重大的发现直到 1973 年才被 Klebesadel 等正式发表 [108]。虽然此后有好几颗致力于研究 γ 暴的卫星陆续发射升空,但这一现象的起源至今依然神秘。

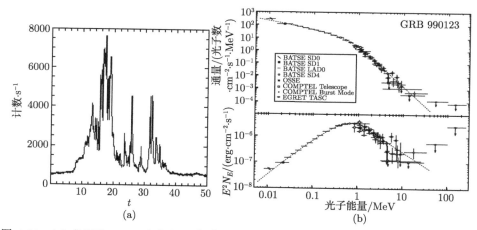

图 4.36   (a) 典型的 GRB 光变曲线 [109]。(b) GRB 990123 从 10keV 到 100MeV 的能谱,
虚线是 Band 谱函数拟合曲线

20 世纪 80 年代中期,由于观测到 γ 暴中存在回旋辐射的谱线以及发现其光学对应体,所以很多人相信 γ 暴起源于银河系内的中子星,甚至将这个模型写入了研究生课本 [110]。

1991 年,CGRO 卫星 (Compton Gamma-ray observatory) 的发射升空开辟了 γ 暴研究的新纪元,其搭载的 BATSE(burst and transient source experiment) 的观测结果革新了我们对 γ 暴本质的认识。BATSE 的全天域观测总共记录了 2704 个

γ暴, 这些暴在角分布上显现出近乎完美的各向同性, 如图 4.37 所示。这从理论上排除了银河系内中子星起源的模型, 从而有力地支持了 γ 暴起源于宇宙学距离的河外星系的模型 [111]。同时, 对持续时间的统计分析表明 γ 暴可能分为长暴和短暴两类 [112,113], 意味着不同的物理起源。

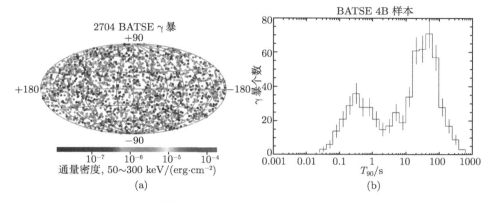

图 4.37 (a) BATSE 观测到的 2704 个 γ 暴的空间角分布 (来自 http://gammaray.msfc. nasa.gov/batse/grb/skymap); (b) BATSE GRBs 按持续时间分为 "长暴" 和 "短暴" 两大 类 [113](后附彩图)

宇宙学起源的确凿证据来自 BeppoSAX 卫星对 γ 暴的观测。这颗 1997 年由意大利和荷兰合作研制的卫星, 其独具匠心的设计能够用 X 射线仪器迅速地确定某些 γ 暴的精确位置, 使人们观测到 γ 暴低能段 (覆盖到 X 射线 [114]、光学 [115] 和射电 [116] 的全波段) 的余辉。余辉发现之后, 对其精确的定位使得确定 γ 暴的寄主星系成为可能, 进而确定其红移。例如, 观测显示 GRB 970228 发生在一个暗弱的宿主星系中, 并测出了 GRB 970508 光学对应体的红移为 $z = 0.835$[117], 后来又陆续确定了一批 γ 暴的寄主星系和红移。至此, γ 暴起源于宇宙学距离的观点得到普遍承认。

γ 暴起源于宇宙学距离, 这立刻让人们意识到 γ 暴比我们以前所认为的明亮得多。数秒的时间内就爆发出 $10^{51} \sim 10^{53}$erg 的能量, 即在瞬间爆发中消耗掉相当于一个太阳的质能, 或者整个银河系在 100 年里辐射的能量, 使其名副其实地成为宇宙间最亮的天体。γ 暴中巨大的能量密度将形成极度光学厚的由正负电子对和 γ 光子组成的火球, 其表现应为黑体辐射, 但是这与从观测得到的 γ 暴的非热谱不相符。为此, Rees 和 Meszaros 提出了火球–激波模型 [118,119], 如图 4.38 所示。在该模型中, 火球物质通过两种方式产生激波: ①火球壳层与外部星际介质作用形成的激波, 称为外激波; ②由于火球壳层内部各层的速度不均匀, 后面的快壳层追赶上前面的慢壳层发生碰撞而产生的激波, 称为内激波。内激波加速电子, 产生非热

辐射形成 γ 暴，而外激波则自然地用来解释γ 暴的余辉 [120]。

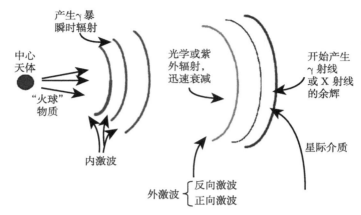

图 4.38　γ 暴的火球–激波模型 [121]

火球–激波模型虽然告诉我们 γ 暴和余辉是怎样产生的，但是关于 γ 暴起源的研究远没有结束。根据 γ 暴的宇宙学起源及其毫秒级的快变性，可以判断 γ 暴的前身星应该是恒星级的致密天体 [122,123]。

在那些已经确定寄主星系的 γ 暴中，有证据显示长暴起源于恒星形成区，并且 γ 暴发生的频率也符合恒星形成的频率，这表明 γ 暴 (长暴) 同大质量恒星的死亡 (即超新星) 有关 [124]。第一个证据来自 GRB 980425，观测显示 SN1998bw 位于 GRB 980425 的定位误差范围内 [125]。另外一个重要证据出现在 GRB 980326 爆发一个月后：在其余辉的光变曲线中发现 "鼓包" [126]，这些 "鼓包" 被认为是超新星存在的证据。此后，人们又陆续在其他一些 γ 暴 (如 GRB 970228[127,128]，GRB 970508[129]，GRB 970828[130]，GRB 991216[131]，GRB 000214[132]，GRB 011211[133]) 中找到与超新星成协的证据。但直到 2003 年 HETE-II 观测到 GRB 030329/SN 2003dh，长暴与 Ib/c 型超新星的成协才最终得到证实。在 GRB 030329 爆发 6 天后，其余辉中出现 "鼓包"，人们发现其谱型与 SN 1998bw 存在惊人的相似，从而强有力地证明了 γ 暴与超新星成协 [134,135]。

长暴与超新星成协反映其与大质量恒星的坍缩有关，但是其中的很多细节我们仍然不清楚，关于短暴的起源则知之甚少。

γ 暴的小型卫星 Swift 首次探测到短暴的X 射线余辉 [136]，后继观测排除了短暴与超新星成协的可能性 [137,138]，即短暴的前身星不会是大质量恒星。Swift 精确的定位使其他设备能找到更多的短暴宿主星系，统计结果表明，短暴多来自恒星形成率较低的椭圆星系，并分布于偏离星系中心的位置，支持了短暴起源于致密双星合并这一假说 [139,140]。

另一个根本性的问题是: γ 暴的中心能源机制是什么? 这一直是 γ 暴的一个谜。问题的关键在于我们无法看到中心引擎, 除了引力波和中微子外, 我们几乎无法直接接收任何其他辐射。最新空间卫星观测, 特别是 Swift 和 Fermi 的结果, 让我们对 γ 暴有了更深刻的认识。新的观测数据也对中心引擎有了更多的限定。通常, 一个成功的中心引擎模型必须满足以下条件:

(1) **能产生准直的喷流**: 多数 γ 暴余辉的光变曲线按照一个简单的幂率随时间衰减, 即 $F_\nu \propto t^{-\alpha}$, 但是某些暴的光学余辉中出现了拐折, 见图 4.39, 普遍被认为是喷流存在的证据 [141–144]。进一步的研究表明, 大多数 γ 暴准直在 $1° < \theta < 20°$ 的特征角度范围内。γ 暴的 "中心发动机" 必须能够产生准直的相对论喷流。

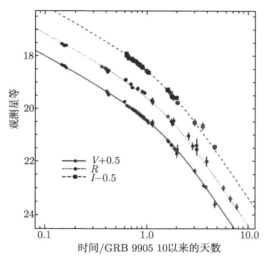

图 4.39   GRB 990510 的光学余辉, 在 $t = 1.2$ 天出现拐折 [141,145]

(2) **极高的能量**: 由于 γ 暴起源于宇宙学距离, 因此涉及的能量巨大。按爆发为各向同性来估计, 其能量为 $E_{\gamma,\mathrm{iso}} \sim 10^{53}$erg。如果考虑到 γ 暴的喷流是准直的, 其真实的能量为 $E_\gamma = (\theta^2/2)E_{\gamma,\mathrm{iso}}$, 比 $E_{\gamma,\mathrm{iso}}$ 小 2~3 个量级。Frail 等计算了 18 个暴的真实能量 E_γ, 发现 γ 暴的典型能量约为 5×10^{50}erg[146], 如图 4.40 所示。这仍然是一个非常大的能量, 需要一个有效的能源机制。

(3) **极少的重子载入**: 只有这样才能使喷流被加速到极高的洛伦兹因子, $\Gamma > 100$[147]。

(4) **能产生极强的光变**: 光变时标 δt 可以小到毫秒, γ 暴的持续时间 T_{90} 在 50 秒左右 (对于长暴)。按照内激波模型, 这些时标由 γ 暴 "中心发动机" 的动力学时标决定。δt 非常小 (1ms 左右), 这表明 γ 暴的中心天体非常致密。而 $T_{90} \gg \delta t$, 表明 "中心发动机" 需要另一种物理过程来延长活动时间 [148,149]。

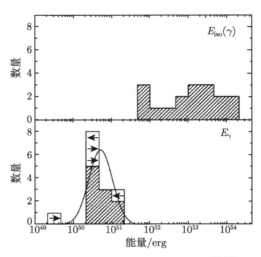

图 4.40　γ 暴真实能量的统计分布 [146]

(5) **具有较长寿命**：已经在很多 γ 暴中观测到 X 射线耀，这表明 γ 暴的中心引擎并不像之前想象的如 T_{90} 那么短，而是具有较长寿命，才能解释晚期的光变活动 [150,151]。

(6) **爆发频率**：γ 暴每 3×10^5 年每星系爆发一次。这说明 γ 暴非常罕见，大约是超新星爆发频率的 1/3000。这说明 γ 暴可能与中子星–中子星或中子星–黑洞合并以及超新星爆发这样一些类似少见的现象有关。

(7) **长暴与超新星成协**：GRB 030329 与 SN 2003dh 的成协 [134,135]，使人们更加相信长暴与超新星成协。这种成协关系表明长暴起源于大质量恒星坍缩，可能与黑洞的形成有关。

(8) **至少有些 γ 暴的中心引擎是磁主导的**：在一些 γ 暴如 GRB 080916C 中，从其宽的能谱波段观测中并未发现明显的来自 "热火球" 的准热光球辐射成分，表明至少一部分 γ 暴中心引擎是磁化的 [152]。

同时考虑到长暴可能与大质量恒星的死亡相关，短暴可能来自双中子星并合或者中子星–黑洞并合 [153,154]，能满足以上要求的模型都涉及中子星或者黑洞。

4.6.1　γ 射线暴中心引擎之一：磁星模型

Usov 于 1992 年 [155] 指出 GRB 可以由快速旋转的高度磁化的中子星产生 (毫秒磁星 [156])，此即 GRB 中心引擎的磁星模型。一个快速转动的中子星其转动动能为

$$E_{\text{rot}} = \frac{1}{2} I \Omega_0^2 \sim 2 \times 10^{52} M_{1.4} P_{0,-3}^{-2} R_6^2 \, \text{erg} \tag{4.41}$$

磁星通过偶极辐射减速，辐射功率为

$$L\left(t\right) = \frac{L_0}{\left(1 + t/t_0\right)^2} \cong \begin{cases} L_0, & t \ll t_0 \\ L_0 \left(t/t_0\right)^{-2}, & t \gg t_0 \end{cases} \tag{4.42}$$

其中，t_0 和 L_0 分别为典型减速时标和典型光度

$$t_0 = \frac{3c^3 I}{B_p^2 R^6 \Omega_0^2} \cong 20.5\,\text{s}\,\left(I_{45} B_{p,16}^{-2} P_{0,-3}^2 R_6^{-6}\right) \tag{4.43}$$

$$L_0 = \frac{I\Omega_0^2}{2t_0} = \frac{B_p^2 R^6 \Omega_0^4}{6c^3} \cong 1.0 \times 10^{51}\,\left(\text{erg}\cdot\text{s}^{-1}\right)\left(B_{p,16}^2 P_{0,-3}^{-4} R_6^6\right) \tag{4.44}$$

另外，如果只考虑磁星的偶极辐射，则磁星自转周期随时间演化为

$$P(t) = P_0 \left(1 + \frac{t}{t_0}\right)^{1/2} \tag{4.45}$$

其中 P_0 为初始磁星自转周期。如果考虑引力波辐射对磁星的减速，则有

$$\dot{E} = I\Omega\dot{\Omega} = -\frac{32GI^2\epsilon^2\Omega^6}{5c^5} - \frac{B_p^2 R^6 \Omega^4}{6c^3} \tag{4.46}$$

其中，等式右边第一项为引力波贡献，ϵ 为刚诞生磁星的椭率。

观测上，在一些 γ 暴的 X 射线余辉中确实观测到一个平台期，可被自然地解释为磁星的能量注入。特别是，有些平台还伴随着一个陡降，这种"平台 + 陡降"的余辉光变曲线很难完全用外激波理论解释，可能反映中心引擎的继续活动。"陡降"极可能反映了磁星坍缩为黑洞的过程，因而这种"平台"是磁星模型的一个比较强的信号。有意思的是，在长暴和短暴中都观测到这种"平台 + 陡降"，从而为研究中子星的状态方程提供了可能 [157−160]。

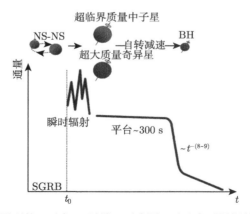

图 4.41 观测到的"平台 + 陡降"示意图，以及中子星坍缩为黑洞模型

超临界质量磁星可由其高自转维持，这样一颗磁星当其减速到一定程度时会坍缩为黑洞。坍缩发生在考虑某个自转时最大可支撑质量 $M_{\max}$ 等于磁星质量时，这里 $M_{\max}$ 与磁星周期的关系为[161]

$$M_{\max} = M_{\mathrm{TOV}}\left(1 + \hat{\alpha}P^{\hat{\beta}}\right) \tag{4.47}$$

其中 M_{TOV} 为不转中子星的最大质量，$\hat{\alpha}$ 和 $\hat{\beta}$ 由中子星状态方程给定[162]。

此外，Dai, Cheng 和 Lu 提出，当低质量的 X 射线双星中的中子星伴星质量增加 $0.5M_\odot$ 或者更多时，中子星会发生相变成为奇异星，并释放大约 $10^{52}\mathrm{erg}$ 的能量，这与 GRB 的能量相当，因此 GRB 可能与中子星相变相关[163,164]。奇异星是由数目相当的三种夸克构成的夸克星，重子物质集中在质量比重很小的壳层内，因而奇异星机制可以克服 "重子污染问题"，然而奇异星是否存在仍是悬而未决的问题。

4.6.2　γ 射线暴中心引擎之二：NDAF 的中微子湮灭机制

黑洞模型是另一个广泛研究的 γ 暴中心引擎模型，包含一个超高吸积率 $(0.01 \sim 10M_\odot/\mathrm{s})$ 的吸积盘围绕一颗恒星级质量黑洞的系统。如此高的吸积率，导致光子光深极高而被束缚在吸积流内，但是其极高的温度和密度却为中微子辐射提供了条件，并能有效带走吸积盘的束缚能。1999 年，Popham, Woosley 和 Fryer 将这种超高吸积率盘称为中微子主导吸积流(NDAF)。NDAF 有两种主要的喷流产生机制：吸积盘产生极强中微子辐射，这些正反中微子湮灭产生正负电子对和光子 "火球"，如图 4.42 所示；通过大尺度磁场提取克尔黑洞的旋转能，产生坡印亭主导喷流，即 BZ 机制。在 γ 暴中心引擎的 BZ 模型中，所需大尺度磁场仍需由 NDAF 来维持，中微子湮灭机制也存在。下面将分别介绍这两种提能机制。

NDAF 的中微子湮灭机制是 γ 暴的中心引擎的主要模型，被广泛研究[165]。

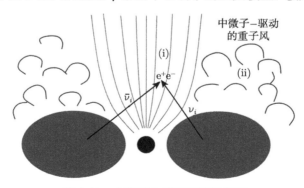

图 4.42　中微子主导吸积流示意图

NDAF 中产生中微子辐射的主要物理过程包括：

(1) 正负电子对湮灭($e^- + e^+ \longrightarrow \nu_i + \bar{\nu}_i$, 下标 i 表示中微子类型, 包括电子中微子 $\nu_e/\bar{\nu}_e$ 和重轻子中微子 $\nu_\tau/\bar{\nu}_\tau$、$\nu_\mu/\bar{\nu}_\mu$)。单位体积内由电子对湮灭产生中微子导致的湮灭冷却率为

$$q_{\nu_i,\bar{\nu}_i}^- \cong 5 \times 10^{33} T_{11}^9 \mathrm{erg \cdot cm^{-3} \cdot s^{-1}} \tag{4.48}$$

(2) 电子的核子俘获(URCA 过程, $p + e^- \longrightarrow n + \nu_e$, $n + e^+ \longrightarrow p + \bar{\nu}_e$)。单位体积内 URCA 过程的冷却率为

$$q_{eN}^- = q_{e^-p}^- + q_{e^+n}^- \cong 9.0 \times 10^{33} \rho_{10} T_{11}^6 X_{\mathrm{nuc}} \mathrm{erg \cdot cm^{-3} \cdot s^{-1}} \tag{4.49}$$

其中, X_{nuc} 为自由核子比例, 其近似表达式为

$$X_{\mathrm{nuc}} \approx 34.8 \rho_{10}^{-\frac{3}{4}} T_{11}^{\frac{9}{8}} \exp\left(-\frac{0.61}{T_{11}}\right) \tag{4.50}$$

在盘的外区, 温度不够高, 物质还保持为 α 粒子, 自由核子比例趋近于 0, 接近盘的内区, 随着温度的升高 ($T > 10^{10}$K), α 粒子逐渐分裂成质子和中子 (也就是所谓的光致裂解), X_{nuc} 逐渐接近于 1。

(3) 核子–核子轫致辐射($n + n \longrightarrow n + n + \nu_i + \bar{\nu}_i$), 对应的冷却率为

$$q_{\mathrm{brem}}^- \cong 10^{27} \rho_{10}^2 T_{11}^{5.5} \mathrm{erg \cdot cm^{-3} \cdot s^{-1}} \tag{4.51}$$

(4) 等离子体激元衰变($\bar{\gamma} \longrightarrow \nu_i + \bar{\nu}_i$), 对应的冷却率为

$$q_{\mathrm{plasmon}}^- \cong 1.5 \times 10^{32} T_{11}^9 \gamma_p^6 \exp^{-\gamma_p} (1 + \gamma_p) \left(2 + \frac{\gamma_p^2}{1 + \gamma_p}\right) \mathrm{erg \cdot cm^{-3} \cdot s^{-1}} \tag{4.52}$$

其中 $\gamma_p = 5.565 \times 10^{-2} \left[\dfrac{\pi^2 + \eta_e^2}{3}\right]^{1/2}$, $\eta_e = \mu_e/kT$, 电子化学势 $\mu_e \cong 6.628 \rho_{13}^{\frac{2}{3}} \mathrm{MeV}$。

通常模型计算中, 中微子冷却项主要考虑电子对湮灭和 URCA 冷却项, 即 $Q_\nu = (q_{\nu_i,\bar{\nu}_i}^- + q_{eN}^-)h$。除了以上的中微子辐射, 光致裂解也是一种有效冷却过程

$$Q_{\mathrm{photo}}^- \cong 6.8 \times 10^{28} \rho_{10} v_r h \frac{\mathrm{d}X_{\mathrm{nuc}}}{\mathrm{d}r} \mathrm{erg \cdot cm^{-2} \cdot s^{-1}} \tag{4.53}$$

考虑到极高吸积率下极大的光子光深, 一般在 NDAF 的计算中不考虑光子的辐射。另外, 如果以上冷却过程都不能有效带走吸积盘的黏滞产热, 则径移冷却项 Q_{adv} 将变得重要

$$Q_{\mathrm{adv}}^- = v_r \frac{h}{r} \left(\frac{11}{3} aT^4 + \frac{3}{2} \frac{\rho kT}{m_p} \frac{1 + X_{\mathrm{nuc}}}{4}\right) \tag{4.54}$$

描写 NDAF 的基本方程如下:

(1) 连续性方程

$$\dot{M} = -2\pi r v_r \Sigma \tag{4.55}$$

其中 $\Sigma = 2\rho h$ 为吸积盘面密度, $h = C_S/\Omega_K$ 为盘半高。

(2) 状态方程。总压强包括: 辐射压、气压和电子简并压

$$P = \frac{11}{12}aT^4 + \frac{\rho k T}{m_p}\left(\frac{1+3X_{nuc}}{4}\right) + \frac{2\pi hc}{3}\left(\frac{3}{8\pi m_p}\right)^{4/3}\left(\frac{\rho}{\mu_e}\right)^{4/3} \tag{4.56}$$

(3) 角动量方程为

$$\frac{\mathrm{d}}{\mathrm{d}r}(\dot{M}l) = -\frac{\mathrm{d}}{\mathrm{d}r}(4\pi r^2 t_{r\varphi}h) \tag{4.57}$$

其中 $l = r^2\Omega$ 为比角动量, $t_{r\varphi} = -\alpha P$ 为黏滞剪切应力。

(4) 能量方程

$$Q^+ = Q^- = Q_\nu^- + Q_{photo}^- + Q_{adv}^- \tag{4.58}$$

其中, $Q^+ \equiv Q_{vis}$ 为黏滞产热率

$$Q_{vis} = \frac{3GM\dot{M}}{8\pi r^3} \tag{4.59}$$

联立求解以上方程即可得到 NDAF 结构。在盘内区, 物质密度较高, 相对而言, 气体压和 URCA 冷却过程变得重要。Popham, Woosley 和 Fryer 在此假设下, 得到了 NDAF 的解析解 [165]

$$T = 1.3 \times 10^{11} \alpha^{0.2} m^{-0.2} R^{-0.3} (\mathrm{K}) \tag{4.60}$$

$$\rho = 1.2 \times 10^{14} \alpha^{-1.3} m^{-1.7} R^{-2.55} \dot{m} \, (\mathrm{g \cdot cm^{-3}}) \tag{4.61}$$

其中, $R = r/r_g$, $m = M/M_\odot$, $\dot{m} = \dot{M}/M_\odot(\mathrm{s^{-1}})$。

根据这些解人们可以研究 NDAF 的一些基本性质, 其中一个关心的问题是盘的稳定性。这里总结相关结论如下, 详细的分析见文献 [166] 和 [167]。

首先是热稳定性, 其稳定性判据为

$$\left(\frac{\partial \ln Q^+}{\partial \ln T}\right)_\Sigma < \left(\frac{\partial \ln Q^-}{\partial \ln T}\right)_\Sigma \tag{4.62}$$

考虑 NDAF 内区为气体压和 URCA 冷却主导, 可以得到 $Q^+ \propto \dot{M} \propto \Sigma T$, 而 $Q^- \sim \Sigma T^6$, 因此 NDAF 是热稳定的。

其次是黏滞不稳定性, 其稳定性判据为

$$\frac{\partial \dot{M}}{\partial \Sigma} > 0 \tag{4.63}$$

实际上, 在气压为主时就有 $\dot{M} \propto \Sigma$, 也说明 NDAF 是黏滞稳定的。

最后也要考虑吸积盘的引力稳定性, 通过 Toomre 数 ($Q_{\mathrm{T}} = \frac{\Omega_{\mathrm{K}}^2}{\pi G \rho}$) 来表征, 其稳定性的判据为

$$Q_{\mathrm{T}} > 1 \tag{4.64}$$

该 Toomre 参数随半径减小, 仅在盘极外区出现不稳定。而中微子辐射主要来自 NDAF 的内区, 在该区域是引力稳定的。

NDAF 的中微子辐射通量通过下式计算:

$$L_{\nu} = 4\pi \int_{r_{\mathrm{in}}}^{r_{\mathrm{out}}} Q_{\nu\bar{\nu}} r \mathrm{d}r \tag{4.65}$$

将空间划分若干格点 (图 4.43), 然后计算每个格点的正反中微子湮灭光度

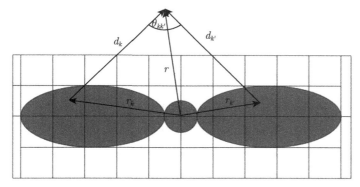

图 4.43 中微子在吸积盘外部空间湮灭的示意图

$$
\begin{aligned}
l_{\nu\bar{\nu}} = & \sum_i A_{1,i} \sum_k \frac{l_{\nu_i}^k}{d_k^2} \sum_k \frac{l_{\bar{\nu}_i}^{k'}}{d_{k'}^2} \left(\varepsilon_{\nu_i}^k + \varepsilon_{\bar{\nu}_i}^{k'} \right) \left(1 - \cos\theta_{kk'} \right)^2 \\
& + \sum_i A_{2,i} \sum_k \frac{l_{\nu_i}^k}{d_k^2} \sum_k \frac{l_{\bar{\nu}_i}^{k'}}{d_{k'}^2} \frac{\left(\varepsilon_{\nu_i}^k + \varepsilon_{\bar{\nu}_i}^{k'} \right)}{\left(\varepsilon_{\nu_i}^k \varepsilon_{\bar{\nu}_i}^{k'} \right)} \left(1 - \cos\theta_{kk'} \right)
\end{aligned} \tag{4.66}
$$

其中 $A_1 \approx 1.7 \times 10^{-44} \mathrm{cm} \cdot \mathrm{erg}^{-2} \cdot \mathrm{s}^{-1}$, $A_2 \approx 1.6 \times 10^{-56} \mathrm{cm} \cdot \mathrm{erg}^{-2} \cdot \mathrm{s}^{-1}$。对空间积分即可得到总的中微子湮灭光度

$$L_{\nu\bar{\nu}} = \iint l_{\nu\bar{\nu}} 4\pi r \mathrm{d}r \mathrm{d}z \tag{4.67}$$

这样计算得到的中微子光度可以达到 γ 暴观测要求, 但比较粗糙, 很多因素需要考虑。

Di Matteo 等首先考虑了中微子光深对 NDAF 的影响 [167]。在一定的温度下，产生中微子的速度越快，相应的逆过程也发生得越快，即中微子吸收光深越大，总的吸收光深为

$$\tau_{\mathrm{a},\nu_i} \approx \frac{q^-_{\nu_i} h}{4\,(7/8)\,\sigma T^4} \tag{4.68}$$

这里 $q^-_{\nu_i} = q^-_{\mathrm{eN}} + q^-_{\nu_i,\bar{\nu}_i} + q^-_{\mathrm{brem}} + q^-_{\mathrm{plasmon}}$ 是单位体积内中微子总的辐射功率。

中微子散射光深：中微子会受到质子、中子、α 粒子和电子的散射，在近似取自由核子比例 $X_{\mathrm{nuc}} = 1$，电子丰度 $Y_e = 0.5$ 的情况下，中微子散射光深为

$$\tau_{\mathrm{s},\nu_i} \approx 2.7 \times 10^{-7} T^2_{11} \rho_{10} h \tag{4.69}$$

在考虑中微子光深的情况下，Di Matteo 等通过引入桥梁公式给出了修正的单位面积中微子的冷却速率 [167]

$$Q^-_{\nu} = \sum_{i=e,\mu,\tau} \frac{(7/8)\,\sigma T^4}{(3/4)\left(\tau_{\nu_i}/2 + 1/\sqrt{3} + 1/3\tau_{\mathrm{a},\nu_i}\right)} \tag{4.70}$$

另外，u_ν 是中微子的能量密度，可以近似用桥梁公式的形式表示为

$$u_\nu = (7/8)\,\sigma T^4 \sum_{i=e,\mu,\tau} \frac{(\tau_{\nu_i}/2 + 1/\sqrt{3})}{(3/4)\left(\tau_{\nu_i}/2 + 1/\sqrt{3} + 1/3\tau_{\mathrm{a},\nu_i}\right)} \tag{4.71}$$

同时，在压强项和径移项里面都引入了中微子压

$$P_\nu = \frac{u_\nu}{3} \tag{4.72}$$

中微子光深的影响是非常显著的。Di Matteo 等发现当吸积率超过一定值以后 (约 $1 M_\odot \mathrm{s}^{-1}$)，大量的中微子也和光子类似被囚禁在盘内并最终掉入黑洞，这使得 NDAF 的中微子辐射功率明显低于 Popham, Woosley 和 Fryer 给出的结果，如图 4.44 所示，甚至都不能成为 GRB 的主要能源机制 [167,165]。

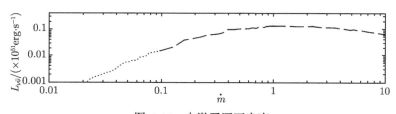

图 4.44　中微子湮灭光度

Gu 等重新考察了文献 [167] 的工作，认为其采用的是牛顿势不符合 NDAF 处于强引力场这一事实。他们通过引入伪牛顿势 (PW 势) 重新考察了 NDAF 的解，

发现中微子光深并没有 DPN02 所说的那样高, NDAF 的中微子光度仍然可以满足 GRB 的要求 [168]。Chen 和 Beloborodov 则给出了比较完整广义相对论解, 并考虑了微观物理过程 [169]。Zalamea 和 Beloborodov 给出了中微子湮灭光度一个近似结果 [170]

$$L_{\nu\bar{\nu}} = 1.1 \times 10^{52} \, (\mathrm{erg \cdot s^{-1}}) \left(\frac{r}{r_{\mathrm{ms}}}\right)^{-4.8} \left(\frac{M}{3M_\odot}\right)^{-\frac{3}{2}} \times \begin{cases} 0, & \dot{m} < \dot{m}_{\mathrm{ign}} \\ \dot{m}^{9/4}, & \dot{m}_{\mathrm{ign}} < \dot{m} < \dot{m}_{\mathrm{trap}} \\ \dot{m}_{\mathrm{trap}}^{9/4}, & \dot{m} > \dot{m}_{\mathrm{trap}} \end{cases}$$

$$(4.73)$$

其中, $\dot{m}_{\mathrm{ign}}$ 和 $\dot{m}_{\mathrm{trap}}$ 为两个特征吸积率, 分别代表中微子开始产生和变得光厚对应的典型吸积率, 具体参见文献 [169]。

但即便考虑了以上这些因素, NDAF 仍然不能解释一些比较亮的 GRB, 而且 NDAF 的稳定性也无法解释 GRB 瞬时辐射及余辉 X 耀发的剧烈光变现象。

考虑到磁场可能在 γ 暴中心引擎中起到非常重要的作用, 特别是 Swift 发现的 γ 暴晚期光变活动, 需要一个磁主导的中心引擎供给能量, 2009 年 Lei, Wang 和 Zhang 等提出 MC 力矩会将黑洞的转动能转移到 NDAF 上, 从而有利于提高中微子湮灭光度 [171]。

为了考虑广义相对论效应, 特别是黑洞自转的影响, Riffert 和 Herold 在以上牛顿框架的方程基础上添加相对论修正因子[172]

$$\begin{cases} A = 1 - 2 \left(\frac{r}{r_{\mathrm{g}}}\right)^{-1} + a_*^2 \left(\frac{r}{r_{\mathrm{g}}}\right)^{-2} \\ B = 1 - 3 \left(\frac{r}{r_{\mathrm{g}}}\right)^{-1} + 2a_* \left(\frac{r}{r_{\mathrm{g}}}\right)^{-\frac{3}{2}} \\ C = 1 - 4a_* \left(\frac{r}{r_{\mathrm{g}}}\right)^{-\frac{3}{2}} + 3 \left(\frac{r}{r_{\mathrm{g}}}\right)^{-2} \\ D = \int_{r_{\mathrm{ms}}/r_{\mathrm{g}}}^{r/r_{\mathrm{g}}} \frac{x^2 - 6x + 8a_* x^{1/2} - 3a_*^2}{2\sqrt{Rx}(x^2 - 3x + 2a_* x^{1/2})} \mathrm{d}x \end{cases}$$

$$(4.74)$$

黏滞剪切应力修改为

$$\tau_{r\varphi} = -\alpha P \frac{A}{\sqrt{BC}} \tag{4.75}$$

由于存在磁场, 总压强 P 包含气体压 P_{gas}, 辐射压 P_{rad}, 电子简并压 P_{deg}, 中微子压 P_ν, 以及磁压 P_B

$$P = P_{\mathrm{gas}} + P_{\mathrm{rad}} + P_{\mathrm{deg}} + P_\nu + P_B \tag{4.76}$$

这里, 我们简单地假定磁压占总压的比例为 β, 即 $P_B = \beta P$。

垂向静力平衡给出的盘高度则修正为

$$h = \sqrt{\frac{Pr^3}{\rho GM}} \sqrt{\frac{B}{C}} \tag{4.77}$$

由于存在 MC 力矩，角动量方程修改为

$$\frac{\mathrm{d}}{\mathrm{d}r}(\dot{M}l) + 4\pi r H_{\mathrm{MC}} = -\frac{\mathrm{d}}{\mathrm{d}r}(4\pi r^2 t_{r\varphi}h) \tag{4.78}$$

MC 力矩导致黏滞产热项变为

$$Q_{\mathrm{vis}}^+ = -\frac{g\Omega_{\mathrm{D}}'}{4\pi r} = \frac{3GM\dot{M}}{8\pi r^3}\frac{D}{B} - \frac{T_{\mathrm{MC}}\Omega_{\mathrm{D}}'}{4\pi r} \tag{4.79}$$

可以看出，MC 力矩会导致一个额外贡献。

以上的 NDAF 都假设吸积盘内边缘力矩为零。一个类似于 MC 过程的考虑是，在吸入区存在磁场的情况下，这种零力矩的假设将不再成立。Krolik 指出，最内稳定圆轨道 r_{ms} 内侧 (黑洞吸入区) 的物质可通过磁场保持和吸积盘的联系，将会有一个可观的力矩施加在吸积盘的内边界上 [173]。

Xie，Lei 和 Wang 引入一个因子 η 来量化内边界处的非零力矩 [174]

$$g_{\mathrm{ms}} = \eta\dot{M}L_{\mathrm{ms}} \tag{4.80}$$

考虑该边界力矩后，角动量方程为

$$\dot{M}r^2\sqrt{\frac{GM}{r^3}}\frac{D}{A} + g_{\mathrm{ms}}\frac{A_{\mathrm{ms}}}{A} = \mathrm{g} = -4\pi r^2\tau_{r\varphi}h \tag{4.81}$$

其中 A_{ms} 是相对论修正因子 A 在 r_{ms} 处的值。在零力矩边界条件的假设下 (传统的 NDAF 所对应的情况)，上式左端第二项就不会存在。黏滞产热率变为

$$Q_{\mathrm{vis}}^+ = \frac{3GM\dot{M}}{8\pi r^3}\frac{D}{B} + \frac{3g_{\mathrm{ms}}}{8\pi r^2}\sqrt{\frac{GM}{r^3}}\frac{A_{\mathrm{ms}}}{B} \tag{4.82}$$

上式右端第二项表示的是非零内边界力矩的贡献，该项的存在将会增加盘光度，其效果与 MC 力矩相似。

考虑 MC 力矩和吸积盘内边缘非零力矩后，NDAF 的结果和性质亦被改变。之前的 NDAF 一般包括四个不同的区域，如图 4.45(a) 所示 (参考文献 [169] 的图 10)。对于存在外力矩 (MC 力矩或吸积盘内边缘的非零力矩) 作用的 NDAF，其内区的吸积盘结构与传统 NDAF 很不相同，最主要的特征是在出现了由辐射压和中微子冷却主导的黏滞不稳定区 IV，见图 4.45(b)。究其原因，在吸积率 $\dot{m}$ 较高并且内边缘力矩 η 较大的情况下，额外的产热导致黑洞内区温度显著升高。结果使吸

积流在内区变成辐射压主导，根据黏滞稳定性判据，此时 $\mathrm{d}\dot{m}/\mathrm{d}\Sigma < 0$(这里 Σ 是吸积盘物质的面密度)，吸积流是不稳定的，见图 4.46(a)。该黏滞不稳定性出现的一个直接应用就是解释 γ 暴瞬时辐射的光变行为，图 4.46(b) 以 GRB 080607 为例展示该不稳定性的应用。

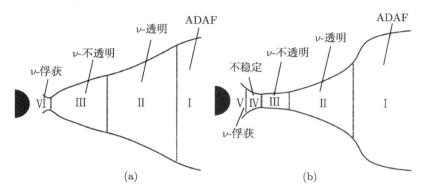

图 4.45　(a) 传统 NDAF 结构；(b) 考虑 MC 力矩或吸积盘非零力矩边界条件后的 NDAF
结构示意图[174]

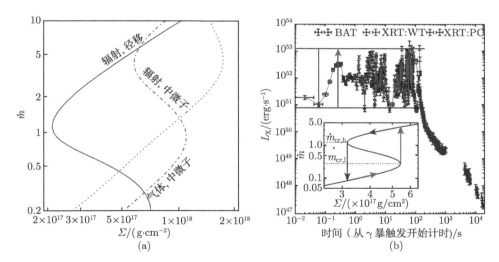

图 4.46　(a) MC 力矩导致的黏滞不稳定性，图中实线、点虚线和点线分别对应不同半径
$R = r/r_{\mathrm{g}} = 5, 10, 20$；(b) GRB 080607 的 0.3∼10keV 能段的光变曲线。图中绘制了 $r = 3r_{\mathrm{g}}$
处的有非零力矩导致的 S 形 $\dot{m}$-Σ 曲线，便于进行稳定性分析。其他的参数为
$\eta = 3$，$m = 7$，$a_* = 0.9$，$\alpha = 0.1$，以及 $\beta = 0$[171,174] (后附彩图)

MC 力矩和吸积盘内边缘非零力矩的另一个效应是显著增加了 NDAF 的中微子湮灭光度 (图 4.47)，这促使我们重新研究中微子湮灭机制是否还是有效的 γ 暴

中心引擎模型。

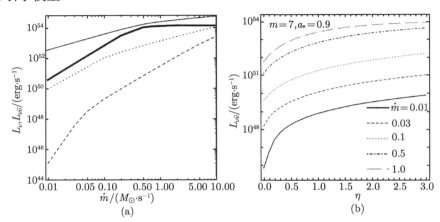

(a)   (b)

图 4.47   (a) 不同吸积率下中微子光度和湮灭光度。粗实线和细实线分别为考虑了 MC 力矩
的中微子光度和湮灭光度。点线和虚线为没有力矩作用的 NDAF 中微子光度和湮灭光度。
(b) 不同吸积率下中微子湮灭光度随内边缘力矩的变化。其他参数为 $\alpha = 0.1$，$M = 7M_\odot$，
$a_* = 0.9$，以及 $\beta = 0$[171,174]

之前的观点通常认为 X 射线耀无法通过中微子湮灭机制驱动，Luo 等发现
如果引入 MC 力矩该机制却可以成功解释一些暴源系时标小于 100s 的耀发 (图
4.48)[175]。最近的工作还表明，在考虑了内边缘力矩作用之后，那些极亮的长暴或
者短暴，甚至最近被提出的超长暴都能用改进的 NDAF 模型来解释，表 4.3 展示
了对一些极端暴和超长暴的拟合结果 [174]。

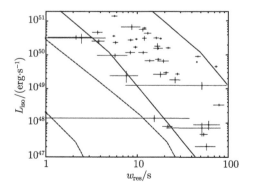

图 4.48   考虑 (实线) 和不考虑 (虚线)MC 力矩的 NDAF 模型给出的 X 射线 flare 平均各向
同性光度 L_{iso} 和时间宽度 w_{res}，及与观测数据对比 [175]。上下两条实线 (虚线) 分别对应吸
积质量为 $0.5M_\odot$ 和 $0.05M_\odot$

表 4.3 三种不同类型的 GRB 的吸积盘质量对内边缘力矩（参数 η）的限制

GRB	数据来源（详见文献 [174]）	z	时标/s	$E_{\gamma,\mathrm{iso}}$/($\times10^{51}$erg)	$E_{K,\mathrm{iso}}$/($\times10^{51}$erg)	θ_{j}/rad	m/$M_\odot$	η	m_{disk}/$M_\odot$
050724	4	0.257	3	0.1	0.27	$\gtrsim0.35$	7	0.23	0.5(1.54)
	4						3	0.36	0.2(0.88)
051221A	4	0.5465	1.4	0.92	12.6	~0.12	7	0.28	0.5(1.72)
	4						3	0.44	0.2(0.98)
090426	4	2.609	1.2	2.84	1.35	~0.07	7	0.23	0.5(1.72)
	4						3	0.44	0.2(0.97)
120804A	4	1.3	0.81	3.88	56.9	$\gtrsim0.19$	7	0.59	0.5(2.99)
	4						3	0.99	0.2(1.7)
990123	6	1.600	63.30±0.26	1437.9±177.8	202.8±18.5	0.086±0.0075	3	0.17	5(10.6)
021004	6	2.3304	77.1±2.6	55.6±7.2	83.5±14.5	0.221±0.0787	3	0.07	5(7.97)
050820A	6	2.6147	128.0±106.9	970^{+310}_{-140}	5370^{+800}_{-950}	$0.1152^{+0.0087}_{-0.0052}$	3	1.14	5(30.9)
060124	6	2.297	298±2	420±50	$5788.7^{+1107.9}_{-126.6}$	$0.0530^{+0.0091}_{-0.0040}$	3	0.93	5(25.8)
060210	6	3.9133	220±70	353±19	$11132.9^{+1053.9}_{-947.2}$	$0.0209^{+0.0030}_{-0.0021}$	3	0.17	5(10)
070125	6	1.5477	63.0±1.7	$957.6^{+106.4}_{-87.4}$	$64.3^{+9}_{-1.7}$	0.23±0.0105	3	0.67	5(20.8)
090323	6	3.568	133.1±1.4	3300±130	1160^{+130}_{-90}	$0.0489^{+0.0069}_{-0.0017}$	3	0.20	5(11.1)
090926A	6	2.1062	20±2	1890±30	68±2	$0.1571^{+0.0698}_{-0.0349}$	3	0.10	5(9.36)
130427A	6	0.338	162.83±1.36	$808.9^{+49.6}_{-56.5}$	1577^{+97}_{-110}	0.0663±0.0052	3	0.87	5(24.3)
101225A	2, 5	0.847	7000	240	100	>0.21	3	>0.50	50(192.4)
111209A	1, 2, 3, 7, 8	0.677	13000	570	5130	~0.40	3	~3.00	50(1778)
121027A	2, 3, 5	1.773	6000	150	1400	>0.17	3	>0.76	50(229.2)

注：短暴和长暴的持续时间就是 T_{90}，而超长暴的持续时间定义为中心引擎活动时间。对于短暴，在 NS+BH 并合（NS+NS 并合）的情形下，中心黑洞质量和吸积盘的质量上限分别取为 7(3) 和 0.5(0.2)。短暴黑洞自旋取 $a_* = 0.5$，而长暴和超长暴的黑洞自转取 $a_* = 0.9$。长暴吸积盘的质量上限为 5，超长暴吸积盘的质量上限取为 50。长暴和超长暴的黑洞质量 m 都取为 3。内边界没有力矩的传统 NDAF 不能解释这些 GRB，因为它需要非同寻常的大质量的吸积盘（相应的值显示在括号中）

　　磁场可以被吸积盘等离子冻结并伴随吸积流进入黑洞附近，Cao 等详细计算了 NDAF 中磁场的径移与耗散过程[176]。如果磁场堆积到足够强，会在 NDAF 内区形成磁屏障并导致间歇性吸积[176,177]。Proga 和 Zhang 首次提出用这种磁屏障模型解释 X 射线耀[177]，后来 Liu 等认为短暴的延展辐射可能是这种间歇性吸积所产生的[178]。

　　对 NDAF 模型的改进还包括以下工作：Janiuk 等考虑了微观物理过程，并考察 NDAF 的含时演化及稳定性问题[179]；Janiuk 和 Yuan 研究了黑洞转动和磁场对吸积盘稳定性的影响[180]；Zhang 和 Dai 研究了中心天体是中子星的情况下吸积盘的结构和光度[181]；Liu 等研究了 NDAF 的垂向结构[182]。

　　NDAF 除了通过中微子湮灭过程能够驱动一个相对论喷流之外，盘上的中微子对 NDAF 大气的加热 (主要是中微子被重子吸收的过程) 可以驱动重子物质风。由于大部分中微子的产生来自气体主导和 URCA 冷却主导的区域，采用 Zalamea 和 Beloborodov 给出的中微子湮灭功率的近似表达式[170]，Lei, Zhang 和 Liang 给出了中微子加热造成的 GRB 喷流的重子加载率[183]：

$$\dot{M}_{\mathrm{j},\nu\bar{\nu}} = 7.0 \times 10^{-7} A^{1.13} B^{-1.35} C^{0.22} \theta_{\mathrm{j},-1}^2 \alpha_{-1}^{0.57} \epsilon_{-1}^{1.7} \left(\frac{R_{\mathrm{ms}}}{2}\right)^{0.32} \dot{m}_{-1}^{1.7} \left(\frac{m}{3}\right)^{-0.9} \left(\frac{\xi}{2}\right)^{0.32}$$
$$\times M_\odot \mathrm{s}^{-1} \tag{4.83}$$

其中 $\xi \equiv r/r_{\mathrm{ms}}$ 是以 r_{ms} 为单位归一化的盘半径，$\epsilon \simeq (1 - E_{\mathrm{ms}})$ 表示吸积盘辐射效率，θ_{j} 是喷流张角。

　　如果绝大部分中微子湮灭产生的能量最终转化为重子的动能，这样可以估算出喷流能达到的最大洛伦兹因子：

$$\Gamma_{\max} \simeq \eta \equiv \frac{\dot{E}_{\nu\bar{\nu}}}{\dot{M}_{\mathrm{j},\nu\bar{\nu}} c^2}$$
$$= 50 A^{-1.13} B^{1.35} C^{-0.22} \theta_{\mathrm{j},-1}^{-2} \alpha_{-1}^{-0.57} \epsilon_{-1}^{-1.7} \left(\frac{\xi}{2}\right)^{-0.32} \left(\frac{R_{\mathrm{ms}}}{2}\right)^{-5.12} \left(\frac{m}{3}\right)^{-0.6} \dot{m}_{-1}^{0.58} \tag{4.84}$$

4.6.3　γ 射线暴中心引擎之三：BZ 过程

　　BZ 机制是 γ 暴的另一种主要的中心引擎模型，其优势在于通过磁场直接从黑洞提取能量，更为高效和 "清洁"，有利于解决 γ 暴 "重子污染" 的问题。

　　考虑到 γ 暴对应的高吸积率，第 3 章的 BZ 功率 (3.34) 式可以重新整理为

$$\dot{E}_{\mathrm{BZ}} = 9.3 \times 10^{52} a_*^2 \dot{m}_{-1} X(a_*) \mathrm{erg \cdot s}^{-1} \tag{4.85}$$

其中 $X(a_*) = F(a_*) / \left(1 + \sqrt{1 - a_*^2}\right)^2$，$F(a_*) = [(1 + q^2)/q^2][(q + 1/q) \arctan q - 1]$，$q = a_*(1 + \sqrt{1 - a_*^2})$。(4.81) 式已经采用了 "天体物理负载" 的阻抗匹配条件，

即假设 $k \equiv \dfrac{\Omega_{\mathrm{F}}}{\Omega_{\mathrm{H}}} = 0.5$,以对应最大的 BZ 输出功率。但考虑黑洞的演化后,我们发现 k 取稍大于 0.5 的值,反而能使黑洞长时间保持较高自转,从而使中心引擎输出更多能量 (图 4.49)。

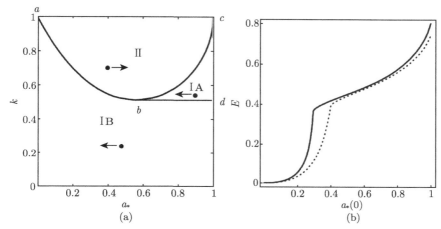

图 4.49　(a) 黑洞自转的演化,箭头代表黑洞自转的演化方向,实线为 I 区和 II 区的分界线,代表黑洞演化的平衡自转值。(b) 不同初始黑洞自转的中心引擎对应的 BZ 过程输出总能量,可以看出实线 $(k = 0.6)$ 对应的 BZ 能量要比虚线 $(k = 0.5)$ 高 [184]

　　如果仔细研究 γ 暴中心的磁场位型,有可能如图 4.50 所示,即 BZ 和 MC 两种磁场共存。BZ–MC 共存模型可以用来解释 GRB 的有关现象,Brown 和 van Putten 等指出 BZ 和 MC 过程可分别驱动 GRB 和与之成协的超新星 [185,186]

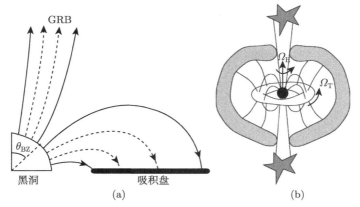

图 4.50　γ 暴中心黑洞–吸积盘系统的磁场位型 (a),BZ 和 MC 过程可能共存,分别驱动 γ 暴和伴随的超新星爆发 (b)[186]

$$E_\gamma = \varepsilon_\gamma E_{\mathrm{BZ}}, \quad E_{\mathrm{SN}} = \varepsilon_{\mathrm{SN}} E_{\mathrm{MC}} \tag{4.86}$$

其中 ε_γ 和 $\varepsilon_{\mathrm{SN}}$ 分别代表将 BZ 和 MC 能量转化为 γ 暴和超新星能量的效率。

表 4.4   对 4 个 GRB 的 E_γ 和 T_{90} 的拟合, 以及模型估计的 E_{SN}(来源于文献 [187])

GRB	E_γ /$(\times 10^{51}\mathrm{erg})$	T_{90} /s	n	B_{H} /$(\times 10^{15}\mathrm{G})$	E_{SH}
970508	0.234	15	3.885	0.97	$(1.947 \times 10^{51}\mathrm{erg})(\epsilon_{\mathrm{SN}}/0.0035)$
990712	0.445	30	3.975	0.81	$(1.989 \times 10^{51}\mathrm{erg})(\epsilon_{\mathrm{SN}}/0.0035)$
991208	0.455	39.84	3.985	0.75	$(1.995 \times 10^{51}\mathrm{erg})(\epsilon_{\mathrm{SN}}/0.0035)$
991216	0.695	7.51	4.058	1.80	$(2.032 \times 10^{51}\mathrm{erg})(\epsilon_{\mathrm{SN}}/0.0035)$

由于 BZ 过程涉及高自转黑洞, Kerr 黑洞可通过 Lense-Thirring 力矩作用在倾斜吸积盘上产生进动, 这样 BZ 机制产生的准直的喷流也会伴随进动, 如图 4.51 所示。如图 4.52(a)~(c) 所示, 这种模型可以解释 GRB 中约 1s 的脉冲轮廓[188], 但无法拟合瞬时辐射中毫秒级的光变。这些毫秒级的光变很可能与 BZ 喷流的螺旋不稳定有关[189]。除此之外, 模型 γ 暴辐射的谱演化与光变行为一致, 这种谱追踪行为也与进动模型预言一致 (图 4.52(d) 和 (e))[190]。

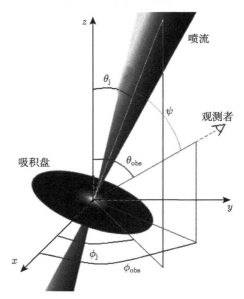

图 4.51 γ 暴中心进动的盘和喷流[191]

下面考虑 BZ 驱动喷流中的重子载入。BZ 机制所需的磁场由黑洞周围的磁化 NDAF 来维持, 喷流的重子加载仍然来自 NDAF 中微子加热驱动的盘风。和 4.6.2 节中讨论的无磁场的 NDAF 机制不同的是, 吸积盘上的大尺度磁场会有效压制来

自吸积盘的盘风重子载入。考虑到磁场对质子的屏障效应，Lei 等得到喷流的中子渗透速率为 [183]

$$\dot{M}_{\rm j,BZ} \simeq 3.5 \times 10^{-7} A^{\frac{23}{30}} B^{-\frac{33}{40}} f_{\rm p,-1}^{-\frac{1}{2}} \theta_{\rm j,-1} \theta_{\rm B,-2}^{-1} \alpha_{-1}^{\frac{23}{60}} \epsilon_{-1}^{\frac{5}{6}} \dot{m}_{-1}^{\frac{5}{6}} \left(\frac{m}{3}\right)^{-\frac{11}{20}} r_{\rm z,11}^{\frac{1}{2}} M_\odot {\rm s}^{-1} \quad (4.87)$$

其中 $f_{\rm p}$ 是盘风里面质子的比例，$r_{\rm z}$ 是沿喷流方向与黑洞的距离，$\theta_{\rm j}$ 是喷流张角，另外引入的 $\theta_{\rm B}$ 是考虑仅当质子与磁力线的夹角很小时 ($\leqslant \theta_{\rm B}$) 时才能进入 NDAF 大气层。

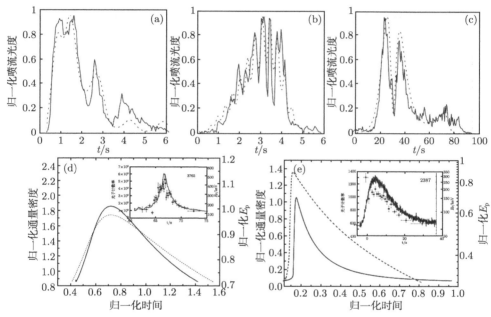

图 4.52 (a)~(c)(来自文献 [188]) 通过喷流进动拟合若干 GRB 的光变曲线 [183]：(a) GRB 910717; (b) GRB 920701; (c) GRB 990123。(d) 和 (e)(来自文献 [190]) 喷流进动模型预言脉冲的光变与峰值光子能量 $E_{\rm p}$ 及与观测的比较。(d) 对称脉冲。(e)FRED 结构脉冲

对于这样一个中心引擎，如果磁场完全用于加速喷流，则能够获得的最大洛伦兹因子可以估算为

$$\mu_0 \simeq \frac{\dot{E}_{\rm BZ}}{\dot{M}_{\rm j,BZ}c^2} = 1.5 \times 10^5 A^{-\frac{23}{30}} B^{\frac{33}{40}} f_{\rm p,-1}^{\frac{1}{2}} \theta_{\rm j,-1}^{-1} \theta_{\rm B,-2} \alpha_{-1}^{-\frac{23}{60}} \epsilon_{-1}^{-\frac{5}{6}} r_{\rm z,11}^{-\frac{1}{2}} a_*^2 X(a_*) \left(\frac{m}{3}\right)^{\frac{11}{20}} \dot{m}_{-1}^{\frac{1}{6}}$$
$$(4.88)$$

目前，关于喷流的加速机制还很不确定，所以在真实情况下喷流最终能够达到的洛伦兹因子应该满足

$$\Gamma_{\rm min} < \Gamma < \Gamma_{\rm max} \quad (4.89)$$

具体的值取决于磁耗散的详细过程，可能涉及内部碰撞诱导的磁重联和湍流 (IC MART)[192] 或者是双成分喷流内、外两层间的剪切相互作用。根据文献 [183]，混合外流慢加速阶段的起始值和终止值分别为 $\Gamma_{\min} = \max(\mu_0^{1/3}, \eta)(\eta = \dfrac{\dot{E}_{\nu\bar{\nu}}}{\dot{M}_{\mathrm{j,BZ}}c^2})$ 和 $\Gamma_{\max} = \mu_0$，有关任意磁化相对论喷流或混合喷流的加速动力学，更详细的讨论可以参考 Gao 和 Zhang 的文章 [193]。

  NDAF 和 BZ 两种机制都作为 γ 暴的中心引擎被广泛研究，究竟哪种能量机制发挥主要作用？或者它们是否在不同阶段发挥作用？能否从观测数据来区分它们？这些问题尚未定论，有待进一步研究。

  另一方面，一些统计关系中的物理量与中心引擎密切相关。比如 2010 年，Liang 等发现的 $\Gamma_0 - E_{\gamma,\mathrm{iso}}$ 关系：$\Gamma_0 \simeq 182E_{\gamma,\mathrm{iso},52}^{0.25}$，其中总能量和洛伦兹因子都能通过上面的中心引擎模型给出 [194]。2012 年，Lv 等发现 Γ_0 与 $L_{\gamma,\mathrm{iso}}$ 之间存在的相关性：$\Gamma_0 \simeq 249L_{\gamma,\mathrm{iso},52}^{0.30}$，如图 4.53 所示 [195]，其中 γ 射线光度也是中微子湮灭功率或 BZ 功率直接相关的。基于这些考虑，可以尝试用这些统计关系来对中心引擎模型进行限定。

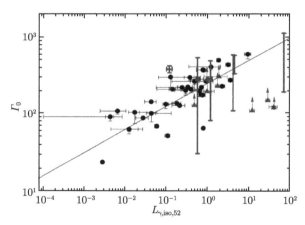

图 4.53 γ 暴的初始洛伦兹因子与各向同性 γ 射线光度之间的关系 (后附彩图)

$\Gamma_0 \simeq 249L_{\gamma,\mathrm{iso},52}^{0.30}$。其中黑色实线是最佳拟合结果，皮尔逊相关系数为 $\varsigma = 0.79$。另外红色三角符号表示只有下限的 γ 暴，红色段线表示得到上下限范围的 γ 暴，这两类没有参与拟合，蓝色的五角星是其中唯一的一个短暴 GRB 090510[195]

  Lei 等分别模拟了 NDAF 和 BZ 两个中心引擎模型给出的预言，如图 4.54 所示，二者都与上面给出的观测统计关系接近。可以明显看出，BZ 过程 (特别是在考虑磁能有效耗散的情况下) 更为 "清洁"，能有效地抑制重子污染，从而更自然地解释 γ 暴喷流的高洛伦兹因子 [183]。

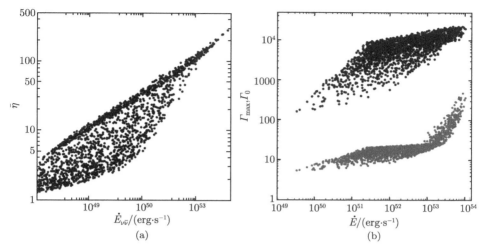

图 4.54 模拟 2000 个 γ 暴洛伦兹因子与光度关系

(a) 基于 NDAF 模型, 拟合这些模拟结果预言 $\bar{\eta} \propto \dot{E}_{\nu\bar{\nu}}^{0.27}$; (b) 为 BZ 模型模拟结果, 分别考虑了磁慢耗
    散 (灰色点) 和快耗散 (黑色点) 情形, 拟合关系分别为 $\Gamma_{\max} \propto \dot{E}^{0.32}$ 和 $\Gamma_0 \propto \dot{E}^{0.24}$[183]

Yi 等进一步计算了张角修正的 γ 暴总功率 (γ 射线辐射能量与余辉动能之和)
与喷流洛伦兹因子之间的统计关系, $\Gamma_0 \propto L_{\mathrm{tot}}^{0.14}$。相对而言, 该统计关系更接近 BZ
模型的预言 [196], 见图 4.55。

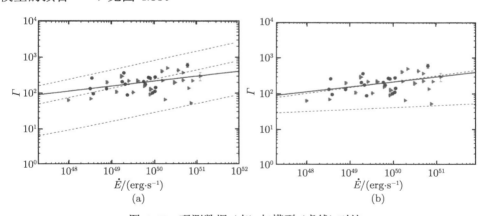

图 4.55 观测数据 (点) 与模型 (虚线) 对比

实线为对观测数据的最佳拟合 $\Gamma_0 \propto L_{\mathrm{tot}}^{0.14}$。(a) 中虚线为不同参数下 NDAF 模型结果; (b) 中虚线为 BZ
    模型结果, 分别考虑了磁慢耗散 (下面的虚线) 和快耗散 (上面的虚线) 情形 [196]

最近, Sonbas 等发现了 GRB 最小光变时标 (MTS) 分别与洛伦兹因子 Γ 之间
和各向同性光度 L_γ 之间的反相关关系 [197]。Wu 等进一步确认了上述统计关系并

将之推广到耀变体 (活动星系核的一类)[198]。统计关系结果为：MTS $\propto \Gamma^{-4.8\pm1.5}$ 以及 MTS $\propto L_\gamma^{-4.8\pm1.5}$。这里相关的三个参数 (MTS、$\Gamma$ 和 L_γ) 都和中心引擎有密切关联，所以期望可以从上述统计关系窥探有关 GRB 喷流加速和吸积活动的物理本质。

如上所述，当考虑外力矩作用时 NDAF 可能发生黏滞不稳定。这种不稳定可以自然解释观测到的 MTS。根据吸积盘的解可以得到

$$\text{MTS} \sim t_{\text{vis}} \propto m^{-1.04} \tag{4.90}$$

首先对于 NDAF 模型，从中微子湮灭功率和洛伦兹因子对 $\dot{m}$ 的依赖关系，可以给出 MTS-η 关系 (MTS$\propto \eta^{-1.8}$) 和 MTS-$\dot{E}_{\overline{\nu}}$ 关系 (MTS-$\dot{E}_{\overline{\nu}}^{-0.5}$)。相应地，从 BZ 功率以及洛伦兹因子对 $\dot{m}$ 的依赖关系，可以得到 BZ 模型下的变量相关性，分别是 MTS-μ_0 关系 (MTS$\propto \mu_0^{-6.2}$) 和 MTS-$\dot{E}_{\text{BZ}}$ 关系 (MTS$\propto \dot{E}_{\text{BZ}}^{-1.04}$)[199]。可以明显看出，这些统计关系更倾向于 BZ 机制 (图 4.56)。

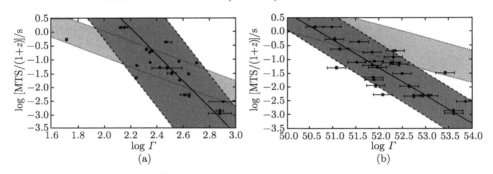

图 4.56　(a) MTS-Γ；(b) MTS-L_γ

黑色点是 GRB 的观测数据 [198]。实线是对数据点的最佳拟合：MTS/$(1+z)\propto \Gamma^{-4.8}$ 和 MTS/$(1+z) \propto L_\gamma^{-1.0}$。浅灰色阴影显示的是由中微子机制驱动喷流模型预言的相关性 (MTS$\propto \eta^{-1.8}$ 和 MTS-$\dot{E}_{\overline{\nu}}^{-0.5}$，深灰色阴影显示的是由 BZ 机制驱动喷流模型预言的相关性 (MTS$\propto \mu_0^{-6.2}$ 和 MTS-$\dot{E}_{\text{BZ}}^{-1.04}$[199])

BZ 机制有效性的另一个证据来自长暴晚期的再活动。比如在 GRB 121027A 和 GRB 111209A 的 X 射线余辉约 3000s 处都发现一个大鼓包，这种持续时间达 10000s 的鼓包无法通过 NDAF 模型重现。Wu 等 [200]，Yu 等 [201] 和 Gao 等 [202] 发现这些鼓包可以通过前身星包层物质回落触发的 BZ 机制得到很好的解释，如图 4.57 和图 4.58 所示。

物质回落随时间按以下规律演化 [200]：

$$\dot{M} = \dot{M}_p \left[\frac{1}{2} \left(\frac{t - t_0}{t_p - t_0} \right)^{-s/2} + \frac{1}{2} \left(\frac{t - t_0}{t_p - t_0} \right)^{3s/5} \right]^{-1/s} \tag{4.91}$$

其中 s 为平滑因子。代入 BZ 功率公式即可得到喷流光度随时间演化, 拟合结果如图 4.58 所示。

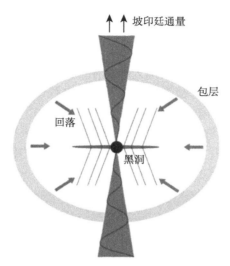

图 4.57 回落吸积以及 BZ 驱动晚期 X 射线大鼓包示意图 [200]

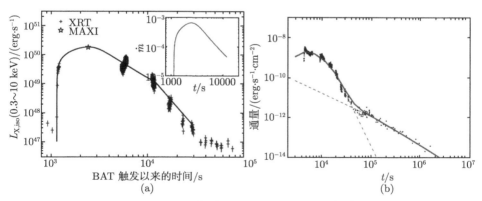

图 4.58 用 BZ 机制对 GRB 121027A[200] (a) 和 GRB 111209A[202] (b) 的 X 射线鼓包的拟合

4.7 黑洞吸积与潮汐瓦解事件

4.7.1 潮汐瓦解事件简介

通常认为超大质量黑洞 (质量约为 $10^5 M_\odot \sim 10^{10} M_\odot$) 存在于星系的核心, 比如活动星系核的电磁辐射被认为是潜伏在星系中心的超大质量黑洞存在的证据。越来越多的观测显示银河系中心 Sgr A* 存在一颗超大质量黑洞。在天体物理意义上，超大质量黑洞的研究可用来验证广义相对论，以及黑洞的增长方式、星系的形成等基本问题。活动星系核是寻找黑洞样本的有效方法。但是，还有更多的超大质量黑洞可能存在于非活动星系 (宁静星系)，这些宁静星系的核心通常不够明亮而且很难观测。

如果一个恒星靠近星系中心的超大质量黑洞，且潮汐力大于恒星的自引力，恒星将被潮汐瓦解成碎片，并被黑洞所吸积，该过程即称为潮汐瓦解事件 (tidal disruption event, TDE)，如图 4.59 所示。相关理论预言由 M. J. Rees 于 1988 年在 *Nature* 杂志提出 [203]。大约有一半的瓦解物质会回落并被黑洞吸积，产生紫外线或 X 射线波段明亮的耀发，一般持续数月或一年，因此 TDE 可以作为探测宁静星系中心黑洞的有力助手 [203, 204]。

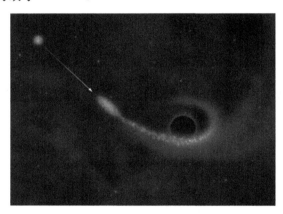

图 4.59　潮汐瓦解事件示意图 (后附彩图)

假设恒星具有均匀密度 ρ_*(作为太阳类型的恒星)，且绕着距离黑洞为 R_t 的轨道运动，当黑洞对恒星施加的潮汐力强于恒星的自引力时，恒星会被黑洞潮汐瓦解，如图 4.60 所示，此时的半径为潮汐瓦解半径

$$R_t \approx \left(\frac{6M_{\mathrm{BH}}}{\pi\rho_*}\right)^{1/3} \approx R_* \left(\frac{M_{\mathrm{BH}}}{M_*}\right)^{1/3} \tag{4.92}$$

或写为

$$R_t/R_s \approx 23.5 m_6^{-2/3} m_*^{1/3} r_* \tag{4.93}$$

其中 $m_* = M_*/M_\odot$，$r_* = R_*/R_\odot$，$M_6 = M_{\mathrm{BH}}/10^6 M_\odot$。

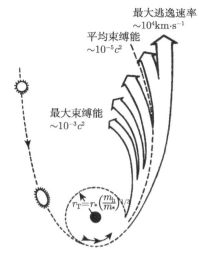

图 4.60   潮汐瓦解恒星理论模型示意图

大约有一半的被瓦解的物质会回落, 被中心黑洞吸积并辐射出大量能量 [203]

瓦解后恒星残骸最小回落时标为

$$t_{\mathrm{fb}} = \frac{\pi G M_{\mathrm{BH}}}{2^{1/2} |\Delta \varepsilon|^{3/2}} = 0.112 \beta^{-\frac{3n}{2}} r_*^{\frac{3}{2}} M_6^{\frac{1}{2}} m_*^{-1} \, \mathrm{yr} \tag{4.94}$$

其中 $\beta = R_{\mathrm{t}} / R_{\mathrm{P}}$, 这里 R_{P} 为近心点半径。

根据 Rees 的理论, 束缚的物质向黑洞掉落时, 会在黑洞潮汐瓦解半径 R_{t} 附近逐渐形成环, 并以 $\dot{M}_{\mathrm{fb}}$ 的回落率落入黑洞

$$\dot{M}_{\mathrm{fb}} = \frac{\mathrm{d}M}{\mathrm{d}t} = \frac{\mathrm{d}M}{\mathrm{d}\varepsilon} \left| \frac{\mathrm{d}\varepsilon}{\mathrm{d}t} \right| \tag{4.95}$$

在束缚位置作椭圆轨道回落到吸积流, 比能量 $\varepsilon \approx -\dfrac{G M_{\mathrm{BH}}}{R_{\mathrm{a}}}$, 由开普勒定律得到

$$R_{\mathrm{a}} = \frac{(2 G M_{\mathrm{BH}})^{1/3}}{\pi^{2/3}} t^{2/3} \tag{4.96}$$

于是有

$$\frac{\mathrm{d}\varepsilon}{\mathrm{d}t} = \frac{(2\pi G M_{\mathrm{BH}})^{2/3}}{3} t^{-5/3} \tag{4.97}$$

Ress 为了简化问题, 假设 $\mathrm{d}M/\mathrm{d}\varepsilon$ 是常数 [203], 后来 Evans 和 Kochanek 的数值模拟表明能量–质量分布基本均匀 [205]: $\dfrac{\mathrm{d}M}{\mathrm{d}\varepsilon} \approx \dfrac{M_*}{2\Delta\varepsilon}$, 见图 4.61(a)。于是得到恒星碎片质量回落率为

$$\frac{\mathrm{d}M}{\mathrm{d}t} = \frac{\mathrm{d}M}{\mathrm{d}\varepsilon} \left| \frac{\mathrm{d}\varepsilon}{\mathrm{d}t} \right| = \frac{M_*}{3 t_{\mathrm{fb}}} \left(\frac{t}{t_{\mathrm{fb}}} \right)^{-5/3} \tag{4.98}$$

理论和数值模拟都表明 $dM/d\varepsilon$ 接近常数，且至少在晚期收敛于常数，潮汐瓦解回落率 $\dot{M}_{\rm fb} \propto t^{-5/3}$，也就是常说的晚期光变曲线遵从 $t^{-5/3}$。

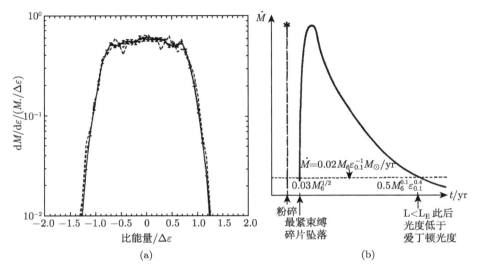

图 4.61　(a) 数值模拟给出的 $dM/d\varepsilon$；(b)TDE 事例中物质回落率随时间的变化 [203]

第一例 TDE 事件是 ROSAT 巡天卫星在宁静星系NGC 5905 中发现的 [206, 207]，后续又从 ROSAT 的数据中发现了四例可能的 TDE 事件[208−211]。图 4.62 展示了 ROSAT 发现的四例 TDE 候选体，光变曲线基本上都遵从 $t^{-5/3}$。

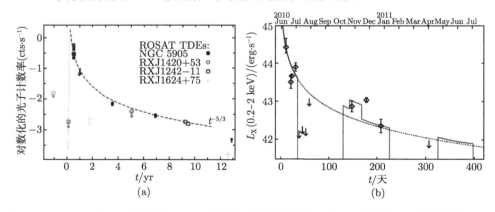

图 4.62　(a) ROSAT 探测到的 TDE 事件的典型光变曲线。(b) 一例可能在双黑洞系统中产生的 TDE 事件，SDSS J1201+30 的光变曲线 [212]

借助更多先进 X 射线望远镜 (如 XMM-Newton，Chandra 和 Swift) 以及光学紫外波段的望远镜 GALEX，以及 SDSS，ASASSN 和 Pan-STARRS 等巡天项目的数据, 目前已经找到几十种候选体, 如表 4.5 所示。

表 4.5 在 X 射线、紫外线和光变波段探测到的部分 TDE 候选体[212]

源名称	红移	探测设备	文献
		软 X 射线候选体	
NGC5905	0.011	ROSAT	Bade et al. (1996), Komossa and Bade (1999)
RXJ1242-1119	0.050	ROSAT	Komossa and Greiner (1999)
RXJ1624+7554	0.064	ROSAT	Grupe et al. (1999)
RXJ1420+5334	0.147	ROSAT	Greiner et al. (2000)
NGC3599	0.003	XMM-Newton	Esquej et al. (2007.2008)
SDSSJ1323+4827	0.087	XMM-Newton	Esquej et al. (2007.2008)
TDXF1347-3254	0.037	ROSAT	Cappelluti et al. (2009)
SDSSJ1311-0123	0.195	Chandra	Maksym et al. (2010)
2XMMi 1847-6317	0.035	XMM-Newton	Lin et al. (2011)
SDSSJ1201+3003	0.146	XMM-Newton	Saxton et al. (2012b)
WINGSJ1348	0.062	Chandra	Maksym et al. (2013). Donato et al. (2014)
RBS1032	0.026	ROSAT	Maksym et al. (2014b). Khabibullin snd Sazonov (2014)
3XMMJ1521+0749	0.179	XMM-Newton	Lin et al. (submitted for publication)
		硬 X 射线候选体	
SwiftJ1644+57	0.353	Swift	Bloom et al. (2011). Burrows et al. (2011)
			Levan et al. (2011). Zauderer et al. (2011)
SwiftJ2058+0516	1.186	Swift	Cenko et al. (20012b)
		紫外候选体	
J1419+5252	0.370	GALEX	Gezari et al. (2006)
J0225-0432	0.326	GALEX	Gezari et al. (2008)
J2331+0017	0.186	GALEX	Gezari et al. (2009)
		光学候选体	
SDSSJ0952+2143[a]	0.079	SDSS	Komossa et al. (2008)
SDSSJ0748+4712[a]	0.062	SDSS	Wang et al. (2011)
SDSSJ2342+0106	0.136	SDSS	Wan Velzen et al. (2011a)
SDSSJ2323+0108	0.251	SDSS	
PTF10iya	0.224	PTF	Cenko et al. (2012a)
SDSSJ1342+0530[a]	0.034	SDSS	Wang et al. (2012)
SDSSJ1350+2916[a]	0.078	SDSS	
PS1-10jh	0.170	Pan-STARRS	Gezari et al. (2012)
ASASSN-14ae	0.044	ASAS-SN	Holoien et al. (2014)
PTF09ge	0.064	PTF	Arcavi et al. (2014)
PTF09axc[b]	0.115	PTF	
PTF09djl	0.184	PTF	
PTF09nuj[c]	0.132	PTF	
PTF11glr[c]	0.207	PTF	
PS1-11af	0.405	Pan-STARRS	Chornock et al. (2014)

值得指出的是另一类特殊的 TDE 事件, SDSS J1201+30, 其 X 射线光变曲线表现出双黑洞 TDE 事件模型所预言的断裂式 (天至周之内) 的大幅度 (几倍至数十倍) 下跌[213, 214], 详细的分析认为在其中心是相距仅毫秒差距的双黑洞。这是首次在正常星系中发现双黑洞, 为观测正常星系中的双黑洞开辟出新的方法, 表明潮汐瓦解事件同样也是引力波辐射源。

之前的 TDE 模型并没有预言潮汐瓦解事件会伴随喷流产生，最近 Swift 卫星发现的候选体 Sw J1644+57 革新了大家对 TDE 的认识。

Sw J1644+57 是 2011 年 3 月 28 日被 Swift 卫星发现的，其寄主星系红移为 $z = 0.354$。光学和射电的观测显示其爆发位置与星系中心吻合。图 4.63 显示了 Sw J1644+57 的早期 X 射线光变，在爆发之前的 20 年间，没有观测到明显星系核活动，而爆发期间光变极其剧烈 (达到 2~3 个量级)，表明这并不是来自活动星系核的辐射。主要的耀发持续约 5 天，其后 X 射线辐射开始衰减，随时间衰减率满足 TDE 预言的 $\propto t^{-5/3}$ 规律。这些特征都表明 Sw J1644+57 是一个潮汐瓦解事件候选体，根据光变时标、核球光度等方法估计其中心黑洞质量在 $10^6 \sim 10^7 M_\odot$。

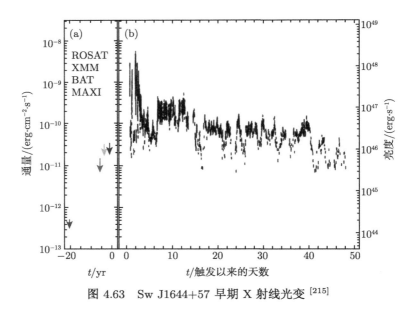

图 4.63　Sw J1644+57 早期 X 射线光变 [215]

Sw J1644+57 的各向同性峰值光度高达 3×10^{48}erg·s^{-1}，远超爱丁顿光度，而且也比普通 TDE 的亮得多。如此强的辐射，只可能来自相对论喷流而不是吸积盘。其他喷流辐射的证据包括极亮的射电辐射以及非热能谱特征，这些观测和研究揭示其辐射是由指向观测者的相对论性喷流产生的。产生的机制包括：来自喷流的磁能耗散，相对论喷流的内激波辐射，相对论喷流的反向激波。另外，早期的射电辐射也反映出相对论喷流与介质的相互作用。因此，Sw J1644+57 的发现暗示着揭示了一类特殊的 TDE，它们产生了指向观测者的极端相对论性喷流。受此启发，后来又在 Swift 观测数据库中发现了两例具有相对论性喷流的 TDE 候选体：Sw J2058+05[216] 和 Sw J1112+8238[217]。这类 TDE 的研究有助于揭示喷流产生的物理本质，因此引起极大的关注。

4.7.2　具有相对论性喷流的潮汐瓦解事件

这里介绍目前观测到的三例具有喷流的 TDE 候选体：Sw J1644+57，Sw J2058+05 和 Sw J1112+8238，如图 4.64 所示。

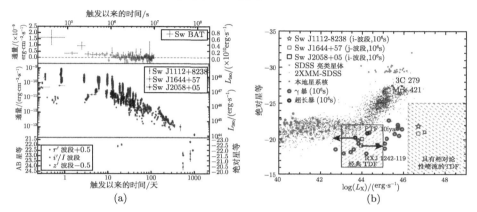

图 4.64　(a) Sw J1112+8238 的多波段光变曲线，中间图显示了 Sw J1644+57，Sw J2058+05 和 Sw J1112+8238 这三例 TDE 的 X 射线光变；(b) 一些河外暂现源 (包括 TDE, AGN 耀发, 晚期 GRB 活动等) 的光学绝对星等和 X 射线光度图。相比经典 TDE, Sw J1644+57，Sw J2058+05 和 Sw J1112+8238 这三例有相对论喷流的TDE 明显具有较高 X 射线光度 (后附彩图)

这三例 TDE 都是 Swift 卫星发现的，其中 Sw J1644+57 是 2011 年 3 月 28 日在红移为 z =0.354 的星系发现的，由于其超长的 flare 活动时标起初被当成了超长暴。Sw J2058+05 发生在 z =1.1853，触发 Swift/BAT 用了 4 天的积分 (2011 年 5 月 17~20 日)，后续 ToO 观测是在 8 天后 (2011 年 5 月 28 日) 开始，揭示出与 Sw J1644+57 类似的 X 射线光变行为。Sw J1112+8238 最早在 2011 年 6 月 16~19 日 (采用 4 天的积分时间) 被 BAT 探测到 (红移为 z =0.89)，起初被归档为未知的长时标暂现 γ 射线源，与 Sw J2058+05 类似，其 X 射线观测 10 天后才开始并展现类似 Sw J1644+57 的行为。从图 4.63 可以看出它们相似的 X 射线行为，并具有与其他河外源不一样的性质，表明它们属于特殊的一类 TDE。下面主要以 Sw J1644+57 为例来研究这类 TDE 的性质。

图 4.65 显示了这些 TDE 发生位置与所在星系中心一致。首先关心的是这类 TDE 的星系性质和中心黑洞质量。哈勃太空望远镜 (HST) 对 Sw J1644+57 所在星系的观测并不能直接分辨其形态，该星系的谱具有恒星形成的谱特征，但其 B-R 色指数 (~1.5) 位于 E 和 S0 星系区间，这样的星系其核球质量占星系质量的主要部分。星系的 B 和 H 波段光度基于之前的观测以及最新的哈勃太空望远镜 WFC3 数据，并采用 Sw J1644+57 的光度距离 $d_{\rm L}$ = 1.88Gpc，即 $\log(L_{\rm B}/L_{\odot,\rm B})$ =

9.20 和 $\log(L_{\mathrm{H}}/L_{\odot,\mathrm{H}}) = 9.58$。通过黑洞质量与寄主星系核球光度关系可以估计 Sw J1644+57 的星系中心黑洞质量[219]

$$\log M_{\mathrm{BH}} = (8.07 \pm 0.09) + (1.26 \pm 0.13)(\log L_{\mathrm{B,bul}} - 10.0)$$
$$\log M_{\mathrm{BH}} = (8.04 \pm 0.10) + (1.25 \pm 0.15)(\log L_{\mathrm{H,bul}} - 10.8)$$

(4.99)

其中，$\log L_{\mathrm{B,bul}}$ 和 $\log L_{\mathrm{H,bul}}$ 分别为 B 和 H 波段光度。由于这里采用星系总光度来近似核球光度，由此得到 Sw J1644+57 黑洞质量为上限 $M_{\mathrm{BH}} \approx 2 \times 10^7 M_\odot$。类似的方法应用到 Sw J2058+05，给出黑洞质量上限约为 $M_{\mathrm{BH}}(\mathrm{J2058}) \leqslant 2 \times 10^8 M_\odot$。

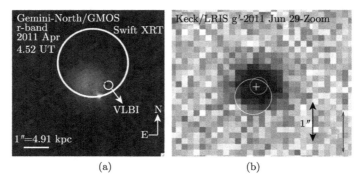

图 4.65 Sw J1644+57 (a) 和 Sw J2058+05 (b) 在寄主星系中爆发的位置[218]

根据最小光变时标也可以独立估算黑洞的质量。Sw J1644+57 的最小光变时标为 $\Delta t_{\mathrm{min}} \sim 100\mathrm{s}(3\sigma$ 范围)，对一个不转黑洞 $\Delta t_{\mathrm{min}} \sim r_{\mathrm{S}}/c \sim 100(M_{\mathrm{BH}}/10^6 M_\odot)\mathrm{s}$

$$M_{\mathrm{BH}} \approx 7.4 \times 10^6 \left(\frac{\Delta t_{\mathrm{min}}}{100\mathrm{s}}\right) M_\odot$$

(4.100)

基于这两方面的考虑，可以认为 Sw J1644+57 的星系中心黑洞质量在 $M_{\mathrm{BH}} \sim (10^6 \sim 2 \times 10^7) M_\odot$。

此外，还可以根据黑洞质量与 X 射线光度 L_{X}、射电光度 L_{R} 的关系来进行估算[220]：

$$\log L_{\mathrm{R}} = (4.80 \pm 0.24) + (0.78 \pm 0.27)\log M_{\mathrm{BH}} + (0.67 \pm 0.12)\log L_{\mathrm{X}}$$

(4.101)

对于 Sw J2058+05，这样估计的黑洞质量为 $M_{\mathrm{BH}}(\mathrm{J2058}) \approx 5 \times 10^7 M_\odot$。

另一个值得关注的参数是像 Sw J1644+57 这类 TDE 中心黑洞的自转参数。Burrows 等对 Sw J1644+57 的多波段观测数据进行了分析，谱拟合的结果暗示其喷流应以坡印亭流为主，这支持 Sw J1644+57 的喷流是由BZ 过程所驱动的。而且，BZ 机制也是解释活动星系核中喷流的主要模型。

　　由于 BZ 过程严重依赖黑洞的自转参数, 因此可以通过将其理论预言与观测数据对比来限定黑洞自转[221]

$$\eta L_{\mathrm{BZ}} = f_{\mathrm{b}} L_{\mathrm{X,iso}} \qquad (4.102)$$

其中, $L_{\mathrm{X,iso}}$ 为各向同性 X 射线光度。考虑到磁流体不稳定性可能触发有效的磁能耗散, 这里取喷流效率 $\eta \sim 0.5$。理论上, 由于相对论性喷流的集束效应, 只有 TDE 喷流指向观测者才能被测到, 导致 Sw J1644+57 这类 TDE 事件显得异常罕见。因此, 可以将观测到的具有喷流的 TDE 的事件率与集束因子 f_{b} 联系起来。Sw J1644+57 和 Sw J2058+05 这两例 TDE 都是在 2011 年, 即 Swift 卫星工作 7 年后被发现的, 而 Swift BAT 的视场为 $\sim 4\pi/7 \, \mathrm{sr}$, 对应的时间全天事件率为 $R_{\mathrm{obs}} \sim 2 \, \mathrm{yr}^{-1}$, 如果采用 90% 置信度区间则为 $(0.44 \sim 5.48) \, \mathrm{yr}^{-1}$。另外, 观测表明 TDE 的事件率为 $n_{\mathrm{gal}} \sim 10^{-3} \sim 10^{-2} \, \mathrm{Mpc}^{-3}$。考虑 Sw J2058+05 的红移为 $z = 1.1853$, 可以得到该体积内 $(z \leqslant 1.1853)$ 的总 TDE 发生率为 $R_{\mathrm{tot}} \sim 10^4 \sim 10^5 \, \mathrm{yr}^{-1}$。另外, 类比活动星系核的射电噪度分析, 假设只有约 10% 的 TDE 能产生喷流, 最终可以估计集束因子为

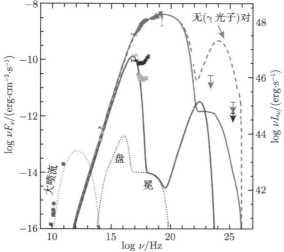

图 4.66　对 Sw J1644+57 的多波段能谱拟合 (后附彩图)

实线为磁主导喷流的同步辐射拟合, 橙色点线为喷流与外部介质作用产生的射电辐射[215]

$$f_{\mathrm{b}} \sim \frac{R_{\mathrm{obs}}}{10\% \, R_{\mathrm{tot}}} \in (4.4 \times 10^{-5}, \, 5.5 \times 10^{-3}) \qquad (4.103)$$

由于 BZ 功率还依赖盘吸积率, 所以可以从观测上估计峰值吸积率为

$$\dot{M}_{\mathrm{peak}} = \frac{F_{\mathrm{X}}^{\mathrm{peak}}(1+z)}{S_{\mathrm{X}}} M_* = \frac{L_{\mathrm{X,iso}}^{\mathrm{peak}}}{E_{\mathrm{X,iso}}} M_* \qquad (4.104)$$

观测上，Sw J1644+57 在 1.35~13.5keV(红移改正后) 的能量为 $E_{X,\text{iso}}(\text{J}1644) \sim 2 \times 10^{53}$erg，峰值光度为 $L_{X,\text{iso}}^{\text{peak}}(\text{J}1644) \sim 2.9 \times 10^{48}$erg·s^{-1}。而 Sw J2058+05 在 0.3~10keV 的峰值通量为 $F_{X,\text{iso}}^{\text{peak}}(\text{J}2058) \sim 7.9 \times 10^{-11}$erg· cm^{-2}·s^{-1}，对应峰值光度 $L_{X,\text{iso}}^{\text{peak}}(\text{J}2058) \sim 3 \times 10^{47}$erg·s^{-1}，另外其 X 射线积分通量为 $S_X(\text{J}2058) \sim 1.0 \times 10^{-4}$erg·cm^{-2}。根据数据估算的峰值吸积率为

$$\dot{M}_{\text{peak}}(\text{J}1644) \approx 1.45 \times 10^{-5} M_* \text{s}^{-1}$$

$$\dot{M}_{\text{peak}}(\text{J}2058) \approx 1.72 \times 10^{-7} \zeta_{-1} M_* \text{s}^{-1} \tag{4.105}$$

实际上，观测上并没捕捉 Sw J2058+05 前 11 天的 X 射线光度，在吸积率估算是引入吸积质量为 ζM_*，然后将由此估算 BZ 峰值功率与 X 射线峰值光度对比来限制黑洞自转参数，考虑到喷流集束因子 f_b 和被瓦解恒星质量的不确定性，模型只能限制一个自转范围，如图 4.67 中阴影区域所示。如果取典型恒星质量 $M_* = 0.1 M_\odot$ 和 $f_b = 10^{-3}$，则有 $a_*(\text{J}1644) = 0.90$，$a_*(\text{J}2058) = 0.99$。此外，Reis 等分析了 Suzaku 和 XMM-Newton 卫星在爆发 10~20 天的观测数据，发现另一个约为 200 秒的准周期振荡(QPO)[222]。如果该周期来自吸积盘的 3:2 盘震 QPO模型的一个频率，则也会要求一个较高的黑洞自转 [223]。

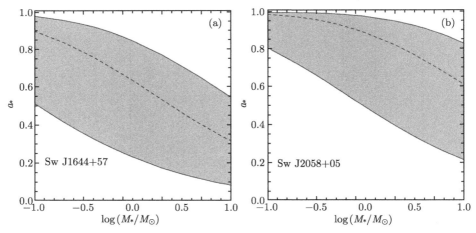

图 4.67　Sw J1644+57 和 Sw J2058+05 的中心黑洞自转的限制

其中上下实线分别对应 $f_b = 55 \times 10^{-3}$ 和 4.4×10^{-5}，中间虚线为 $f_b = 10^{-3}$

被瓦解恒星事先并不"了解"黑洞的自转信息，其轨道角动量方向极可能与黑洞自转轴不一致。对于一个快转黑洞，一个自然的预期是倾斜吸盘将发生 Lense-Thirring 进动。Stone 和 Loeb[224] 最先讨论了该效应可能导致喷流的进动，如图 4.68 所示。

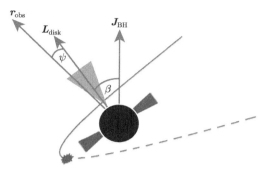

图 4.68 潮汐瓦解恒星事件的几何示意图

倾斜吸积可能发生进动并伴随喷流的进动

观测上，Sw J1644+57 数据异常丰富，其 X 射线光变曲线除了满足 $t^{-5/3}$ 规律，还展现出准周期行为。从图 4.69(a) 即可看出，在主要耀发结束后光变存在一些清晰的 "谷" 结构，出现位置大致与 2.7 天周期吻合 (相邻虚线间隔为 2.7 天)。最早 Burrows 等在 2011 年文章中就指出存在该 2.7 天周期光变 [215]，2012 年 Saxton 等进行了仔细研究并确认 [225]。2013 年 Lei 等用 Gao 等提出的 SFC 分析方法进一步予以确认 [226, 227]。

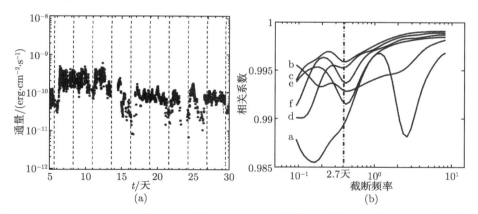

图 4.69 (a) Sw J1644+57 在 5~30 天的 Swift XRT 观测光变曲线，从中可以看到准周期的 "峰–谷" 结构，虚线是按照 2.7 天的周期画出。(b) 利用文献 [227] 提出的 SFC 方法对光变数据进行分析的结果。曲线 a 为对整段数据分析的结果，而 b、c、d、e 和 f 分别是去掉前 2 天、5 天、10 天、15 天和 20 天后处理得到的。从结果可以看出，只要去掉前 2 天的数据，即可发现 ~ 2.7 天的周期 (点虚线对应的位置)[226]

Lense-Thirring 进动角速度为 [228]

$$\Omega_{\mathrm{LT}}(R) = \frac{2G}{c^2} \frac{J_{\mathrm{BH}}}{R^3} \tag{4.106}$$

进动周期 $\tau_{\mathrm{p}} = \dfrac{2\pi}{\Omega_{\mathrm{LT}}}$，如果取 $M_{\mathrm{BH}}(\mathrm{J}1644) = 2 \times 10^6 M_\odot$ 和 $a_*(\mathrm{J}1644) = 0.90$，在半径 $R = 19R_{\mathrm{g}}$ 处的进动周期为 $\tau_{\mathrm{p}} \approx 2.7$ 天，可以解释观测的准周期 "谷" 结构。由此可见，该准周期 X 光变是喷流进动的证据，是旋转黑洞对周围倾斜吸积盘的广义相对论效应。

实际上，进动吸积盘的结构要同时考虑 Lense-Thirring 力矩和黏滞的作用，前者主要作用于吸积盘内区，驱使吸积盘角动量与黑洞自转轴方向一致，而盘外区 Lense-Thirring 力矩可忽视而保持其原有角动量方向，这样二者共同作用形成扭曲的盘结构，该效应即 Bardeen-Petterson 效应[229]，这两个盘区域的特征转换半径为 Bardeen-Petterson 半径 R_{BP}。扭曲盘结构由下面公式描述：

$$\frac{\partial \boldsymbol{L}}{\partial t} = \frac{3}{R}\frac{\partial}{\partial R}\left[\frac{R^{1/2}}{\Sigma}\frac{\partial}{\partial R}\left(\nu_1 \Sigma R^{1/2}\right)\boldsymbol{L}\right] + \frac{1}{R}\frac{\partial}{\partial R}\left[\left(\nu_2 R^2 \left|\frac{\partial \boldsymbol{l}}{\partial R}\right|^2 - \frac{3}{2}\nu_1\right)\boldsymbol{L}\right]$$
$$+ \frac{1}{R}\frac{\partial}{\partial R}\left(\frac{1}{2}\nu_2 R^2 L \frac{\partial \boldsymbol{l}}{\partial R}\right) + \boldsymbol{\Omega}_{LT} \times \boldsymbol{L} \tag{4.107}$$

其中，$L = |\boldsymbol{L}| = \Sigma\sqrt{GM_{\mathrm{BH}}R}$ 为盘单位面积的角动量，$\boldsymbol{l}$ 为某个半径角动量方向矢量，ν_1 和 ν_2 分别为标准黏滞参数和对应扭曲形变的垂向黏滞参数。Bardeen-Petterson 半径 R_{BP} 定义为扭曲传播时标 $t_{\nu_2} = R^2/\nu_2$ 与进动周期 τ_{p} 相等的半径

$$R_{\mathrm{BP}} = \sqrt{\frac{\nu_2}{\Omega_{\mathrm{LT}}(R_{\mathrm{BP}})}} \tag{4.108}$$

如果考虑小幅度的扭曲传播，两个黏滞参数可以通过黏滞系数 α 联系起来

$$\frac{\nu_2}{\nu_1} = \frac{1}{2\alpha^2}\frac{4(1+7\alpha^2)}{4+\alpha^2} \tag{4.109}$$

如果 R_{BP} 处的进动对应观测的准周期，则可以预期该周期会随着 TDE 的演化而增大。对于 Sw J1644+57 晚期 X 射线光变的准周期行为分析的确看到这种增长，如图 4.70 所示。

Sw J1644+57 丰富的射电数据为研究其喷流演化及结构提供了可能。Zauderer 等最早给出了至 $t \simeq 26$ 天的射电观测数据[231]。后来，Berger 等展示了一直到 $t \simeq 216$ 天的数据[232]。紧接着 Zauderer 等发布了持续到 $t \simeq 600$ 天的射电光变[233]。奇怪的是，通过喷流与介质作用预言 ~100 天射电辐射应该很快衰减[232,234]，但实际数据却出现一个大鼓包，见图 4.71(a)。Berger 等[232] 和 Zauderer 等[233] 将这个 ~100 天的鼓包归咎为晚期能量注入，见图 4.71(b)，这就要求晚期注入越来越多的能量 (约为初始喷流能量的 20 倍)，这就与 TDE 模型产生了矛盾。

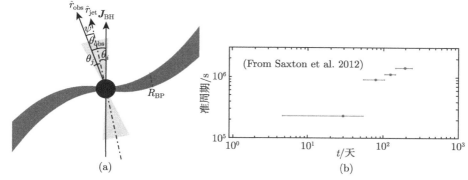

图 4.70 (a) 扭曲吸积盘示意图；(b) Saxton 等 [225] 利用其 Lomb-Scargle 周期分析方法得到的 4 个时间片的周期, 从中可以看到光变准周期的演化 [230]

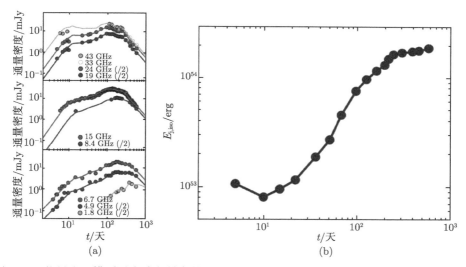

图 4.71 能量注入模型对多波段射电数据的拟合 (a), 以及喷流能量随时间的演化 (b)(后附彩图)

图中 (/2) 是由于几条线距离太近, 为方便展示, 所以将对应光度值除以 2

Wang 等 [235] 和 Liu 等 [236] 先后提出了双成分喷流模型(图 4.72)：利用两个喷流与外部介质的作用来解释 Sw J1644+57 早期和晚期的射电数据。双成分喷流模型的另一个优点是, 能同时解释 Sw J1644+57 的 X 光变中 2.7 天和 200s 的准周期行为。

Sw J1644+57, Sw J2058+05 和 Sw J1112+8238 这三例 TDE 的 X 射线峰值光度都在 $10^{47} \sim 10^{48} \mathrm{erg \cdot s^{-1}}$, 要比普通 TDE 的 ($\sim 10^{44} \mathrm{erg \cdot s^{-1}}$) 高得多。这似乎暗示有喷流的 TDE 可能对应那些少数极亮的 TDE。最近, ASASSN 探测到一个来自邻

近星系 (距离地球只有约 90Mpc) 的 TDE: ASASSN-14li[238]。ASASSN-14li 的光学
和 X 射线辐射都与普通无喷流的 TDE 相似,不同的是它还观测到了多波段的射
电辐射。一种观点认为这些射电辐射来自中心引擎产生的盘风[239],但后来的研究
认为这些辐射应该是指向观测者的相对论喷流与周围介质作用时产生的,该结果
表明普通 TDE 也能够产生喷流[240]。这无疑对我们的认识提出了挑战。因此,需
要更多的观测数据和理论研究来确定具有相对论性喷流的 TDE 的比例。

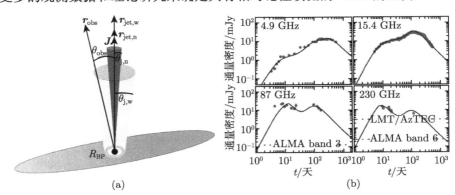

图 4.72   双成分喷流模型及其对 4.9GHz, 15.5GHz, 87GHz, 230GHz 射电数据的拟合[235, 237]

有喷流的 TDE 的发现导致一个非常自然的理论预言:一定存在一些 TDE,它
们产生的相对论喷流并不正对着观测者。这类偏轴 TDE,其喷流的 X 射线辐射要
比 Sw J1644+57 弱很多,甚至可能被来自吸积盘的 X 射线辐射所掩盖,但其晚期
喷流与介质相互作用产生的射电辐射将被观测到。

2011 年,硬 X 射线卫星 INTEGRAL 在 Seyfert 2 星系 NGC 4845(距离地球约
17Mpc) 核心发现了一例潮汐瓦解事件 IGR J12580+0134,如图 4.73 所示。其 X 射
线辐射光度只有 $\sim 10^{42}$erg·s^{-1},远小于 Sw J1644+57 的 $\sim 3 \times 10^{48}$erg·s^{-1} [241]。

IGR J12580+0134 的 X 射线辐射有可能和之前那些未探测到喷流的普通的
TDE 一样,比如 NGC 5905,来自于吸积盘或者盘冕。有趣的是,VLA 在 1.57GHz
和 6GHz 探测到了 IGR J12580+0134 的射电辐射[243],如图 4.74(b) 所示。进一步的
理论研究表明,IGR J12580+0134 是第一个喷流偏离视线的 TDE 候选体[242,243],
如图 4.74(a) 所示。最近,Yuan 等[237] 在 Planck 卫星中找到该源的 MM 波数据,
也与我们的偏轴模拟预言一致[242]。

研究这类 TDE 的意义在于:①有助于回答究竟有多少 TDE 产生喷流;②由
于该类 TDE 的吸积盘和喷流的辐射都可被直接观测到,因此成为研究黑洞吸积与
喷流产生相关性的重要事例,借此可加深对喷流产生的理解。

未来的爱因斯坦探针 (EP) 是探测 TDE 的最佳设备[244],它的大视场和高
灵敏度都满足发现 TDE 所需要的条件。借助爱因斯坦探针有望探测到更多像 Sw

J1644+57 具有喷流的 TDE，以及类似于 IGR J12580+0134 这样喷流偏离视线的 TDE[237, 245]。

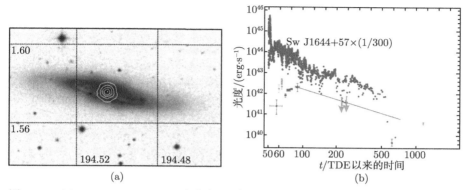

图 4.73 (a) IGR J12580+0134 在寄主星系 NGC 4845 中的位置，与星系中心一致。
(b) IGR J12580+0134 (红色)，Sw J1644+57 (灰色) 和 NGC 5905 (浅蓝色) 的 X 射线光度对比，其中 Sw J1644+57 除了系数 300[241, 242] (后附彩图)

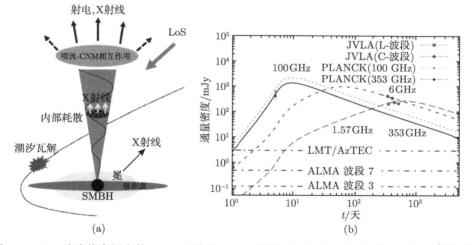

图 4.74 (a) 喷流偏离视向的 TDE 示意图。(b) 喷流与介质作用对射电数据的拟合 [237,242]

参 考 文 献

[1] Li L X. Astrophys. J., 2002, 567: 463–476

[2] Novikov I D, Thorne K S.//Dewitt C. Black Holes. New York: Gordon and Breach, 1973, 345–450

[3] Page D N, Thorne K S. Astrophys. J., 1974, 191: 499–506

[4]   Thorne K S. Astrophys. J., 1974, 191: 507–520

[5]   Wang D X, Xiao K, Lei W H. Mon. Not. R. Astron. Soc., 2002, 335: 655–664

[6]   Wang D X, Ma R Y, Lei W H, et al. Astrophys. J., 2003, 595: 109–119

[7]   Wang D X, Lu Y, Yang L T. Mon. Not. R. Astron. Soc., 1998, 294: 667–672

[8]   Ma R Y, Wang D X, Zuo X Q. Astron. Astrophys., 2006, 453: 1–7

[9]   Stella L, Rosner R. Astrophys. J., 1984, 277: 312–321

[10] Liu B F, Mineshige S, Shibata K. Astrophys. J., 2002, 572: L173–L176

[11] Gan Z M, Wang D X, Lei W H. Mon. Not. R. Astron. Soc., 2009, 394: 2310–2320

[12] Merloni A, Fabian A C. Mon. Not. R. Astron. Soc., 2002, 332: 165–175

[13] Livio M, Ogilvie G I, Pringle J E. Astrophys. J., 1999, 512: 100–104

[14] Brocksopp C, McGowan K E, Krimm H, et al. Mon. Not. R. Astron. Soc., 2006, 365: 1203–1214

[15] Yuan F, Cui W, Narayan R. Astrophys. J., 2005, 620: 905–914

[16] Miller J M, Fabian A C, Reynolds C S, et al. Astrophys. J., 2004, 606: L131–L134

[17] McClintock J E, Remillard R A.//van der K L. Black hole binaries. Cambridge: Cambridge, Univ. Press, 2006, 157–213

[18] Remillard R A, McClintock J E. Ann. Rev. Astron. Astrophys., 2006, 44: 49–92

[19] Tananbaum H, Gursky H, Kellogg E, et al. Astrophys. J., 1972, 177: L5–L10

[20] Miyamoto S, Kitamoto S. Astrophys. J., 1991, 374: 741–743

[21] Miyamoto S, Iga S, Kitamoto S, et al. Astrophys. J., 1993, 403: L39–L42

[22] van der Klis M.//Compact stellar X-ray sources., Cambridge Astrophysics Series, No. 39., Cambridge, UK: Cambridge University Press, 2006, 39–112

[23] Muno M P, Remillard R A, Morgan E H, et al. Astrophys. J., 2001, 556: 515–532

[24] Sobczak G J, McClintock J E, Remillard R A, et al. Astrophys. J., 2000, 531: 537–545

[25] Vignarca F, Migliari S, Belloni T, et al. Astron. Astrophys., 2003, 397: 729–738

[26] Wijnands R, Homan J, van der K M. Astrophys. J., 1999, 526: L33–L36

[27] Tagger M, Pellat R. Astron. Astrophys., 1999, 349: 1003–1016

[28] Titarchuk L, Osherovich V. Astrophys. J., 2000, 542: L111–L114

[29] Chakrabarti S K, Manickam S G. Astrophys. J., 2000, 531: L41–L44

[30] Nobili L, Turolla R, Zampieri L, et al. Astrophys. J., 2000, 538: L137–L140

[31] Remillard R A, Muno M P, McClintock J E, et al. Astrophys. J., 2002, 580: 1030–1042

[32] Remillard R A, McClintock J E, Orosz J A, et al. Astrophys. J., 2006, 637: 1002–1009

[33] Abramowicz M A, Kluzniak W. Astron. Astrophys., 2001, 374: L19–L20

[34] Kato S, Fukue J. Publ. Astron. Soc. Japan, 1980, 32: 377–388

[35] Okazaki A T, Kato S, Fukue J. Publ. Astron. Soc. Japan, 1987, 39: 457–473

[36] Nowak M A, Lehr D E.//Abramowicz M A, Bjornsson G, Pringle J E. Theory of Black Hole Accretion Discs. Cambridge: Cambridge Univ. Press, 1998, 233–253

[37] Rezzolla L, Yoshida S, Maccarone T J, et al. Mon. Not. R. Astron. Soc., 2003, 344: L37–L41

[38] Schnittman J D, Bertschinger E. Astrophys. J., 2004, 606: 1098–1111

[39] Aschenbach B. Astron. Astrophys., 2004, 425: 1075–1082

[40] Torok G, Abramowicz M A, Kluzniak W, et al. Astron. Astrophys., 2005, 436: 1–8

[41] Huang C Y, Gan Z M, Wang J Z, et al. Mon. Not. R. Astron. Soc., 2010, 403: 1978–1982

[42] Fender R P, Belloni T, Gallo E. Mon. Not. R. Astron. Soc., 2004, 355: 1105–1118

[43] Greiner J, Cuby J G, McCaughrean M J. Nature, 2001, 414: 522–525

[44] Orosz J A, Groot P J, van der K M, et al. Astrophys. J., 2002, 568: 845–861

[45] Bailyn C D, Orosz J A, McClintock J E, et al. Nature, 1995, 378: 157–159

[46] Remillard R A.//Proc. AIP Conf. Vol. 714, X-Ray Timing 2003: Rossi and Beyond. Kaaret P, Lamb F K, Swank J H, eds, Am. Inst. Phys., New York, 2004, 13–20

[47] Zhao C X, Wang D X, Gan Z M. Mon. Not. R. Astron. Soc., 2009, 398: 1886–1890

[48] Huang C Y, Wang D X, Wang J Z. Research Astron. Astrophys., 2013，13: 705–718

[49] Genzel R, Schödel R, Ott T, et al. Nature, 2003, 425: 934–937

[50] Aschenbach B, Grosso N, Porquet D. Astron. Astrophys., 2004, 417: 71–78

[51] Bélanger G, Terrier R, de Jager O C, et al. Journal of Physics: Conference Series, 2006, 54: 420–426

[52] Espaillat C, Bregman J, Hughes P, et al. Astrophys. J., 2008, 679: 182–193

[53] Gierlinski M, Middleton M, Ward M, et al. Nature, 2008, 455: 369–371

[54] Strohmayer T E, Mushotzky R F. Astrophys. J., 2003, 586: L61–L64

[55] Strohmayer T E, Mushotzky R F, Winter L, et al. Astrophys. J., 2007, 660: 580–586

[56] Strohmayer T E, Mushotzky R F. Astrophys. J., 2009, 703: 1386–1393

[57] Tanaka Y, Nandra K, Fabian A C, et al. Nature, 1995, 375: 659–661

[58] Lasota J P. Astron. Nachr., 2005, 326(9): 867–869

[59] Iwasawa K, Fabian A C, Reynolds C S, et al. Mon. Not. R. Astron. Soc., 1996, 282: 1038–1048

[60] Reynolds C S, Nowak M A. Phys. Rept., 2003, 377: 389–466

[61] Wilms J, Reynolds C S, Begelman M C, et al. Mon. Not. R. Astron. Soc., 2001, 328: L27–L31

[62] Miller J M, Fabian A C, Wijnands R, et al. Astrophys. J., 2002, 570: L69–L73

[63] Li L X. Astron. Astrophys., 2002, 392: 469–472

[64] Wang D X, Lei W H, Ma R Y. Mon. Not. R. Astron. Soc., 2003, 342: 851–860

[65] George I M, Fabian A C. Mon. Not. R. Astron. Soc., 1991, 249: 352–367

[66] Fabian A C, Iwasawa K, Reynolds C S, et al. Publ. Astron. Soc. Japan, 2000, 112: 1145–1161

[67]　马任意. 华中科技大学博士学位论文，2006 CNKI 知网空间：http://cdmd.cnki.com.cn /Article/CDMD-10487-2008021875.htm

[68]　Shapiro S L, Teukolsky S A. New York: White Dwarfs and Neutron Stars Wiley, 1983

[69]　Fender R, Belloni T, Gallo E. Mon. Not. R. Astron. Soc., 2004, 355: 1105–1118

[70]　Fender R, Belloni T. Science, 2012, 337: 540–544

[71]　Zhang S N. Front. Phys., 2013, 8: 630–660

[72]　Esin A A, McClintock J E, Narayan R. Astrophys. J., 1997, 489: 865–889

[73]　Spruit H C, Uzdensky D A. Astrophys. J., 2005, 629: 960–968

[74]　Hazard C, Mackey M B, Shimmins T A. Nature, 1963, 197: 1037

[75]　Schmidt M. Nature, 1963, 197: 1040

[76]　Schmidt M. Ann. Rev. Astron. Astrophys., 1969, 7: 527

[77]　Wu X B, et al. Nature, 2015, 518: 512

[78]　Fanaroff B L, Riley J M. Mon. Not. R. Astron. Soc., 1974, 167: 31

[79]　Heckman T M. Astron. Astrophys., 1980, 87: 152

[80]　Baldwin J A, Phillips M M, Terlevich R. Publ. Astron. Soc. Japan, 1981, 93: 5

[81]　Osterbrock D E. Proc. Natl. Sci., 1978, 75: 540

[82]　Blandford R D, Rees M J.//Wolfe. Pittsburgh Conference on BL Lac Objects. Pittsburgh: University of Pittsburgh, 1978, 328

[83]　Urry C M, Padovani P. Publ. Astron. Soc. Japan, 1995, 107: 803

[84]　Beckmann V, Shrader C R. Weiheim: WILEY-VCH Verlag GMbH & Co. KGaA, 2012

[85]　Yuan F, Narayan R. Ann. Rev. Astron. Astrophys., 2014, 52: 529–588

[86]　Ho L C. Ann. Rev. Astron. Astrophys., 2008, 46: 475

[87]　Wu Q W, Cao X W. Astrophys. J., 2008, 687: 156

[88]　Xu Y D, Cao X W, Wu Q W. Astrophys. J., 2009, 694: 107

[89]　Falcke H, Körding E, Markoff S. Astron. Astrophys., 2004, 414: 895

[90]　Komossa S. Rev. Mexicana Astron. Astrofis. Conf. Ser., 2008, 32: 86

[91]　Wang J M, Netzer H. Astron. Astrophys., 2003, 398: 927

[92]　Wu Q W, Gu M F. Astrophys. J., 2008, 682: 212–717

[93]　Gu M F, Cao X W. Mon. Not. R. Astron. Soc., 2009, 399: 349

[94]　Narayan R, McClintock J E. Mon. Not. R. Astron. Soc., 2012, 419: 69

[95]　Wu Q W, Cao X W, Wang D X. Astrophys. J., 2011, 735: 50

[96]　Wu Q W, Cao X W, Ho, Luis C, et al. Astrophys. J., 2013, 770: 31

[97]　Nakamura M, Asada K. Astrophys. J., 2013, 775: 118

[98]　Tseng C Y, Asada K, Nakamura M, et al. Astrophys. J., 2016, 883: 288

[99]　Acero F, Ackermann M, Ajello M, et al. Astrophys. J. Supp., 2015, 218: 23

[100]　Padovani P, Giommi P. Astrophys. J., 1995, 444: 567

[101]　Ghisellini G, Tavecchio F. Mon. Not. R. Astron. Soc., 2009, 397: 985

[102]　Kang S J, Chen L, Wu Q Q. Astrophys. J. Supp., 2014, 215: 5

[103] Aharonian F A. New Astron., 2000, 5: 337

[104] Yan D H, Zhang L. Mon. Not. R. Astron. Soc., 2015, 447: 2810

[105] Soldi S, Türler M, Paltani S, et al. Astron. Astrophys., 2008, 486: 411

[106] Fabian A C. Ann. Rev. Astron. Astrophys., 2012, 50: 455

[107] Gultekin, et al. Astrophys. J., 2009, 698: 198

[108] Klebesadel R W, Strong I B, Olson R A. Astrophys. J., 1973, 182: L85–L88

[109] Fishman G J, Meegan C A. Ann. Rev. Astron. Astrophys., 1995, 33: 415–458

[110] Hillier R. Oxford: Clarendon Press, 1984

[111] Meegan C A, Fishman G J, Wilson R B, et al. Nature, 1992, 355: 143–145

[112] Kouveliotou C, Meegan C A, Fishman G J, et al. Astrophys. J., 1993, 413: L101–L104

[113] Paciesas W S, Meegan C A, Pendleton G N, et al. Astrophys. J. Supp., 1999, 122: 465–495

[114] Costa E, Frontera F, Heise J, et al. Nature, 1997, 387: 783–785

[115] van Paradijs J, Groot P J, Galama T, et al. Nature, 1997, 386: 686–689

[116] Frail D, Kulkarni S R, Nicastro S R, et al. Nature, 1997, 389: 261–263

[117] Metzger M, Djorgovski S G, Kulkarni S R, et al. Nature, 1997, 387: 878–880

[118] Rees M J, Meszaros P. Mon. Not. R. Astron. Soc., 1992, 258: 41–42

[119] Rees M J, Meszaros P. Astrophys. J., 1994, 430: L93–L96

[120] 黎卓. 南京大学博士学位论文，2000

[121] Piran T. Physics Reports, 2000, 333: 529–553

[122] Woosley S E. Astrophys. J., 1993, 405: 273–277

[123] Paczynski B. Astrophys. J., 1998, 494: L45–L48

[124] Bloom J, Kulkarni S R, Djorgovski S G, et al. Nature, 1999, 401: 453–456

[125] Galama T J, Vreeswijk P M, van Paradijs J, et al. Nature, 1998, 395: 670–672

[126] Li Z Y, Chevalier R. Astrophys. J., 1999, 526: 716–726

[127] Reichart D E. Astrophys. J., 1999, 521: L111–L115

[128] Galama T J, Tanvir N, Vreeswijk P M, et al. Astrophys. J., 2000, 536: 185–194

[129] Piro L, Costa E, Feroci M, et al. Astrophys. J., 1999, 514: L73–L77

[130] Yoshida A, Namiki M, Otani C, et al. Astrophys. Suppl. Ser., 1999, 138: 433–434

[131] Piro L, Garmire G, Garcia M, et al. Science, 2000, 290: 955–958

[132] Antonelli L A, Piro L, Vietri M, et al. Astrophys. J., 2000, 545: L39–L42

[133] Reeves J N, Watson D, Osborne J P, et al. Nature, 2002, 416: 512–515

[134] Stanek K Z, Matheson T, Garnavich P M, et al. Astrophys. J., 2003, 591: L17–L20

[135] Hjorth J, Sollerman J, Moller P, et al. Nature, 2003, 423: 847–850

[136] Gehrels N, Sarazin C L, O'Brien P T, et al. Nature, 2005, 437: 851–854

[137] Hjorth J, Watson D, Fynbo J P U, et al. Nature, 2005, 437: 859–861

[138] Hjorth J, Sollerman J, Gorosabel J, et al. Astrophys. J., 2005, 630: L117–L120

[139] Fong W, Berger E, Fox D B. Astrophys. J., 2010, 708: 9–25

[140] Fong W, Berger E. Astrophys. J., 2013, 776: 18
[141] Harrison F A, Bloom J S, Frail D A, et al. Astrophys. J., 1999, 523: L121–L124
[142] Stanek K Z, Garnavich P M, Kaluzny J, et al. Astrophys. J., 1999, 522: L39–L42
[143] Rhoads J E. Astrophys. J., 1999, 525: 737–749
[144] Sari R, Piran T, Halpern J P. Astrophys. J., 1999, 519: L17–L20
[145] Piran T. Rev. Mod. Phys., 2004, 76: 1143–1210
[146] Frail D A, Kulkarni S R, Sari R, et al. Astrophys. J., 2001, 562: L55–L58
[147] Lithwick Y, Sari R. Astrophys. J., 2001, 555: 540
[148] Ramirez-Ruiz E A I, Merloni A. Mon. Not. R. Astron. Soc., 2001, 320: L25–L29
[149] Nakar E, Piran T. Mon. Not. R. Astron. Soc., 2002, 331: 40–44
[150] Burrows D N, Romano P, Falcone A, et al. Science, 2005, 309: 1833
[151] Zhang B, Fan Y Z, Dyks J, et al. Astrophys. J., 2006, 642: 354
[152] Zhang B, Pe'er A. Astrophys. J., 2009, 700: L65
[153] Paczynski B. Astrophys. J., 1986, 308: L43
[154] Eichler D, Livio M, Piran T, et al. Nature, 1989, 340: 126
[155] Usov V V. Nature, 1992, 357: 472–474
[156] Duncan R C, Thompson C. Astrophys. J., 1992, 392: L9–L13
[157] Lu H J, Zhang B. Astrophys. J., 2014, 785: 74
[158] Lu H J, Zhang B, Lei W H, et al. Astrophys. J., 2015, 805: 89
[159] Gao H, Zhang B, Lu H J. Phys. Rev. D, 2016, 93: 044065
[160] Li A, Zhang B, Zhang N B, et al. Phys. Rev. D, 2016, 94, 083010
[161] Lyford N D, Baumgarte T W, Shapiro S L. Astrophys. J., 2003, 583: 410
[162] Lasky P D, Haskell B, Ravi V, et al. Phys. Rev. D, 2014, 89: 047302
[163] Cheng K S, Dai Z G. Phys. Rev. Lett., 1996, 77: 1210–1213
[164] Dai Z G, Lu T. Phys. Rev. Lett. 1998, 81: 4301–4304.
[165] Popham R, Woosley S E, Fryer C. Astrophys. J., 1999, 518: 356
[166] Narayan R, Piran T, Kumar P. Astrophys. J., 2001, 557: 949
[167] Di Matteo T, Perna R, Narayan R. Astrophys. J., 2002, 579: 706
[168] Gu W M, Liu T, Lu J F. Astrophys. J., 2006, 643: L87–L90
[169] Chen W X, Beloborodov A M. Astrophys. J., 2007, 657: 383
[170] Zalamea I, Beloborodov A M. Mon. Not. R. Astron. Soc., 2011, 410: 2302
[171] Lei W H, Wang D X, Zhang L, et al. Astrophys. J., 2009, 700: 1970
[172] Riffert H, Herold H. Astrophys. J., 1995, 450: 508
[173] Krolik J H. Astrophys. J., 1999, 515: L73
[174] Xie W, Lei W H, Wang D X. Astrophys. J., 2016, 833: 129
[175] Luo Y, Gu W M, Liu T, et al. Astrophys. J., 2013, 773: 142
[176] Cao X, Liang E W, Yuan Y F. Astrophys. J., 2014, 789: 129
[177] Proga D, Zhang B. Astrophys. J., 2006, 636: L29–L32

[178] Liu T, Liang E W, Gu W M, et al. Astrophys. J., 2012, 760: 63

[179] Janiuk A, Yuan Y, Perna R, et al. Astrophys. J., 2007, 664: 1011–1025

[180] Janiuk A, Yuan Y F. Astron. Astrophys., 2010, 509: 55

[181] Zhang D, Dai Z G. Astrophys. J., 2009, 703: 461–478.

[182] Liu T, Xue L, Gu W M, et al. Astrophys. J., 2013, 762: 102

[183] Lei W H, Zhang B, Liang E W. Astrophys. J., 2013, 765: 125–132

[184] Wang D X, Lei W H, Xiao K, et al. Astrophys. J., 2002, 580: 358–367

[185] Brown G E, Lee C H, Wijers R A M J, et al. New Astron., 2000, 5: 191

[186] van Putten M H P M, Ostriker E C. Astrophys. J., 2001, 552: L31

[187] Lei W H, Wang D X, Ma R Y. Astrophys. J., 2005, 619: 420–426

[188] Lei W H, Wang D X, Gong B P, et al. Astron. Astrophys., 2007, 468: 563

[189] Wang D X, Lei W H, Ye Y C. Astrophys. J., 2006, 643: 1047

[190] Liu T, Liang E W, Gu W M, et al. A&A, 2010, 516: A16

[191] Reynoso M M, Romero G E, Sampayo O A. Astron. Astrophys., 2006, 454: 11

[192] Zhang B, Yan H. Astrophys. J., 2011, 726: 90

[193] Gao H, Zhang B. Astrophys. J., 2015, 801: 103

[194] Liang E W, Yi S X, Zhang J, et al. Astrophys. J., 2010, 725: 2209

[195] Lv J, Zou Y C, Lei W H, et al. Astrophys. J., 2012, 751: 49

[196] Yi S X, Lei W H, Zhang B, et al. JHEAp, 2017, 13: 1

[197] Sonbas E, MacLachlan G A, Dhuga K S, et al. Astrophys. J., 2015, 805: 86

[198] Wu Q W, Zhang B, Lei W H, et al. Mon. Not. R. Astron. Soc., 2016, 455: 1

[199] Xie W, Lei W H, Wang D X. Astrophys. J., 2017, 838: 143

[200] Wu X F, Hou S J, Lei W H. Astrophys. J., 2013, 767: L36

[201] Yu Y B, Wu X F, Huang Y F, et al. Mon. Not. R. Astron. Soc., 2014, 446: 3642

[202] Gao H, Lei W H, You Z Q, et al. Astrophys. J., 2016, 826: 141

[203] Rees M J. Nature, 1988, 333: 523–528

[204] Lidskii V V, Ozernoi L M. Pisma v Astronomicheskii Zhurnal, 1979, 5: 28–33

[205] Evans C R, Kochanek C S. Astrophys. J., 1979, 346: L13–L16

[206] Bade N, Komossa S, Dahlem M. Astron. Astrophys., 1996, 309: L35

[207] Komossa S, Bade N. Astron. Astrophys., 1999, 343: 775

[208] Komossa S, Greiner J. Astron. Astrophys., 1999, 349: L45

[209] Grupe D, Thomas H C, Leighly K M. Astron. Astrophys., 1999, 350: L31

[210] Greiner J, Schwarz R, Zharikov S, et al. Astron. Astrophys., 2000, 362, L25

[211] Maksym W P, Lin D, Irwin J A. Astrophys. J., 2014, 792: L29

[212] Komossa S. Journal of High Energy Astrophysics, 2015, 7: 148

[213] Liu F K, Li S, Chen X. Astrophys. J., 2009, 706: L133

[214] Liu F K, Li S, Komossa S. Astrophys. J., 2014, 786: 103

[215] Burrows D N, Kennea J A, Ghisellini G, et al. Nature, 2011, 476: 421

[216] Cenko S B, Krimm H A, Horesh A, et al. Astrophys. J., 2012, 753: 77

[217] Brown G C, Levan A J, Stanway E R, et al. Mon. Not. R. Astron. Soc., 2015, 452: 4297

[218] Zauderer B A, Berger E, Soderberg A M, et al. Nature, 2011, 476: 425

[219] Marconi A, Hunt L K. Astrophys. J., 2003, 589: L21–L24.

[220] Gü ltekin K, Cackett E M, Miller J M, et al. Astrophys. J., 2009, 706: 404

[221] Lei W H, Zhang B. Astrophys. J., 2011, 740: L27

[222] Reis R C, Miller J M, Reynolds M T, et al. Science, 2012, 337: 949

[223] Abramowicz M A, Liu F K. Astron. Astrophys., 2012, 548: A3

[224] Stone N, Loeb A. Mon. Not. R. Astron. Soc., 2012, 422: 1933

[225] Saxton C J, Soria R, Wu K, et al. Mon. Not. R. Astron. Soc., 2012, 422: 1625

[226] Lei W H, Zhang B, Gao H. Astrophys. J., 2013, 762: 98

[227] Gao H, Zhang B B, Zhang B. Astrophys. J., 2012, 748: 134

[228] Lense J, Thirring H. PhyZ, 1918, 19: 156

[229] Bardeen J M, Petterson J A. Astrophys. J., 1975, 195: L65

[230] Shen R F, Matzner C D. Astrophys. J., 2014, 784: 87(20pp)

[231] Zauderer B A, Berger E, Soderberg A M, et al. Nature, 2011, 476: 425

[232] Berger E, Zauderer B A, Pooley G G, et al. Astrophys. J., 2012, 748: 36

[233] Zauderer B A, Berger E, Margutti R, et al. Astrophys. J., 2013, 767: 152

[234] Metzger B D, Giannios D, Mimica P. Mon. Not. R. Astron. Soc., 2012, 420: 3528

[235] Wang J Z, Lei W H, Wang D X, et al. Astrophys. J., 2014, 788: 32

[236] Liu D, Pe'er A, Loeb A. Astrophys. J., 2015, 798: 13.

[237] Yuan Q, Wang Q D, Lei W H, et al. Mon. Not. R. Astron. Soc., 2016, 461: 3375

[238] Holoien T W S, et al. Mon. Not. R. Astron. Soc., 2016, 455: 2918

[239] Alexander K D, Berger E, Guillochon J, et al. Astrophys. J., 2016, 819: L25

[240] van Velzen S, Anderson G E, Stone N C, et al. Science, 2016, 351: 62

[241] Nikolajuk M, Walter R. Astron. Astrophys., 2013, 552: A75

[242] Lei W H, Yuan Q, Zhang B, et al. Astrophys. J., 2016, 816: 20

[243] Irwin J A, Henriksen R N, Krause M, et al. Astrophys. J., 2015, 809: 172

[244] Yuan W M. 太空, 2015, 6: 1

[245] Sun H, Zhang B, Li Z. Astrophys. J., 2015, 812: 33

第5章 专题讨论

5.1 黑洞系统磁场的起源

磁场在宇宙中无处不在,在太阳系或其他恒星系统,银河系或其他河外星系,星系团或超星系团,甚至在宇宙大尺度的空洞中都有磁场存在的证据。宇宙中的磁场通常很弱,例如,星系的磁场一般只有几个或几十个微高斯 (μG) 量级;而星系团的磁场也是微高斯量级 [1]。普遍认为,在不同尺度的天文系统 (从恒星到星系团)中,弱磁场可以通过两种方式放大:①不同类型的发电机机制 (dynamo)[2,3];②引力坍缩中的磁通放大机制 [1,4]。

无论是发电机机制还是磁通放大机制都需要 "种子磁场" 起作用。而 "种子磁场" 的起源是宇宙磁场长期未能解决的问题 [3,5]。鉴于磁场起源的复杂性,本节不涉及 "种子磁场" 的起源,也不讨论磁场的放大机制。根据电磁理论,磁场起源于电流,而吸积盘由做环形运动的等离子体组成,因此吸积盘是产生大尺度磁场的理想场所。本节将集中讨论黑洞吸积盘中磁场的电磁起源。

5.1.1 磁场起源的电流模型

Li 在广义相对论框架中计算了位于克尔黑洞赤道面上不同位置的单环电流产生的磁场位形,如图 5.1(a) 和 (b) 所示 [6]。

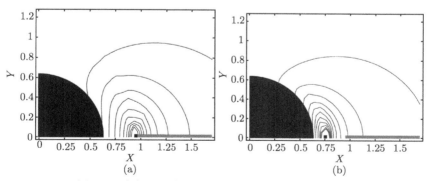

图 5.1 克尔黑洞赤道面的环向电流产生的磁场位形

其中黑洞质量为 M,比角动量 $a = 0.99M$;横坐标定义为 $X \equiv (r/M - 0.5)\sin\theta$,纵坐标定义为 $Y \equiv (r/M - 0.5)\cos\theta$。黑色圆盘代表黑洞,位于 X 轴的灰色线条代表开普勒盘,黑色小方块代表环向电流的位置:(a) 环向电流位于吸积盘内边缘 (最内稳定圆轨道处);(b) 环向电流位于克尔黑洞视界面与吸积盘之间的吸入区 [6]

由图 5.1 可见, 位于克尔黑洞赤道面的环向电流的确可以产生连接黑洞视界面和吸积盘的大尺度磁场位形, 也就是第 3 章讨论的 BZ 过程的变种, 即 MC 过程。

文献 [6] 计算大尺度磁场的依据简介如下。位于克尔黑洞赤道面半径 $r = r'$ 处的电流环可以表示为

$$J^\alpha = \frac{1}{r}\left(\frac{\Delta}{A}\right)^{1/2}\left(\frac{\partial}{\partial\phi}\right)^\alpha \delta\left(r - r'_i\right)\delta\left(\cos\theta\right) \tag{5.1}$$

其中 $\Delta \equiv r^2 - 2Mr + a^2$, $A \equiv \left(r^2 + a^2\right)^2 - \Delta a^2\sin^2\theta$, M 为克尔黑洞的质量, Ma 为克尔黑洞的角动量 $(a^2 \leqslant M^2)$, δ 为狄拉克 δ 函数。由这个环向电流产生并以球坐标半径 $r = \text{const}$, $\theta = \text{const}$ 的圆环为边界的曲面磁通可以表示为

$$\Psi = (r, \theta; r') = 2\pi A_\phi(r, \theta; r') \tag{5.2}$$

其中 A_φ 为电矢势的环向分量。

对于给定的环向电流的不同位置, 可以确定 $A_\varphi(r, \theta; r')$ 在球坐标系中对应于坐标 (r, θ) 的取值。由于计算 $A_\varphi(r, \theta; r')$ 的公式十分冗长, 在此不具体写出, 读者可以参考文献 [6] 的公式 (3)~(7)。在求出 $A_\varphi(r, \theta; r')$ 的基础上, 根据 (5.2) 式可以确定磁通量 $\Psi = (r, \theta; r')$, 并得到如图 5.1(a) 和 (b) 所示的磁场位形。在得到 $\Psi = (r, \theta; r')$ 的基础上可以计算 MC 过程的力矩和功率如公式 (5.3) 和 (5.4) 所示。

$$\Delta T_{\text{MC}} = (\Delta\Psi/2\pi)^2 \frac{(\Omega_{\text{H}} - \Omega_{\text{d}})}{\Delta Z_{\text{H}}} \tag{5.3}$$

$$\Delta P_{\text{MC}} = \Delta T_{\text{MC}}\Omega_{\text{d}} \tag{5.4}$$

在闭合磁力线通过吸积盘的区域对 (5.3) 和 (5.4) 式积分, 可以得到 MC 过程的总力矩 T_{MC} 和总功率 P_{MC}。

Zhao, Wang 和 Gan 在文献 [7] 的基础上研究了吸积盘上具有一定宽度的环向电流所产生的磁场位形, 其中环向电流表达式如下 [7]:

$$j = j_0\left(r/r_{\text{ms}}\right)^{-n}\delta\left(\cos\theta\right), \quad r_{\text{ms}} \leqslant r \leqslant \lambda r_{\text{ms}} \tag{5.5}$$

(5.5) 式表示环向电流连续分布在一个环带区域中, 并假设其内外边界分别为 r_{ms} 和 λr_{ms}, 参数 n 表示电流随盘半径变化的幂率指数。电流流动的环带宽度可以用参数 λ 来调节, 电流矢量可以表示为

$$J^\alpha = \frac{1}{r}\left(\frac{\Delta}{A}\right)^{1/2}\left(\frac{\partial}{\partial\varphi}\right)^\alpha j|_{r=r'} \tag{5.6}$$

在 (5.6) 式中 $j|_{r=r'}$ 代表位于半径 $r = r'$ 处的环向电流。结合 (5.5) 和 (5.6) 式，可以求得电矢势的环向分量 $A_\varphi (n, \lambda, r, \theta; r')$ 及对应的磁通量 $\Psi (n, \lambda, r, \theta)$

$$\Psi (n, \lambda, r, \theta) = 2\pi \int \mathrm{d} A_\varphi (n, \lambda, r, \theta; r') \tag{5.7}$$

(5.7) 式的积分对环向电流所在的区域，即在环带 $r_{\mathrm{ms}} \leqslant r' \leqslant \lambda r_{\mathrm{ms}}$ 区域中积分。

文献 [7] 得到黑洞系统四种不同类型的磁场位形，分别是：

Type I：黑洞与遥远的天体物理负载的磁耦合 (MCHL)；

Type II：黑洞与吸积盘的磁耦合 (MCHD)；

Type III：吸入区与吸积盘的磁耦合 (MCPD)；

Type IV：吸积盘内区和外区的磁耦合 (MCDD)。

以上缩写符号中 MC 代表磁耦合，H 代表黑洞视界面，L 代表负载，D 代表吸积盘，P 代表吸入区。这四种不同的磁场位形如图 5.2 所示，其中标注 1, 2, 3, 4 的磁力线分别对应于上述四种不同类型的磁耦合：MCHL, MCHD, MCPD, MCDD。

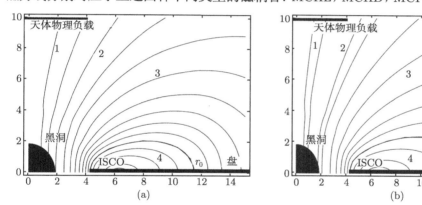

图 5.2　连续分布在克尔黑洞周围吸积盘内区的环向电流产生的磁场位形

参数取值 $a_* = 0.5$, $n = 3.0$, 环带宽度参数为: (a)$\lambda = 3$, (b)$\lambda = 5$

在图 5.2 所示的 4 种磁耦合中，MCHL 对应于 BZ 过程，而 MCHD 即前面讨论过的 MC 过程，因此也可以说 BZ 过程也是 MC 过程的变种。涉及吸入区的磁耦合 MCPD 也被一些作者讨论过 [8,9]。值得特别注意的是 MCDD，它代表吸积盘内区和外区的磁耦合：在图 5.2 中由磁力线 4 标注。

值得指出的是 MCDD 可以解释黑洞双星的高频 QPO[7]。MCDD 的临界磁力线，就是图 5.2 中用粗实线表示的、连接最内稳定圆轨道 (ISCO) 和半径 r_0 的磁力线。由于这根磁力线对应于相同磁通量，因此 r_0 的位置可以通过下列映射关系确定 [7]：

$$\Psi (n, \lambda, r_0, \pi/2) = \Psi (n, \lambda, r_{\mathrm{ms}}, \pi/2) \tag{5.8}$$

(5.8) 式中 r_0 和 r_{ms} 是 MCDD 临界磁力线的两个足点。由于 r_0 和 r_{ms} 对应的开普勒角速度不相等, 因此 MCDD 的临界磁力线很可能发生磁重联, 其频率可以表示为

$$
\begin{aligned}
\nu_{\text{MCDD}} &= \frac{\Omega_{\text{K}}(r_{\text{ms}}) - \Omega_{\text{K}}(r_0)}{2\pi} \\
&= \nu_0 \left[(\chi_{\text{ms}}^3 + a_*)^{-1} - (\xi_0^{32} \chi_{\text{ms}}^3 + a_*)^{-1} \right]
\end{aligned}
\tag{5.9}
$$

其中 $\nu_0 \equiv (m_{\text{BH}})^{-1} \times 3.23 \times 10^4 \text{Hz}$, $m_{\text{BH}} \equiv M/M_\odot$; $\chi_{\text{ms}} \equiv \sqrt{r_{\text{ms}}/M}$; $\xi_0 \equiv r_0/r_{\text{ms}}$。文献 [9] 利用 (5.9) 式解释黑洞双星的 QPO 如表 5.1 所示。

表 5.1 根据 MCDD 拟合若干黑洞双星的高频 QPO 频率

源	输入			输出		
	ν_{QPO}	m_{BH}	a_*	$\xi_{\max}, \xi_{\min}$	$\lambda = 3$	$n = 3$
					n	λ
GRO J1655-40	300	6.6	0.65	1.554	5.284	1.547
		6.0	0.8	1.338	6.656	1.343
	450	6.6	0.65	2.287	3.551	2.366
		6.0	0.8	1.628	4.726	1.649
XTE J1550-564	184	10.8	0.71	1.485	5.587	1.483
		8.4	0.87	1.233	8.146	1.242
	276	10.8	0.71	2.036	3.868	2.083
		8.4	0.87	1.397	5.778	1.418
GRS 1915+105	113	18.0	0.98	1.221	7.122	1.256
		10.0	0.998	1.114	12.044	1.119
	168	18.0	0.98	1.360	5.294	1.424
		10.0	0.998	1.177	8.714	1.182

注: 表中黑洞质量 m_{BH} 和自旋 a_* 的数值来自文献 [10], $\xi_{\max}$ 和 $\xi_{\min}$ 分别为 $\nu_{\text{QPO}} = \text{const}$ 所对应的 ξ_0 极大值和极小值。

2013 年, Huang, Wang 和 Wang 等提出: 由于吸积盘等离子体可能偏离电中性而导致环向电流, 而这种环向电流会导致大尺度磁场的产生, 所以此模型基于以下假设 [11]。

(1) 黑洞从周围环境吸积过来的等离子体气体, 由于涨落, 某些气体团会偏离电中性, 导致等离子体整体带正电或负电。进入吸积盘后, 由于开普勒旋转在盘面上形成连续分布的环向电流。

(2) 等离子体偏离电中性的比例定义为

$$
\eta \equiv |n_{\text{e}} - n_{\text{p}}| / n_{\text{p}}
\tag{5.10}
$$

其中 n_e 和 n_p 分别为电子和质子的数密度。由于环向电流密度与吸积气体密度成正比，由 (5.10) 式得到等离子体的电荷密度为

$$\rho_e = \eta e n_p \tag{5.11}$$

其中 $e = 4.8 \times 10^{-10} \text{esu} = 1.6 \times 10^{-19} \text{C}$ 是电子电量，则电流面密度等于电荷面密度乘以开普勒速度

$$j = \rho_e \cdot 2h \cdot v_K = \eta e n_p \cdot 2h \cdot \Omega_K r = \frac{\eta e}{\mu m_p} \rho_m h \Omega_K r \tag{5.12}$$

其中 h 为盘的半厚度，ρ_m 为物质密度，m_p 为质子质量，$\mu = 0.615$ 为气体的平均分子量。类似于文献 [6] 和 [7]，可得到连续分布在吸积盘上的电流产生的磁场位形，如图 5.3 所示 [11]。

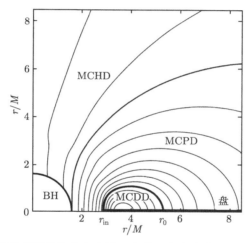

图 5.3   吸积盘等离子体偏离电中性形成的环向电流产生的大尺度磁场位形

其中包含 MCHD，MCPD 和 MCDD 三种类型的磁耦合，连接半径 r_{in} 和 r_0 的粗磁力线代表 MCDD 的临界磁力线。参数设置：$m_{BH} = 10$，$a_* = 0.8$，$\dot{m} = 0.1$，$\alpha = 0.3$，$\eta = 10^{-13}$，其中 $\dot{m}$ 是以爱丁顿吸积率为单位的吸积率，α 为黏滞系数

环向电流产生的大尺度磁场冻结在吸积盘上，磁场在盘上的足点由于角速度差，在一定的时间间隔内会发生磁重联，导致磁能释放。由图 5.3 和图 5.4 可知，连接 r_{in} 和 r_0 的 MCDD 临界磁力线 (红色磁力线) 的两个足点是吸积盘上相距最远的两个足点，因而二者对应的角速度差最大，所以该磁力线最先发生磁重联，从而导致磁能释放。

由于环向电流的存在，被破坏的磁场会迅速恢复，其恢复时标远小于开普勒轨道运动的时标，所以可以忽略磁场重建的时间。因此 QPO 频率仍由 (5.9) 式表示，即为连接内边缘的磁力线内外两个足点的开普勒频率之差。

文献 [11] 和 [12] 把上述 MCDD 的磁场位形应用到 4.1 节讨论的磁化盘冕模型中，通过迭代法求解 (4.1) 和 (4.2) 式所表示的包含 MC 过程的吸积盘动力学方程，成功地拟合了若干不同尺度黑洞系统的 QPO 以及成协的出射谱。这些不同尺度黑洞系统包括黑洞双星 XTE J1859+226, XTE J1650-500，超亮 X 射线源 NGC 5408 X-1 和银河系中心超大质量黑洞 Sgr A*，拟合结果见表 5.2 和图 5.5。

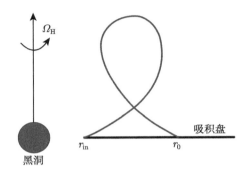

图 5.4   MCDD 的临界磁力线与磁重联

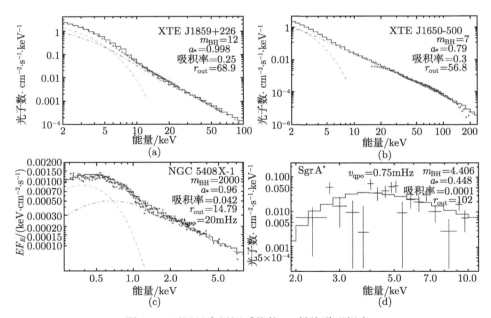

图 5.5   不同尺度黑洞系统的 X 射线谱形拟合

(a) XTE J1859+226；(b) XTE J1650-500；(c) NGC 5408 X-1；(d) Sgr A*。锯齿状线是总出射谱，虚线和点虚线分别为热成分和幂律成分的谱

表 5.2 中第 2 列和第 3 列为从文献中查到的 QPO 频率值和被确定的黑洞质量, 其中 NGC 5408 X-1 的质量不确定, 为估计值。第 4 列中 XTE J1650-500 的 a_* 值取自文献 [15], 另外几个源的自转是由文献 [11] 的模型拟合得出的。第 5 列和第 6 列分别为发生磁重联的磁力线内外足点的半径, 其中内足点位于吸积盘内边缘。第 7 列是以爱丁顿吸积率为单位的吸积率。第 8 列为冕和环向电流面密度分布的外边界半径。最后一列为电流面密度随半径的衰减指数。

表 5.2 几个源的 QPO 与谱形拟合数据

源	ν_{QPO}/Hz	m_{BH}	a_*	r_{in}/r_{ms}	r_0/r_{ms}	$\dot{m}(\dot{m}_{Edd})$	r_{out}/r_{ms}	n
XTE	190[13,14]	12[13]	0.998	1.4167	1.9490	0.25	55.701	4.15
XTE J1650-500	250[17]	7[15,16]	0.79[15]	1.259	1.989	0.3	19.209	4.75
NGC 5408 X-1	0.02[18]	2000	0.96	1.2370	1.2475	0.042	8.025	466
Sgr A*	0.00075[19]	4.4×10^6[20]	0.6	1.0039	3.4557	0.00005	2.802	3.4

5.1.2 磁场起源的宇宙电池模型

大尺度磁场在天体物理中扮演着重要角色, 但是宇宙中大尺度磁场的起源却难以捉摸, 至今未能取得共识。例如, 大尺度磁场与均匀且各向同性的宇宙的初态是不相容的。有些理论试图把大尺度磁场解释为通过发电机机制放大冻结在湍动导电流体中的 "种子磁场" 的结果 [21,22]。但是发电机机制存在两个问题: ①放大效率太低, 不足以产生观测所要求的磁场强度; ②湍流中黏滞不确定导致不确定的 "种子磁场", 因而产生不确定的大尺度磁场 [23,24]。另一方面, 由于吸积流对磁场有扩散作用, 吸积流能否保持大尺度磁场以及能否把远离中心天体处产生的大尺度磁场带入吸积流内区也成了问题 [25,26]。

1998 年, Contopoulos 和 Kazanas 提出一种在吸积流中产生大尺度磁场的模型, 它建立在 Poynting-Robertson 效应的基础上, 由于这种大尺度磁场的产生机制具有普适性, 因此称为 Poynting-Robertson 宇宙电池模型, 简称 PRCB 机制[27]。此后一些研究者对 PRCB 机制及其天体物理应用作了进一步修改和补充, 发现这个机制具有非常重要的意义, 其产生的大尺度磁场得到银河系外喷流观测的支持 [28-31]。下面对 PRCB 机制在黑洞吸积盘中建立大尺度磁场的原理作简单介绍。

等离子体中的离子和电子在接近光速的运动中, 由于光行差效应, 会受到辐射力阻碍其运动。由于辐射力与散射截面成正比, 而散射截面又与粒子质量的平方成反比, 因此作用在离子和电子的辐射力之比满足 [32,33]

$$f_{pe}/f_{pi} = (m_i/m_e)^2 \approx 3.37 \times 10^6 \tag{5.13}$$

在 (5.13) 式中 m_e 和 m_i 分别是电子和离子的质量, f_{pe} 和 f_{pi} 分别是电子和离子受到的辐射力，显然电子受到的辐射力比离子大百万倍。根据 (3.41) 式可以求得广义相对论吸积盘内边缘半径处的开普勒速度为

$$v_K/c = r_{ms}\left(\Omega_K/c\right) = \frac{\chi_{ms}^2}{(\chi_{ms}^3 + a_*)} = \begin{cases} 0.408, & a_* = 0 \\ 0.5, & a_* = 1 \end{cases} \tag{5.14}$$

(5.14) 式表明电子和离子在吸积盘内边缘处的开普勒速度可达光速的一半。根据光行差效应，可以认为电子和离子与辐射光子是迎头相撞的。作一个简单的分析，我们忽略电子和离子与辐射光子在接近吸积盘内边缘处碰撞引起的质量变化，可以得到电子和离子与辐射光子碰撞后的速度改变之比为 [34]

$$\Delta v_e/\Delta v_i = (m_i/m_e)^3 \simeq 6.2 \times 10^9 \gg 1 \tag{5.15}$$

由此可以推断，离子与辐射光子碰撞后的速度变化可以忽略，而电子相对于离子的速度变化可以看作是电子与电子所在处的开普勒速度之差，即 $\Delta v_e = v_e - v_i \simeq v_e - v_K$。由此得到 PRCB 机制导致的吸积盘内边缘处的环向电流密度为

$$j_{PRCB} = en\left(v_e - v_K\right) = enf_{pe}\Delta t/m_e \tag{5.16}$$

其中 Δt 是电子与光子的平均散射时间。

容易计算辐射光子给予电子的动量为 $F_{rad}\sigma_T/c$，作用于电子的平均辐射阻力(拖曳力) 可以表示为

$$f_{pe} = \left(F_{rad}\sigma_T/c\right)\left(v_K/c\right) \tag{5.17}$$

其中 F_{rad} 是吸积盘的辐射能流通量，$\sigma_T = 6.7 \times 10^{-25} \text{cm}^2$ 是电子的汤姆森 (Thomson) 截面，(v_K/c) 为光行差效应产生的修正因子 [31]。

根据文献 [35], [36]，广义相对论吸积盘的辐射能流的峰值出现在吸积盘最内稳定圆轨道附近。结合 (5.16) 和 (5.17) 式，并把 F_{rad} 替换为吸积盘的峰值能流 F_{peak}，得到 PRCB 机制在靠近吸积盘内边缘处产生的环向电流强度为 [34]

$$I_{PRCB} = \Delta S\, j_{PRCB} = \frac{en\Delta t\Delta S}{m_e}\frac{F_{peak}\sigma_T v_K}{c^2} \tag{5.18}$$

其中 ΔS 为 PRCB 电流的截面，Δt 为电子与光子散射的平均时间。

Huang, Ye 和 Wang 等利用 PRCB 机制产生的电流，即 (5.18) 式，建立 MC 磁场位形 [34]。与 4.2.5 节讨论的 MC 模型不同的是，文献 [34] 的磁场来自 PRCB 机制，因此磁场起源比较合理。在 (5.18) 式中，e, m_e, σ_T 和 c 为已知的物理常数，其他参数 (ΔS, Δt, n, F_{peak} 和 v_K 等) 可通过拟合辐射源的观测特征加以限制，具体说明如下。

(1) 考虑到 I_{PRCB} 邻近吸积盘内边缘, 而且是标准薄盘, 故假设 $\Delta S = (\alpha_{\text{R}} R_{\text{g}})^2$, 其中 $R_{\text{g}} = GM/c^2$ 为引力半径, α_{R} 为可调参数, 在拟合中暂取 $\alpha_{\text{R}} = 0.01$;

(2) 电子与光子的平均散射时间 Δt 可取为光电效应的延迟时间, $\Delta t \leqslant 10^{-9}\text{s}$[37];

(3) 对于确定的拟合对象, 如某个黑洞双星, 如果已知黑洞质量 M 和自旋 a_*, 则 F_{peak} 和 v_{K} 可以通过确定相对论吸积盘的辐射峰值所在的半径 r_{peak} 确定[35,36]。

为了检验 PRCB 电流产生大尺度磁场位形的有效性, 文献 [34] 利用 (5.18) 式计算了 PRCB 电流及其产生的大尺度磁场随吸积率的变化, 以及 PRCB 电流产生的磁场位形如图 5.6 所示。

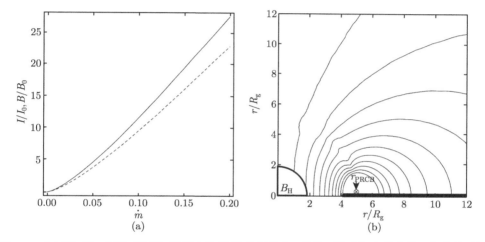

图 5.6 (a) PRCB 电流 (实线) 及其产生的磁感应强度 (虚线) 随吸积率的变化, 产生的磁场位形, 其中 $I_0 = B_0 (GM/c)$, $B_0 = 10^8\text{G}$; (b) PRCB 电流产生的磁场位形, 其中电流位于 $r_{\text{PCRB}} = 5R_{\text{g}}$, 如符号 $\otimes$ 所示, 吸积率取 $\dot{m} = 0.01$, 黑洞质量 $M = 10M_{\odot}$, 自旋 $a_* = 0.5$

在上述讨论的基础上, 文献 [34] 结合 PRCB 机制产生的磁场位形及磁化盘冕模型, 成功拟合了 4 个黑洞双星的 3:2 高频 QPO 对及与之成协的陡幂率 (SPL) 态的谱形。有关黑洞双星的参数和拟合参数分别如表 5.3 ~ 表 5.5 所示。

表 5.3　具有 3:2 高频 QPO 对的黑洞双星的参数

源	$M/M_{\odot}$	a_*	D/kpc	$i/(°)$	$\nu_{\text{QPO}}/\text{Hz}$	参考文献
GRO J1655-40	6.3	0.7	3.2	70.2	300, 450	[38]~[43]
XTE J1550-564	9.1	0.34	4.38	74.7	184, 276	[38], [44]~[48]
GRS 1915 + 105	14	0.98	11	66	113, 168	[38], [49], [50], [51]
H 1743-322	10	0.2	8.5	75	160, 240	[52], [53]

注: 由于缺少动力学限制, H 1743-322 的黑洞质量暂取为 $10M_{\odot}$, 第 4 列代表黑洞双星与观测者的距离, 第 5 列代表吸积盘法线与观测者视线的夹角, 第 7 列的数字代表数据来自文献的序号。

表 5.4　黑洞双星 3:2 高频 QPO 对的频率及可能的共振频率组合

源	共振类型	a_*	r_{res}/R_g	ν_φ/Hz	ν_θ/Hz	ν_r/Hz	ν_{per}/Hz	ν_{nod}/Hz
GRO J1655-40	$\nu_\theta/\nu_r=3/2$	0.97	4.2	534	450	300	234	84
	$\nu_\theta/\nu_{\text{per}}=3/2$	**0.7**	**4.4**	**511**	**450**	**211**	**300**	**61**
	$\nu_\varphi/\nu_{\text{per}}=3/2$	0.49	4.9	450	415	150	300	35
XTE J1500-564	$\nu_\theta/\nu_r=3/2$	0.93	4.7	318	276	184	134	42
	$\nu_\theta/\nu_{\text{per}}=3/2$	0.53	5.0	300	276	116	184	24
	$\nu_\varphi/\nu_{\text{per}}=3/2$	**0.38**	**5.4**	**276**	**261**	**92**	**184**	**15**
GRS 1915+105	$\nu_\theta/\nu_r=3/2$	**0.9**	**5.0**	**191**	**168**	**112**	**79**	**23**
	$\nu_\theta/\nu_{\text{per}}=3/2$	0.43	5.4	179	168	67	112	11
	$\nu_\varphi/\nu_{\text{per}}=3/2$	0.3	5.7	168	161	56	112	7
H 1743-322	$\nu_\theta/\nu_r=3/2$	0.9	4.9	274	240	160	114	34
	$\nu_\theta/\nu_{\text{per}}=3/2$	**0.46**	**5.3**	**257**	**240**	**97**	**160**	**17**
	$\nu_\varphi/\nu_{\text{per}}=3/2$	0.33	5.6	240	229	80	160	11

表 5.5　拟合黑洞双星 3:2 高频 QPO 的参数

源	a_*	r_{PRCB}/R_g	$\dot{m}$	α	$N_H/(\times 10^{22}\,cm^{-2})$
GRO J1655-40	0.7	3.5	0.015	0.18	0.89[a]
XTE J1550-564	0.38	5.0	0.025	0.24	0.32[b]
GRS 1915+105	0.9	2.4	0.055	0.18	5[c]
H 1743-322	0.46	4.6	0.024	0.18	2.3[d]

　　注: 第 5 列参数 α 代表模型的黏滞系数，第 6 列数据代表氢原子数的柱密度，右上角的字母代表数据来源: a[54], b[55], c[56], d[57]。

　　此外，文献 [34] 拟合上述黑洞双星对应的 SPL 态的谱形如图 5.7 所示。

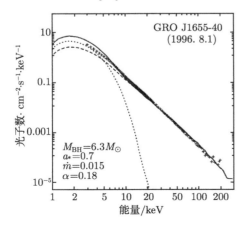

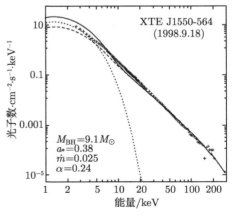

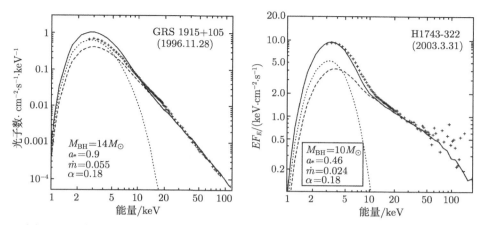

图 5.7　4 个黑洞双星 SPL 态的谱形，其中实线、点线和虚线分别代表总的谱形、
盘分量和幂率分量

符号"+"代表观测数据，其中 GRO J1655-40 和 XTEJ 1550-564 的数据来自文献 [51]，GRS 1915 +
105 的数据来自文献 [13]，H1743-322 的数据来自文献 [57]

5.2　吸积与喷流的相关问题

吸积与喷流是天体物理中普遍存在的现象。如第 2 章所述，吸积过程是天体物理最重要的能量来源。与吸积过程比较，喷流的产生、加速与准直机制至今还没有完全理解。观测和理论表明，吸积与喷流这两种看似完全不同的现象之间存在密切的关联。例如，ADAF 的自相似解表明，在伯努利常数取正值的情况下，气体可能以绝热方式、携带正能量沿径向逃逸到无穷远处 [58]。另一方面，喷流的产生、加速与准直很可能与大尺度磁场有密切的关系 [59,60]。在 5.1 节中我们讨论了磁场起源于吸积盘的可能性，有理由认为磁场是联系吸积与喷流的纽带。本节进一步讨论吸积、喷流与磁场的相关问题。

5.2.1　吸积盘中的磁场分布与吸积率

根据黑洞的无毛定理，黑洞只有质量、角动量和电荷这 3 个参数，而在天体物理环境中黑洞通常不带电荷，也不带有磁场。通常认为，BZ 过程所要求的穿过黑洞视界面的大尺度磁场 B_H 来自吸积盘内区的磁场，或者说黑洞视界面的磁场是由吸积盘内区的磁场维持的，假设磁场由吸积盘进入黑洞的过程中保持磁通守恒，如图 5.8 所示 [59−61]。

由于 BZ 过程提取黑洞转动能的功率与黑洞视界面的磁场强度 B_H 的平方成正比，因此如何估计 B_H 的大小是非常重要的。但是如何估计 B_H 的大小并没有取得共识 [62]。1997 年，Moderski, Sikora 和 Lasota 等建议：黑洞视界面的磁压与吸积流最内区域的冲压平衡, 见 3.4.2 的 (3.38) 式 [63]。这个关系式的重要性在于把描写吸积过程主要参数 (吸积率) 与描写 BZ 过程的重要参数 B_H 联系在一起了, 但是这个关系式只是定性给出 B_H 与吸积率, 因此在具体应用这个关系时, 需要增加一个不确定因子 α_m, 即把 (3.38) 式改写为 [64]

$$\dot{M}_d = \alpha_m B_H^2 r_H^2 \tag{5.19}$$

参数 α_m 可以在利用 (5.19) 式用 BZ 功率拟合特定的辐射源的喷流功率或光度时加以确定。

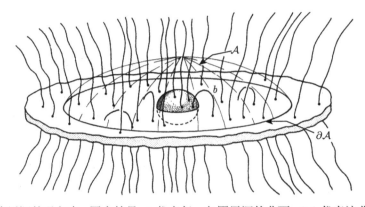

图 5.8   围绕黑洞的吸积盘, 图中符号 $\mathcal{A}$ 代表任一包围黑洞的曲面, $\partial\mathcal{A}$ 代表该曲面在吸积盘的边界, 磁场由吸积盘进入黑洞视界面的过程中保持磁通守恒 [60]

除了 BZ 过程需要确定 B_H 与吸积率的关系外, 黑洞系统还需要借助于另一个大尺度磁场驱动喷流的机制, 即 BP 过程。为了计算 BP 功率, 需要知道大尺度磁场在吸积盘上的分布规律。对此, Blandford 和 Payne 在一定的假设下讨论了吸积盘磁场的分布如下 [65]。

根据开普勒盘的自相似磁层解, 假设吸积盘磁流体的阿尔文速度与开普勒速度成正比, 此外吸积流中的比角动量和比能量与它们的开普勒的对应量成正比, 这样可以得到

$$\begin{cases} \rho \propto r^{-3/2} \\ v_A \propto B^p \rho^{-1/2} \propto r^{-1/2} \end{cases} \tag{5.20}$$

其中 r, B^p 和 ρ 分别是盘半径、盘极向磁场和磁流体的质量密度。由 (5.20) 式可以得到

$$B^p \propto r^{-5/4} \tag{5.21}$$

(5.21) 式表示大尺度磁场随盘半径按幂率变化, 结合 (5.20) 和 (5.21) 式得到具有

固定半径比的环带的外流质损率为常数，即

$$\int_{r_i}^{r_{i+1}} \rho v_{\mathrm{A}} 2\pi r \mathrm{d}r \propto 2\pi \int_{r_i}^{r_{i+1}} r^{-3/2} r^{-1/2} r \mathrm{d}r = 2\pi \ln\left(r_{i+1}/r_i\right) = \mathrm{const} \tag{5.22}$$

1976 年，Blandford 提出一个解释星系射电源的喷流模型，其中磁场的分布要求吸积盘将引力能以电磁方式稳定地释放出来。在模型中讨论了吸积盘的极向磁场和环向电流的分布。假设薄吸积盘的环向电流随柱半径 ϖ 按照幂率分布，即 [66]

$$J_\varphi \propto \varpi^{-n} \tag{5.23}$$

如果盘磁场分量满足 $B_\varpi \sim B_z$，则磁场的极向分量可以表示为：$B_p \propto \varpi^{-n}$。薄盘的开普勒速度为 $v_\varphi = \varpi \Omega_{\mathrm{K}}$，由此得到靠近盘面处的感应电场为

$$E_{\mathrm{d}} = v_\varphi B_p = \varpi \Omega_{\mathrm{K}} B_p \propto \varpi^{1-n} \Omega_{\mathrm{K}} \tag{5.24}$$

对应的空间电荷密度为

$$\rho_{\mathrm{d}} = \varepsilon_0 \nabla \cdot E \propto \varpi^{-n} \Omega_{\mathrm{K}} \tag{5.25}$$

为了使得磁力线以大约 45° 的角掠过光柱面 (light surface，以下简记为 ls)，根据安培环路定律，光柱面处的磁场与电流满足

$$j_{pls} \sim \left(\Omega_{\mathrm{K}}/c\right)\left(B_{\varphi ls}/\mu_0\right) \sim \Omega_{\mathrm{K}} c \varepsilon_0 B_{pls} \tag{5.26}$$

在得到 (5.26) 式右端时利用了 $c^2 = 1/\left(\varepsilon_0 \mu_0\right)$ 和 $B_{\varphi ls} \sim B_{pls}$。另一方面，磁通和电荷守恒要求 $j_{pls}/B_{pls} \sim j_{pd}/B_{pd}$，因此有

$$j_{pd} \sim \rho_{\mathrm{d}} c \propto \varpi^{-n} \Omega_{\mathrm{K}} \tag{5.27}$$

因此作用于吸积盘单位面积的力矩为

$$G \sim \varpi J_\varpi B_{pd} \propto \varpi^{2(1-n)} \Omega_{\mathrm{K}} \tag{5.28}$$

它必须与角动量的变化平衡，即

$$G \sim \sum v_\varpi \frac{\partial}{\partial \varpi}\left(\varpi^2 \Omega_{\mathrm{K}}\right)$$

或

$$\sum v_\varpi \varpi \propto \varpi^{2(1-n)} \tag{5.29}$$

在稳态情况，(5.29) 式左端正比于与 ϖ 无关的质量流，故有 $n = 1$。最后得到磁场和环向电流满足

$$B_{pd} \propto J_\varphi \propto \varpi^{-1} \tag{5.30}$$

(5.30) 式是文献 [66] 得到的吸积盘极向磁场随柱半径 ϖ 变化的一种可能性。

除了利用大尺度磁场解释外流 (外流是喷流和盘风的总称) 以外，1999 年，Blandford 和 Begelman 修改了 ADAF 解，提出绝热内外流模型 (adiabatic inflow-outflow solutions，ADIOS)，此模型包括强有力的盘风，盘风从吸积气体中带走质量、角动量和能量，其中气体被黑洞吞食的速率仅占气体供应速率的极少部分 [67]。ADIOS 模型中，吸积率随盘半径按照幂率变化如下：

$$\dot{M} \propto r^p, \quad 0 \leqslant p \leqslant 1 \tag{5.31}$$

由 (5.31) 式可知，只要指数 $p > 0$，那么吸积率随盘半径减小而单调减小。根据质量守恒，必然有物质从吸积盘内区外流出去，形成盘风。

5.2.2 吸积与喷流中的能量与角动量

如第 2 章所述，吸积过程是天体物理中有效的能量机制，随着物质向致密天体吸积，物质的势能转化为辐射能释放出去。另一方面，吸积过程又伴随物质的角动量向外转移，如果吸积物质不丢掉其角动量，物质向致密天体的吸积过程不可能发生，因此角动量转移是能量转化的必要条件。由于喷流产生与吸积过程密切相关，因此喷流中的能量与角动量转化也与吸积过程密切相关。

前面我们已讨论过两种大尺度磁场驱动黑洞系统喷流的机制，即 BZ 过程和 BP 过程。BZ 和 BP 过程虽然有相似之处，但是两种机制所喷流的能量成分有很大区别：BZ 过程提取的是黑洞的转动能，喷流以坡印亭能流为主导。BP 过程驱动的喷流来自吸积盘的转动能，含有两种成分，即电磁能和等离子体的动能。在 3.4.1 节我们讨论了 BP 过程中大尺度磁场如何提取吸积盘的转动能，并转化为喷流电磁能的物理过程，如图 3.9 所示。

研究表明，BP 机制驱动喷流的过程是喷流中的电磁能向喷流物质的动能连续转化的过程 [65,68]。下面我们在文献 [65] 和 [68] 的基础上对此问题作进一步讨论。

Blandford 和 Payne 指出，每一条磁力线上的能量守恒和角动量守恒可以表示为 [65]

$$e = e_{\text{matter}} + e_{\text{Poynting}} = \text{const} \tag{5.32}$$

$$l = l_{\text{matter}} + l_{\text{Poynting}} = \text{const} \tag{5.33}$$

在 (5.32) 式中 e_{matter} 和 e_{Poynting} 分别是喷流物质和电磁场的比能量，具体可表示为

$$\begin{cases} e_{\text{matter}} = v^2/2 + h + \Phi \\ e_{\text{Poynting}} = -\Omega r B^\varphi / k \end{cases} \tag{5.34}$$

在 (5.34) 式中 r 是磁力线的柱半径, Ω 是稳定磁力线的角速度, 其大小取决于足点的盘半径 $r_{\rm d}$ 和黑洞自转 a_*; h, Φ 和 $-\omega r B^\varphi/k$ 分别是比焓、引力势和磁力矩对喷流物质做的功。

在 (5.33) 式中 $l_{\rm matter}$ 和 $l_{\rm Poynting}$ 分别是喷流物质和电磁场的比角动量, 具体可表示为

$$\begin{cases} l_{\rm matter} = r\upsilon^\varphi \\ l_{\rm Poynting} = -rB^\varphi/k \end{cases} \tag{5.35}$$

在 (5.35) 式中 $-rB^\varphi/k$ 为磁力矩的冲量, 参数 k 与单位面积的质量流与磁通量通过 (5.36) 式联系在一起

$$k/4\pi \equiv \rho v^p/B^p \tag{5.36}$$

其中 u^p 和 B^p 分别是喷流物质和磁场的极向分量。根据文献 [60], 电磁角动量的极向分量可以表示为: $S_L^p = -rB^\varphi B^p/4\pi = -rB^\varphi \rho v^p/k$, 由此得到

$$\begin{cases} \dfrac{S_L^p}{\rho v^p} = -rB^\varphi/k = l_{\rm Poynting} \\[2mm] \dfrac{S_E^p}{\rho v^p} = -\Omega rB^\varphi/k = e_{\rm Poynting} \end{cases} \tag{5.37}$$

(5.37) 式中 S_E^p 和 S_L^p 分别是坡印亭能流和角动量流。

根据安培定律可得

$$\oint B \cdot {\rm d}l = 2\pi rB^\varphi = 4\pi \sum I \tag{5.38}$$

(5.38) 式的积分回路是磁力线回转面 (磁面) 上柱半径为 r 的红色圆形路径, $\sum I$ 为穿过以积分路径为边界的任意曲面的电流代数和, 如图 5.9 所示。

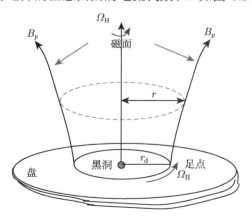

图 5.9 吸积盘上极向磁场旋转形成的磁面

积分路径为虚线圆

考虑到对应于每根磁力线，Ω 和 k 都是常数，结合 (5.37) 和 (5.38) 式可得

$$e_{\text{Poynting}} \propto rB^\varphi \propto \sum I \tag{5.39}$$

(5.39) 式表明，喷流中电磁能向物质动能的连续转化意味着 e_{Poynting} 和 $\sum I$ 的绝对值随喷流距出发盘面的高度增加而单调减小。为了实现这个要求，Wang 等建议吸积盘上方形成冕电流，而且冕电流与盘电流形成回路如图 5.10 所示[69]。

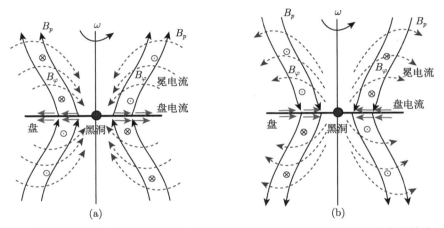

图 5.10   穿过磁面的冕电流 (虚线箭头) 和沿吸积盘径向流动的盘电流 (灰色实线箭头) 构成闭合回路，以保证两个物理过程持续进行

①磁力矩连续把吸积盘的动能转化为电磁能；②喷流中的电磁能连续转化为喷流物质的动能，⊙ 和 ⊗ 代表环向磁场的方向。图 5.10 的 (a)、(b) 两个子图对应于图 3.9 的 (a)、(b) 两个子图[69]

由图 5.10 可以看出，冕电流的引入有两个重要意义：

(1) 距离盘面不同高度的曲面中通过电流的代数和 $\sum I$ 是变化的，$\sum I$ 随积分回路离开盘面的距离增加而单调减小，因而回路积分的绝对值也单调减小。结合 (5.34) 和 (5.38) 式可知冕电流的引入保证喷流中的电磁能向动能的连续转化；

(2) 冕电流与吸积盘的径向电流形成回路，从而保证了 BP 过程的连续性，即保证磁力矩可以持续作用于盘电流提取吸积盘的转动能量。

通常认为 BP 机制对喷流的加速区域位于吸积盘面与阿尔文面之间的区域，称为无力区 (force free)，这个区域是磁能密度为主导的区域，即满足 $B^2/8\pi \gg \rho v^2, P$。图 5.11 是在文献 [68] 图 9.1 的基础上修改的，不同的是图 5.11 在无力区中标注了冕。

在上述讨论的基础上，可以估算喷流中电磁能转化为流体动能的效率。根据 (5.32) 和 (5.37) 式，从盘面 (以磁能主导) 到阿尔文面的能量转化效率可以表示为

$$\eta_E \equiv e_{\text{matter,A}}/e = (e - e_{\text{Poynting,A}})/e$$

$$\simeq 1 - e_{\mathrm{Poynting,A}}/e_{\mathrm{Poynting,d}} = 1 - (rB^{\varphi})_{\mathrm{A}}/(rB^{\varphi})_{\mathrm{d}} \qquad (5.40)$$

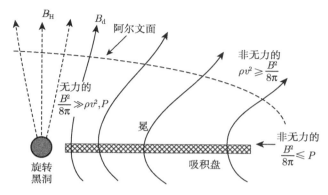

图 5.11　BP 模型的磁场位形划分为三个区域，位于吸积盘面和阿尔文面之间的区域为"无力区"，是对喷流物质离心加速的区域

(5.40) 式中 $e_{\mathrm{matter,A}}$ 和 $e_{\mathrm{Poynting,A}}$ 分别代表阿尔文面的物质比能量和电磁比能量，$e_{\mathrm{Poynting,d}}$ 代表盘面处的电磁比能量。

同样可以估算喷流中电磁角动量转化为流体角动量的效率。根据 (5.33) 和 (5.37) 式，从盘面 (以磁能主导) 到阿尔文面的角动量转化效率可以表示为

$$\eta_{\mathrm{L}} \equiv l_{\mathrm{matter,A}}/l = (l - l_{\mathrm{Poynting,A}})/l$$
$$\simeq 1 - l_{\mathrm{Poynting,A}}/l_{\mathrm{Poynting,d}} = 1 - (rB^{\varphi})_{\mathrm{A}}/(rB^{\varphi})_{\mathrm{d}} \qquad (5.41)$$

(5.41) 式中 $l_{\mathrm{matter,A}}$ 和 $l_{\mathrm{Poynting,A}}$ 分别代表阿尔文面的物质比角动量和电磁比角动量；$l_{\mathrm{Poynting,d}}$ 代表盘面处的电磁比角动量。

5.2.3　磁场在吸积盘中的转移与喷流的关联

角动量在吸积盘的转移是吸积理论中的基本问题，物质只有丢失多余的角动量才能进行吸积过程。在第 2 章中提到 "分子" 黏滞模型中的黏滞力太小，不足以产生所要求的耗散及角动量转移。1991 年 Balbus 和 Hawley 指出，如果流体的角速度随盘半径增大而减小，则吸积盘中垂向弱磁场是不稳定的，这种弱磁场的不稳定性结合吸积盘的较差旋转就产生磁旋转不稳定性：Magnetorotational Instability (MRI)。MRI 成为吸积盘理论的里程碑式的重要进展 [70,71]。

另一方面，通过大尺度极向磁场驱动喷流或盘风，也能够带走吸积物质多余的角动量。如上所述，驱动黑洞系统喷流的两个重要机制 BZ 机制和 BP 机制都需要借助于大尺度极向磁场。正如 Spruit 所指出的，大尺度有序的极向磁场不大可能

由吸积盘中局部的物理过程产生，而只能在某种初始条件下发生演化或通过吸积盘的外边界把大尺度磁场带进来 [68]。

大尺度磁场随吸积等离子体由外区转移到吸积盘内区的一个基本问题是必须克服磁扩散 [72-74]。这意味着在吸积过程中转移到盘内区的磁场位形主要取决于磁扩散与盘气体径向速度的平衡。吸积物质的径向速度主要通过运动黏滞系数 ν 来调节，而吸积盘磁场的径向移动与磁普朗特数 (magnetic Prandtl number) 密切相关：$P_{\rm m} = \eta/\nu$，其中 η 为磁扩散系数。

在磁普朗特数$P_{\rm m}$ ~1 的条件下，ADAF 具有较大的径向速度，因而能克服磁扩散，从而有效地转移大尺度磁场到吸积流内区 [75]。与 ADAF 不同，薄盘中气体的径向速度很小，因此磁场向外扩散速度比吸积速度快，从而导致大尺度磁场转移到薄盘内区的效率非常低。为了解决这个问题，有关研究者提出了一些模型克服大尺度磁场向薄盘内区转移的困难 [76-79]。

2013 年 Cao 和 Spruit 重新研究了在薄盘中有效转移大尺度磁场的问题，他们建议通过磁场驱动外流带走吸积物质的角动量，从而增加盘物质的径向速度，以便把外部的大尺度磁场有效地转移到吸积盘内区。他们的计算表明，甚至中等偏弱的磁场驱动的磁风也能够有效地平衡向外的磁扩散[80]。

两种转移角动量机制的区别在于，MRI 是沿径向转移吸积物质的角动量，而喷流或盘风是沿垂向转移吸积物质的角动量。二者的共同特点是，都必须借助于磁场的作用，由此可见磁场 (大尺度磁场和小尺度磁场) 在吸积系统中具有重要地位。

5.3 黑洞自转的测量及物理意义

在天体物理环境中，黑洞由两个参数确定，即质量 M 和比角动量 $a = J/M$，通常把比角动量写成无量纲的形式，叫做黑洞自转，$a_* \equiv a/M = J/M^2$。正如黑洞质量和自转各司其职：质量 M 描写黑洞的尺度，而自转 a_* 描写黑洞的几何特征 (图 1.2)。众所周知，测量黑洞的质量已有比较系统的方法，例如，适用于双星系统的质量函数方法，适用于超大质量黑洞测量的若干动力学方法 [81,82]，而对黑洞自转的测量仍然有许多不确定的因素。测量黑洞自转已成为天体物理前沿的重要课题之一 [83]。

目前有 4 种测量黑洞自转的方法，分别是① X 射线偏振测定，这种方法今后大有可能取得成功；② X 射线连续拟合，这种方法已经取得一些有用的结果；③ Fe K 线轮廓测量，尽管这种方法还存在很大的不确定性，但是也获得了一些有意义的结果；④ 高频 QPO 的测量，这种方法很可能成为测量黑洞自转的最可靠的方法 [83]。由于方法①和③涉及较多的不确定性，方法④已在 4.2 节中详细讨论过，因此本节仅介绍黑洞自转测量的连续拟合方法。

1997 年，Zhang, Cui 和 Chen 首先利用 X 射线连续拟合去测量双星中的黑洞自转[84]，其基本思路与理论框架如下：

(1) 黑洞双星的高软态可以由广义相对论的标准薄盘描写，而吸积盘的辐射通量及最内稳定圆轨道半径 r_{ms} 与黑洞自转 a_* 密切相关，表达式见文献 [84] 的 (1) 和 (2) 式。

(2) 标准薄盘的辐射通量随盘半径 r 变化呈现非单调特征，对应的等效黑体辐射温度与盘的辐射通量满足

$$T\left(\chi\right) = [F\left(\chi\right)/\sigma]^{1/4} \tag{5.42}$$

其中 σ 是斯特潘–玻尔兹曼常数，参数 χ 与盘半径 r 满足 $r \equiv M\chi^2$。

(3) 等效黑体温度的峰值半径 r_{peak} 与 r_{ms} 的关系满足：$r_{peak} = r_{ms}/\eta$，其中比例系数 η 对黑洞自转 a_* 的变化不敏感：当 a_* 由 -1 变化到 1 时，η 缓慢地由 0.63 增加到 0.77。

(4) 考虑到在大多数 X 射线发射的热内盘中以电子散射为主导，这导致色温度大于等效温度，结果内盘辐射近似于稀薄的黑体辐射，黑体辐射的普朗克函数的表达式表示为

$$B\left(E, f_{col}\left(x\right) T\left(x\right)\right)/[f_{col}\left(x\right)]^4 = \frac{2E^3}{[f_{col}\left(x\right)]^4 \left(hc\right)^2} \frac{1}{\mathrm{e}^{E/kf_{col}\left(x\right)T\left(x\right)} - 1} \tag{5.43}$$

(5.43) 式中 $E = h\nu$ 为光子的能量，$f_{col}\left(x\right)$ 为色修正因子。考虑到 $f_{col}\left(x\right)$ 对黑洞质量 M 和吸积率的变化不敏感，在拟合中近似作为常数，并取 $f_{col} = 1.7$。

(5) 由于辐射来自吸积盘内区，必须考虑广义相对论对辐射强度的引力红移和引力弯曲的修正，它导致观测的色温度和整体通量偏离局部值，而且此修正与盘的倾角 θ 和黑洞自转有关。因此引入附加的广义相对论修正因子：$g_{GR} = g\left(\theta, a_*\right)/\cos\theta$，其中 θ 为吸积盘的倾角。文献 [84] 在 Cunningham 的工作基础上得到对局部盘谱的广义相对论修正因子 g_{GR} 的数值[85]，如表 5.6 所示。

表 5.6　对应于不同黑洞自转和盘倾角对局部盘谱的广义相对论修正因子

θ	$\cos\theta$	$a_*=0.0$		$a_*=0.998$	
		$g(\theta, a_*)$	$f_{GR}(\theta, a_*)$	$g(\theta, a_*)$	$f_{GR}(\theta, a_*)$
0.0	1.00	0.797	0.851	0.328	0.355
41.4	0.75	0.654	0.870	0.344	0.587
60.0	0.50	0.504	0.981	0.359	0.764
75.5	0.25	0.289	1.058	0.352	1.064
90.0	0.00	0.036	1.354	0.206	1.657

(6) 根据 Makishima 等的工作 [86]，吸积盘的热光度与辐射峰值区域满足以下关系：

$$L_{\mathrm{disk}} \approx 4\pi\sigma r_{\mathrm{peak}}^2 T_{\mathrm{peak}}^4 \tag{5.44}$$

考虑到上述修正后的地球上观测的辐射通量 F_{earth} 与色温度 T_{col} 满足以下关系：

$$L_{\mathrm{disk}} = g\left(\theta, a_*\right) L_{\mathrm{disk}}/2\pi D^2 \tag{5.45}$$

$$T_{\mathrm{col}} = f_{\mathrm{GR}}\left(\theta, a_*\right) f_{\mathrm{col}} T_{\mathrm{peak}} \tag{5.46}$$

(5.45) 式中，D 为观测者到源的距离。结合 (5.44)~(5.46) 诸式得到

$$r_{\mathrm{ms}} = \eta D \left[\frac{F_{\mathrm{earth}}}{2\sigma g\left(\theta, a_*\right)}\right]^{1/2} \left[\frac{f_{\mathrm{col}} f_{\mathrm{GR}}\left(\theta, a_*\right)}{T_{\mathrm{col}}}\right]^2 \tag{5.47}$$

(5.47) 式把 r_{ms} 与可观测量联系起来，而 (2.88) 式把 r_{ms} 与黑洞自转 a_* 联系起来。结合 (2.88) 式和 (5.47) 式，可推断若干 X 射线双星的黑洞自转值，如表 5.7 所示。

表 5.7   若干 X 射线双星的黑洞自转估值

源	$M/M\odot$	$\theta/(°)$	$D/$ kpc	$kT_{\mathrm{col}}/$ keV	$r_{\mathrm{ms}}/$km	a_*
GS 1124 − 68[a]	6.3	60	2.0	1.0	57	−0.04
GS 2000+25[b]	10	65	2.5	1.2	86	0.03
LMC X-3[c]	7	60	50	1.2	69	−0.03
GRO J1655 − 40[d]	7	70	3.2	1.4	22	0.93
GRS 1915+105[e]	∼30	70	12.5	2.2	40	∼0.998

注：表中各个源右上角的字母 a, b, c, d, e 代表文献 [84] 中数据的文献来源。

自从文献 [84] 首次提出连续拟合方法估计黑洞双星的自转之后，这个方法被其他研究组加以改进，并用来测量在 X 射线连续谱中突显热吸积盘分量的更多的恒星级黑洞自转 (详细评论可见文献 [83], [87])。有趣的是，文献 [84] 关于 GRS 1915+105 等黑洞双星自转的估值与改进的连续拟合方法得到的估值基本一致 [87]。

2012 年，Narayan 和 McClintock 发现黑洞双星的间歇性喷流中 5GHz 的射电通量与连续拟合方法估计的黑洞自转有很强的相关性。观测数据表明，喷流功率与黑洞自转 a_* 的平方成正比 (或与黑洞视界面的角速度 Ω_{H} 的平方成正比)[88]。文献 [88] 的数据来自 5 个黑洞双星，如表 5.8 所示。

表 5.8 中的 4 个黑洞双星喷流中的峰值射电通量 $(\nu S_\nu)_{\mathrm{max}}$ 随频率 $\nu(\mathrm{GHz})$ 变化的曲线如图 5.12 所示，其中 S_ν 随频率按照幂率变化，$S_\nu \propto \nu^\alpha$。

表 5.8   具有间歇性喷流的黑洞双星样本的参数

黑洞双星	a_*	$M/M_\odot$	D/kpc	$i/(°)$	$(S_\nu)_{\max}$,5 GHZ /Jy[①]	$S_0(\gamma=2)/\mathrm{Jy}$
A0620-00	0.12±0.19	6.61±0.25	1.06±0.12	51.0±0.9	0.203	0.145
XTE J1550-564	0.34±0.24	9.10±0.61	4.38±0.50	74.7±3.8	0.265	0.859
GRO J1655-40	0.7±0.1	6.30±0.27	3.2±0.5	70.2±1.9	2.42	7.74
GRS 1915+105	0.975±0.025	14.0±4.4	11.0±1.0	66.0±2.0	0.912	2.04
4U 1543-47	0.8±0.1	9.4±1.0	7.5±1.0	20.7±1.5	$> 1.16 \times 10^{-2}$	$> 4.31 \times 10^{-4}$

① $1\mathrm{Jy} = 10^{-26}\mathrm{W} \cdot \mathrm{m}^{-2} \cdot \mathrm{Hz}^{-1}$。

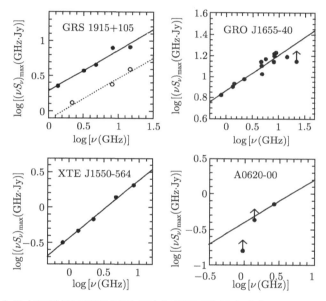

图 5.12   在 4 个具有间歇性喷流的黑洞双星中观测到的射电功率 $(\nu S_\nu)_{\max}$ 随频率 ν(GHz) 变化的曲线 [88]

在文献 [88] 中黑洞双星的喷流功率与 5GHz 的射电通量通过以下关系联系起来:

$$P_{\mathrm{jet}} \equiv D^2 (\nu S_\nu)_{\max,5\mathrm{GHz}}/M \tag{5.48}$$

其中 D 为观测者到黑洞双星的距离 (以 kpc 为单位), M 为黑洞质量, $(\nu S_\nu)_{\max,5\mathrm{GHz}}$ 为对应的黑洞双星喷流中在 5GHz 频率的射电通量的峰值。他们得到 (5.48) 式所定义 e 的 4 个黑洞双星的喷流功率 P_{jet} 随黑洞自转 a_* 变化的曲线 (对数标度) 如图 5.13 所示。

稍后, Steiner, McClintock 和 Narayan[89] 把喷流功率与黑洞自转的关联扩展到黑洞双星 H1743-322, 这个源的黑洞自转已被测出, $a_* = 0.2 \pm 0.3$。文献 [89] 得

到的无量纲喷流功率的表达式为

$$P_{\rm jet} = \left(\frac{\nu}{5{\rm GHz}}\right)\left(\frac{S_{\nu,0}^{\rm tot}}{\rm Jy}\right)\left(\frac{D}{\rm kpc}\right)^2\left(\frac{M}{M_\odot}\right)^{-1} \tag{5.49}$$

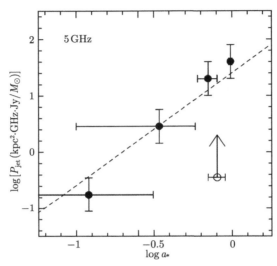

图 5.13　根据 (5.48) 式估算的喷流功率 $P_{\rm jet}$ 随黑洞自转 a_* 变化的曲线 [88]

其中虚线对应于 BZ 过程驱动喷流的理论关系式：$P_{\rm jet} \propto a_*^2$

(5.49) 式中 $S_{\nu,0}^{\rm tot}$ 是集束修正的射电通量，它与观测到的射电通量 $S_{\nu,{\rm obs}}$ 通过下式联系在一起：

$$S_{\nu,0}^{\rm tot} = S_{\nu,{\rm obs}} \times \delta^{k-3} \tag{5.50}$$

其中 δ 为集束修正因子。文献 [89] 指出，喷流功率与黑洞自转更好的关系式应该是

$$P_{\rm jet} \propto (M\Omega_{\rm H})^2 \tag{5.51}$$

其中，$\Omega_{\rm H}$ 为黑洞自转角速度。在补充黑洞双星 H1743-322 数据的基础上，文献 [89] 得到 5 个源的喷流功率 $P_{\rm jet}$ 随黑洞自转 a_* 变化的曲线如图 5.14 所示。

文献 [88] 和 [89] 发现的间歇性相对论性喷流与黑洞自转具有很强的相关性，可以与黑洞双星由低硬态向高软态的转变特征联系起来。正如 Fender 和 Belloni 指出的，间歇性相对论性喷流与黑洞双星的中间态成协 [90]，而这种类型的喷流很可能由集中于黑洞周围的成束的补丁磁场驱动 [91]，其磁场位形如图 5.15 所示 [92]。

不久前 Chen，Gou 和 McClintock 等在归纳研究软 X 射线暂现源 NovaMus 数据的基础上，运用 X 射线连续拟合方法得到该源的黑洞自转为 $a_* = 0.63^{+0.16}_{-0.19}$。结

合方程 (5.49) 和暂现源 NovaMus 的数据，他们在文献 [89] 的基础上，得到喷流功率 P_{jet} 随黑洞自转 a_* 变化的曲线如图 5.16 所示 [93]。

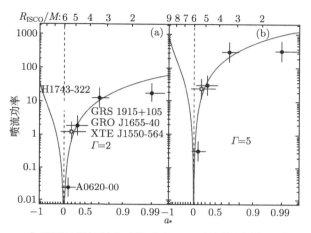

图 5.14　5 个黑洞双星的射电喷流功率 P_{jet} 与黑洞自转 a_* 的关系曲线

(a)、(b) 分别对应于喷流的洛伦兹因子不同的取值：$\Gamma=2$，$\Gamma=5$，其中文献 [88] 涉及的 4 个黑洞双星的数据由黑色圆点表示，H1743-322 的数据由空心方框表示

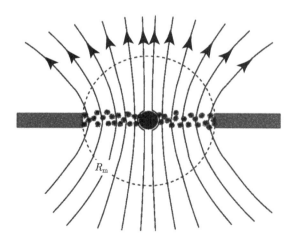

图 5.15　很强的极向磁场在吸积盘中心区域积累，导致轴对称的吸积盘在磁层半径 R_m 以内被瓦解。这些极向补丁磁场可以驱动与黑洞双星中间态成协的间歇性喷流 [91]

　　图 5.16 的结果表明，NovaMus 的数据与 "射电喷流功率与黑洞自转平方成正比" 的关系有较大的偏离，这说明二者的关系不能简单地表示为 $P_{jet} \propto a_*^2$，需要在更多的观测样本基础上研究射电喷流功率与黑洞自转的关系。

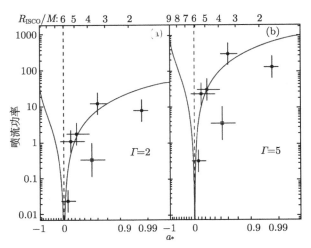

图 5.16　5 个黑洞双星的射电喷流功率 P_{jet} 与黑洞自转 a_* 的关系曲线

(a)、(b) 分别对应于喷流的洛伦兹因子不同的取值: $\Gamma=2, \Gamma=5$, 其中文献 [88] 涉及的 4 个黑洞双星的数据由黑色圆点表示, NovaMus 的数据由空心方框表示

5.4　吸积过程中黑洞熵的演化

在第 1 章中我们介绍了黑洞热力学, 并讨论了普通热力学定律与黑洞热力学定律的相似性。本节将讨论吸积过程中黑洞熵的演化。

黑洞热力学第一定律涉及黑洞熵, 为了讨论方便, 把黑洞熵的表达式 (1.34) 式改写为

$$S_{\mathrm{H}} = 2\pi M^2 \left(1 + \sqrt{1-a_*^2}\right) \tag{5.52}$$

其中 $a_* \equiv a/M = J/M^2$ 为克尔黑洞的无量纲角动量 $(G=\hbar=k_{\mathrm{B}}=c=1)$, 即黑洞自转。由 (5.52) 式可知黑洞熵不仅与黑洞质量有关, 而且与黑洞的角动量也有关。

在顺行吸积过程中, 吸积盘的转动方向与黑洞自转方向相同。由于吸积物质不断把质量和角动量带入黑洞, 导致黑洞质量 M 和自转 a_* 单调增加。由 (5.52) 式看出, 黑洞质量和自转的增加对黑洞熵的变化产生相反的影响: 黑洞质量增加与黑洞熵增加正相关, 而黑洞角动量增加与黑洞熵增加反相关。因此我们有兴趣讨论在吸积过程中黑洞熵的演化。

根据能量和角动量守恒定律, 相对论薄盘吸积中的黑洞质量和角动量演化方程表示为 [94,95]

$$\mathrm{d}M/\mathrm{d}t = E_{\mathrm{ms}}\dot{M}_{\mathrm{d}} \tag{5.53}$$

$$\mathrm{d}J/\mathrm{d}t = L_{\mathrm{ms}}\dot{M}_{\mathrm{d}} \tag{5.54}$$

其中 E_{ms} 和 L_{ms} 分别是位于最内稳定圆轨道的吸积物质的比能量和比角动量, 其表达式由 (2.104b) 式给出。为了讨论方便, Wang, Lu 和 Yang 等把 E_{ms} 和 L_{ms} 的表达式写成更简洁的形式 [95]

$$E_{\mathrm{ms}} = \frac{4\chi_{\mathrm{ms}} - 3a_*}{\sqrt{3}\chi_{\mathrm{m}}^2}, \quad L_{\mathrm{ms}} = \frac{2M\left(3\chi_{\mathrm{ms}} - 2a_*\right)}{\sqrt{3}\chi_{\mathrm{ms}}} \tag{5.55}$$

其中 $\chi_{\mathrm{ms}} \equiv \sqrt{r_{\mathrm{ms}}/M}$ 只与黑洞自转有关, 其表达式由 (2.104d) 式给出。结合方程 (5.53) 和 (5.54) 可以得到黑洞自转在吸积过程中的演化方程

$$\mathrm{d}a_*/\mathrm{d}t = \left(M^{-2}L_{\mathrm{ms}} - 2a_*M^{-1}E_{\mathrm{ms}}\right)\dot{M}_{\mathrm{d}} \tag{5.56}$$

把黑洞熵的表达式 (5.52)、黑洞视界面温度的表达式 (1.38) 与克尔黑洞在吸积过程的演化方程 (5.53) 和 (5.56) 结合起来, 可得到黑洞熵的演化方程

$$\mathrm{d}S_{\mathrm{H}}/\mathrm{d}t = T_{\mathrm{H}}^{-1}\left(E_{\mathrm{ms}} - \Omega_{\mathrm{H}}L_{\mathrm{ms}}\right)\dot{M}_{\mathrm{d}} = T_{\mathrm{H}}^{-1}F_{\mathrm{ms}}E_{\mathrm{ms}}\dot{M}_{\mathrm{d}} \tag{5.57}$$

其中

$$F_{\mathrm{ms}} = 1 - \Omega_{\mathrm{H}}L_{\mathrm{ms}}/E_{\mathrm{ms}} \tag{5.58}$$

根据克尔黑洞角速度 Ω_{H} 的表达式 (3.19) 以及 E_{ms} 和 L_{ms} 的表达式 (5.55) 可知, F_{ms} 是黑洞自转的函数。如图 5.17 所示, 在吸积过程中 F_{ms} 随黑洞自转变化总是取正值 (这里我们采用 1974 年 Thorne 给出的黑洞自转上限 $a_* \leqslant 0.998$[96])。

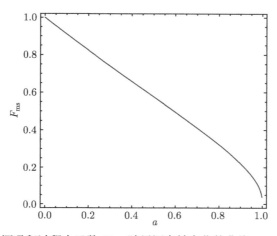

图 5.17 黑洞吸积过程中函数 F_{ms} 随黑洞自转变化的曲线: $0 < a_* \leqslant 0.998$

根据 (5.57) 式可知，在薄盘吸积过程中黑洞熵总是单调增加的。

　　如第 3 章所述，BZ 和 MC 过程通过大尺度磁场提取黑洞的能量和角动量，另一方面 BZ 和 MC 过程所必需的大尺度磁场又是依靠吸积盘的大尺度磁场维持的 [61,62]，因此我们有兴趣在吸积和 BZ-MC 过程共存的条件下讨论黑洞熵的演化问题。在上述三种过程共存条件下克尔黑洞的质量和角动量演化方程为 [97]

$$dM/dt = E_{ms}\dot{M}_d - P_{BZ} - P_{MC} \tag{5.59}$$

$$dJ/dt = L_{ms}\dot{M}_d - T_{BZ} - T_{MC} \tag{5.60}$$

其中 P_{BZ} 和 T_{BZ} 分别是 BZ 过程的功率和力矩表达式，表达式分别为 (3.31) 和 (3.32) 式；P_{MC} 和 T_{MC} 分别是 MC 过程的功率和力矩表达式，表达式分别为 (3.86) 和 (3.87) 式。

　　由方程 (5.59) 和 (5.60) 同样可以得到在吸积和 BZ-MC 过程共存的条件下黑洞自转的演化方程

$$da_*/dt = M^{-2}\left(L_{ms}\dot{M}_d - T_{BZ} - T_{MC}\right) - 2M^{-1}a_*\left(E_{ms}\dot{M}_d - P_{BZ} - P_{MC}\right) \tag{5.61}$$

　　同样，把黑洞熵的表达式 (5.52)、黑洞视界面温度的表达式 (1.38) 与克尔黑洞在吸积和 BZ-MC 过程共存的条件下的基本演化方程 (5.59) 和 (5.61) 结合起来，得到黑洞熵的演化方程

$$dS_H/dt = T_H^{-1}\left(dM/dt - \Omega_H dJ/dt\right)$$
$$= T_H^{-1}F_{ms}E_{ms}\dot{M}_d + T_H^{-1}\left(\Omega_H T_{BZ} - P_{BZ}\right) + T_H^{-1}\left(\Omega_H T_{MC} - P_{MC}\right) \tag{5.62}$$

与方程 (5.57) 比较可知，(5.62) 式右端第一项是吸积过程对黑洞熵的贡献，而第二项和第三项分别是 BZ 过程和 MC 过程对黑洞熵的贡献。

　　结合 P_{BZ} 和 T_{BZ} 的表达式 (3.31) 和 (3.32) 及 Ω_H 的表达式 (3.19) 可以得到

$$\Omega_H T_{BZ} - P_{BZ} = 2a_*^2 B_H^2 M^2 \int_0^{\theta_M} \frac{(1-k)^2 \sin^3\theta d\theta}{2-\left(1-\sqrt{1-a_*^2}\right)\sin^2\theta} > 0 \tag{5.63}$$

(5.63) 式意味着 BZ 过程对黑洞熵变化率的贡献总是为正。

　　结合 P_{MC} 和 T_{MC} 的表达式 (3.86) 和 (3.87) 及 Ω_H 的表达式 (3.19) 得到

$$\Omega_H T_{MC} - P_{MC} = 2a_*^2 B_H^2 M^2 \int_{\theta_M}^{\pi/2} \frac{(1-\beta)^2 \sin^3\theta d\theta}{2-\left(1-\sqrt{1-a_*^2}\right)\sin^2\theta} > 0 \tag{5.64}$$

(5.64) 式意味着 MC 过程对黑洞熵变化率的贡献也为正。

　　综上所述，在吸积和 BZ-MC 过程共存的条件下黑洞熵的变化率总是为正，即黑洞熵总是随时间单调增加的。

参 考 文 献

[1]   Durrer R, Neronov A. Astron. Astrophys. Rev., 2013, 21–62

[2]   Parker E N. Oxford/New York: Clarendon/Oxford University Press, 1979

[3]   Kulsrud R M, Zweibel E G. Rep. Prog. Phys., 2008, 71: 046901+33

[4]   Uzdensky D A, Forest C, Ji H.// Astro2010: The Astronomy and Astrophysics Decadal
       Survey. Science White Papers, arXiv: 0902. 3596

[5]   Widrow L M, Ryu D, Schleicher D R G, et al. Space Sci. Rev., 2012, 166: 37–70

[6]   Li L X. Phys. Rev. D, 2002, 65: 084047

[7]   Zhao C X, Wang D X, Gan Z M. Mon. Not. R. Astron. Soc., 2009, 398: 1886–1890

[8]   Li L X. Astrophys. J., 2000, 540: L17–L20

[9]   Wang D X, Ye Y C, Li Y, et al. Mon. Not. R. Astron. Soc., 2007, 374: 647–656

[10]   Remillard R A, McClintock J E, Orosz J A, et al. Astrophys. J., 2006, 637: 1002–1009

[11]   Huang C Y, Wang D X, Wang J Z. Research Astron. Astrophys., 2013, 13: 705–718

[12]   黄昌印. 华中科技大学博士学位, 2011, CNKI 知网空间: http://cdmd.cnki.com.cn
       /Article /CDMD-10487-1011110414.htm

[13]   McClintock J E, Remillard R A. // L van der Klis L. Black hole binaries. Cambridge:
       Cambridge Univ. Press, 2006, 157–213

[14]   Cui W, Shrader C R, Haswell C A, et al. Astrophys. J., 1998, 535: L123–L127

[15]   Miller J M, Reynolds C S, Fabian A C, et al. Astrophys. J., 2009, 697: 900–912

[16]   Orosz J A, McClintock J E, Remillard R A, et al. Astrophys. J., 2004, 616: 376–382

[17]   Homan J, Klein-Wolt M, Rossi S, et al. Astrophys. J.,2003, 586: 1262–1267

[18]   Strohmayer T E, Mushotzky R F, Winter L, et al. Astrophys. J., 2007, 660: 580–586

[19]   Bélanger G, Terrier R, de Jager O C. Journal of Physics: Conference Series, 2006, 54:
       420–426

[20]   Genzel R, Eisenhauer F, Gillessen S. Rev. Mod. Phys., 2010, 82: 3121–3195

[21]   Moffatt H K. M Cambridge: Cambridge Univ. Press, 1978

[22]   Parker E N. Oxford: Clarendon, 1979

[23]   Vainshtein S I, Cattaneo F. Astrophys. J., 1992, 393: 165–171

[24]   Zrake J, MacFadyen A I. Astrophys. J., 2012, 744: 32–41

[25]   Lubow S H, Papaloizou J C B, Pringle J E, et al. Mon. Not. R. Astron. Soc., 1994,
       267: 235–240

[26]   Lovelace R V E, Romanova M M, Newman W I. Astrophys. J., 1994, 437: 136–143

[27]   Contopoulos I, Kazanas D. Astrophys. J., 1998, 508: 859–863

[28]   Contopoulos I, Kazanas D, Christodoulou D M. Astrophys. J., 2006, 652: 1451–1456

[29]   Christodoulou D M, Contopoulos I, Kazanas D. Astrophys. J., 2008, 674: 388–407

[30]   Contopoulos I, Christodoulou D M, Kazanas D, et al. Astrophys. J., 2009, 702: L148–
       L152

[31] Kylafis N D, Contopoulos I, Kazanas D, et al. Astron. Astrophys., 2012, 538: A5, 538–543

[32] Rybicki G B, Lightman A P. New York: Wiley, 1986

[33] 尤峻汉. 北京：科学出版社，1998

[34] Huang C Y, Ye Y C, Wang D X, et al. Mon. Not. R. Astron. Soc., 2016, 457: 3859–3866

[35] Novikov I D, Thorne K S. // Dewitt C. Black Holes. New York: Gordon and Breach, 1973, 345–450

[36] Page D N, Thorne K S. Astrophys. J., 1974, 191: 499–506

[37] Frank W B. Phys. Rev., 1924, 23: 137–143

[38] Ozel F, Psaltis D, Narayan R, et al. Astrophys. J., 2010, 725: 1918–1927

[39] Shafee R, McClintock J E, Narayan R, et al. Astrophys. J., 2006, 636: L113–L116

[40] Hjellming R M, Rupen M P. Nature, 1995, 375: 464–468

[41] Hannikainen D C, Hunstead R W, Wu K, et al. Mon. Not. R. Astron. Soc., 2009, 397: 569–576

[42] Strohmayer T E. Astrophys. J., 2001, 552: L49–L53

[43] Remillard R A, Morgan E H, McClingtock J E, et al. Astrophys. J., 1999, 522: 397–412

[44] Steiner J F, Reis R C, McClintock J E, et al. Mon. Not. R. Astron. Soc., 2011, 416: 941–958

[45] Hannikainen D C, Hunstead R W, Wu K, et al. Mon. Not. R. Astron. Soc., 2009, 397: 569–576

[46] Miller J M, Wijnands R, Homan J, et al. Astrophys. J., 2001, 563: 928–933

[47] Remillard R A, Muno M P, McClintock J E, et al. Astrophys. J., 2002, 580: 1030–1042

[48] Belloni T M, Sanna A, Mendez M. Mon. Not. R. Astron. Soc., 2012, 426: 1701–1709

[49] McClintock J E, Shafee R, Narayan R, et al. Astrophys. J., 2006, 652: 518–539

[50] Remillard R A, Muno M P, McClintock J E, et al. BAAS, 2003, 35: 648–653

[51] Remillard R A. AIP Conference Proceedings, 2004, 714: 13–20

[52] Steiner J F, McClintock J E, Reid M J. Astrophys. J., 2012, 745: L7–L11

[53] Homan J, Miller J M, Wijnands R, et al. Astrophys. J., 2005, 623: 383–391

[54] Shaposhnikov N, Swank J, Shrader C R, et al. Astrophys. J., 2007, 655: 434–446

[55] Tomsick J A, Corbel S, Kaaret P. Astrophys. J., 2001, 563: 229–238

[56] Lee J C, Reynolds C S, Remillard R. Astrophys. J., 2002, 567: 1102–1111

[57] Miller J M, Raymond J, Homan J, et al. Astrophys. J., 2006, 646: 394–406

[58] Narayan R, Yi I. Astrophys. J., 1994, 428: L13–L16

[59] Blandford R D, Znajek R L. Mon. Not. R. Astron. Soc., 1977, 179: 433–456

[60] Macdonald D, Thorne K S. Mon. Not. R. Astron. Soc., 1982, 198: 345–382

[61] Thorne K S, Price R H, Macdonald D A. New Haven: Yale Univ. Press, 1986

[62] Ghost P, Abramowicz M A. Mon. Not. R. Astron. Soc., 1997, 292: 887–895

[63] Moderski R, Sikora M, Lasota J P.//Ostrowski M, Sikora M, Madejski G, Belgelman M. Relativistic Jets in AGNs. Krakow: Uniw. Jagiellonski, 1997, 110–116

[64] Wang D X, Ye Y C, Li Y. Mon. Not. R. Astron. Soc., 2008, 385: 841–848

[65] Blandford R D, Payne D G. Mon. Not. R. Astron. Soc., 1982, 199: 883–903

[66] Blandford R D. Mon. Not. R. Astron. Soc., 1976, 176: 465–481

[67] Blandford R D, Belgelman M. Mon. Not. R. Astron. Soc., 1999, 303: L1–L5

[68] Spruit H C. Lect. Notes Phys. 2010, 794: 233–263

[69] Wang J Z, Wang D X, Huang C Y. Research Astron. Astrophys., 2013, 13: 1163–1180

[70] Balbus S A, Hawley J F. Astrophys. J., 1991, 376: 214–222

[71] Balbus S A. Ann. Rev. Astron. Astrophys., 2003, 41: 555–597

[72] Bisnovatyi-Kogan G S, Ruzmaikin A A. Astrophys. Space Sci., 1974, 28: 45–49

[73] Lubow S H, Papaloizou J C B, Pringle J E. Mon. Not. R. Astron. Soc., 1994, 267: 235–240

[74] Ogilvie G I, Livio M. Astrophys. J., 2001, 553: 158–173

[75] Cao X W. Astrophys. J., 2011, 737: 94 (14pp)

[76] Spruit H C, Uzdensky D A. Astrophys. J., 2005, 629: 960–968

[77] Lovelace R V E, Rothstein D M, Bisnovatyi-Kogan G S. Astrophys. J., 2009, 701: 885–890

[78] Guilet J, Ogilvie G I. Mon. Not. R. Astron. Soc., 2012, 424: 2097–2117

[79] Guilet J, Ogilvie G I. Mon. Not. R. Astron. Soc., 2013, 430: 822–835

[80] Cao X W, Spruit H C. Astrophys. J., 2013, 765: 149–157

[81] Frank J, King A R, Raine D L. Cambridge: Cambridge Univ. Press, 1992

[82] Kormendy J, Ho L C. Ann. Rev. Astron. Astrophys., 2013, 51: 511–653

[83] Remillard R A, McClintock J E. Ann. Rev. Astron. Astrophys., 2006, 44: 49-92

[84] Zhang S N, Cui W, Chen W. Astrophys. J., 1997, 482: L155–L158

[85] Cunningham C T. Astrophys. J., 1975, 202: 788–802

[86] Makishima K, Maejima Y, Mitsuda K, et al. Astrophys. J., 1986, 308: 635–643

[87] Zhang S N. Front. Phys. 2013, 8: 630–660

[88] Narayan R, McClintock J E. Mon. Not. R. Astron. Soc., 2012, 419: L69–L73

[89] Steiner J F, McClintock J E, Narayan R. Astrophys. J., 2013, 762: 104–113

[90] Fender R, Belloni T. Science, 2012, 337: 540–544

[91] Spruit H C, Uzdensky D A. Astrophys. J., 2005, 629: 960–968

[92] Narayan R, Igumenshchev I V, Abramowicz M A. Publ. Astron. Soc. J., 2003, 55: L69–L72

[93] Chen Z H, Gou L J, McClintock J E, et al. Astrophys. J., 2016, 825: 45, 12pp

[94] Novikov I D, Thorne K S. //Dewitt C. Black Holes. New York: Gordon and Breach, 1973, 345–450

[95] Wang D X, Lu Y, Yang L T. Mon. Not. R. Astron. Soc., 1998, 294: 667–672

[96] Thorne K S. Astrophys. J., 1974, 191: 507–519

[97] Wang D X, Xiao K, Lei W H. Mon. Not. R. Astron. Soc., 2002, 335: 655–664

附　　录

附表 1　常用物理及天文常数

名称	符号	数值
真空光速	c	299792458 m·s^{-1}
Planck 常数	h	$6.626070040(81)\times10^{-34}$ J·s
	$\hbar \equiv h/2\pi$	$1.054571800(13)\times10^{-34}$ J·s
		$= 6.582119514(40)\times10^{-22}$ MeV·s
电子电荷值	e	$1.602\ 176\ 620\ 8(98)\times10^{-19}$ C
		$= 4.803\ 204\ 673(30)\times10^{-10}$ esu
电子质量	m_e	$0.510\ 998\ 946\ 1(31)\mathrm{MeV}/c^2$
		$= 9.109\ 383\ 56(11)\times10^{-31}$kg
质子质量	m_p	$938.272\ 081\ 3(58)\mathrm{MeV}/c^2$
		$= 1.672\ 621\ 898(21)\times10^{-27}$kg
		$= 1.007\ 276\ 466\ 879(91)$u
		$= 1\ 836.152\ 673\ 89(17)m_\mathrm{e}$
氘核质量	m_d	$1\ 875.612\ 928(12)$ MeV$/c^2$
原子质量单位 (u)	(^{12}C 原子质量)/12	$931.494\ 095\ 4(57)\mathrm{MeV}/c^2$
	$= (1\ \mathrm{g})/(N_\mathrm{A}\ \mathrm{mol})$	$= 1.660\ 539\ 040(20)\times10^{-27}$kg
真空介电常数	ε_0	$8.854\ 187\ 817\cdots\times10^{-12}$ C^2·N^{-1}·m^{-2}
真空磁导率	μ_0	$4\pi\times10^{-7}$N·A^{-2}
		$= 12.566\ 370\ 614\cdots\times10^{-7}$N·A^{-2}
精细结构常数	$\alpha = e^2/4\pi\varepsilon_0\hbar c$	$7.297\ 352\ 566\ 4(17)\times10^{-3}$
		$= 1/137.035\ 999\ 139(31)$
经典电子半径	$r_\mathrm{e} = e^2/4\pi\varepsilon_0 m_\mathrm{e}c^2$	$2.817\ 940\ 322\ 7(19)\times10^{-15}$ m
电子 Compton 波长/2π	$\lambda_\mathrm{e} = \hbar/m_\mathrm{e}c = r_\mathrm{e}\alpha^{-1}$	$3.861\ 592\ 676\ 4(18)\times10^{-13}$ m
Bohr 半径 ($m_\mathrm{p}\to\infty$)	$a_\infty = 4\pi\varepsilon_0\hbar^2/m_\mathrm{e}e^2$	$0.529\ 177\ 210\ 67(12)\times10^{-10}$ m
	$= r_\mathrm{e}\alpha^{-2}$	
Thomson 截面	$\sigma_\mathrm{T} = 8\pi r_\mathrm{e}^2/3$	$0.665\ 245\ 871\ 58(91)$ b
Bohr 磁子	$\mu_\mathrm{B} = e\hbar/2m_\mathrm{e}$	$5.788\ 381\ 801\ 2(26)\times10^{-11}$ MeV·T^{-1}
核磁子	$\mu_\mathrm{N} = e\hbar/2m_\mathrm{p}$	$3.152\ 451\ 255\ 0(15)\times10^{-14}$ MeV·T^{-1}
牛顿引力常数	G	$6.674\ 08(31)\times10^{-11}$ m^3·kg^{-1}·s^{-2}
		$= 6.708\ 61(31)\times10^{-39}\hbar c(\mathrm{GeV}/c^2)^{-2}$
标准引力加速度	g	$9.806\ 65$ m·s^{-2}
Avogadro 常数	N_A	$6.022\ 140\ 857(74)\times10^{23}$ mol^{-1}
Boltzmann 常数	k	$1.380\ 648\ 52(79)\times10^{-23}$ J·K^{-1}
		$= 8.617\ 3303(50)\times10^{-5}$ eV·K^{-1}
重子光子密度比值	$\eta = \eta_\mathrm{b}/n_\gamma$	$5.8\times10^{-10}\leqslant\eta\leqslant6.6\times10^{-10}(95\%\mathrm{CL})$
重子数密度	n_b	$2.503(26)\times10^{-7}$cm^{-3}

续表

名称	符号	数值
宇宙 CMB 辐射密度	$\Omega_\gamma = \rho_\gamma/\rho_{\rm crit}$	$2.473\times10^{-5}(T/2.7255)^4 h^{-2}$
		$= 5.38(15) \times 10^{-15}$
当前 CMB 温度	T_0	$2.7255(6)$ K
当前 CMB 偶极子振幅		$3.3645(20)$ mK
太阳相对 CMB 速度		$369(1)$ km·s^{-1} towards
		$(\ell, b) = (263.99(14)^\circ, 48.26(3)^\circ)$
相当于 CMB 的局域群速度	$v_{\rm LG}$	$627(22)$ km·s^{-1} towards
		$(\ell, b) = (276(3)^\circ, 30(3)^\circ)$
CMB 光子数密度	n_γ	$410.7(T/2.7255)^3$ cm^{-3}
CMB 光子密度	ρ_γ	$4.645(4)(T/2.7255)^4 \times 10^{-34}$ g · cm^{-3}
		≈ 0.260 eV·cm^{-3}
熵密度/Boltzmann 常数	s/k	$2\,891.2\,(T/2.7255)^3$ cm^{-3}
当前 Hubble 膨胀率	H_0	$100\,h$ km·s^{-1}·Mpc^{-1}
		$= h \times (9.777\,752$ Gyr$)^{-1}$
Hubble 膨胀率的标度因子	h	$0.678(9)$
Hubble 长度	c/H_0	$0.925\,0629\times10^{26}h^{-1}$ m$=1.374(18)\times10^{26}$ m
宇宙学常数的标度因子	$c^2/3H_0^2$	$2.85247 \times 10^{51}h^{-2}$ m^2=$6.20(17)\times10^{51}$ m^2
宇宙临界密度	$\rho_{\rm crit} =$	$1.878\,40(9)\times10^{-29}h^2$g·cm^{-3}
	$3H_0^2/8\pi G_{\rm N}$	$=1.053\,71(5)\times10^{-5}h^2({\rm GeV}/c^2){\rm cm}^{-3}$
Planck 质量	$\sqrt{\hbar c/G}$	$1.220\,910(29) \times 10^{19}$ GeV$/c^2$
		$= 2.176\,47(5) \times 10^{-8}$ kg
Planck 长度	$\sqrt{\hbar G/c^3}$	$1.616\,229(38) \times 10^{-35}$ m
宇宙噪声	Jy	10^{-26} W·m^{-2}·Hz^{-1}
回归年	yr	$31\,556\,925.2$ s $\approx \pi\times 10^7$ s
恒星年	yr	$31\,558\,149.8$ s $\approx \pi\times 10^7$ s
平均恒星日		$23^{\rm h}\,56^{\rm m}\,04.^{\rm s}090\,53$
天文单位	au	$149\,597\,870\,700$ m
光年	ly	$0.3066\cdots$ pc$=0.946053\cdots\times 10^{16}$ m
秒差距 (parsec)	pc	$3.085\,677\,581\,49\times 10^{16}$ m
		$= 3.262\cdots$ ly
太阳半径	$R_\odot$	6.957×10^8 m
太阳质量	$M_\odot$	$1.988\,48(9) \times 10^{30}$ kg
太阳光度	$L_\odot$	$3.826(8)\times10^{26}$ J·s^{-1}
普适气体常量	R	8.31451 J·mol^{-1}/K^{-1}
Stefan-Boltzmann 常数	σ	5.67032×10^{-8} W·m^{-2}·K^{-4}
Boltzmann 能量密度常数	a	7.56566×10^{-16} JK^{-4}·m^{-3}
与 1 电子伏相当的能量	1eV	$1.6021892(46)\times10^{-19}$ J
与 1 电子伏相当的波长		$1.2398.520(32)\times10^{-10}$ m
与 1 电子伏相当的波数		$8065.479(21)\times10^2$ m^{-1}
与 1 电子伏相当的频率		$2.4179696(63)\times10^{14}$ Hz
与 1 电子伏相当的温度		$11604.50(36)$ K

部分单位换算关系如下:

1 Å $\equiv 0.1$ nm; 1 dyn $\equiv 10^{-5}$ N; 1 eV$/c^2 = 1.782\,661\,907(11) \times 10^{-36}$ kg; 0℃$\equiv 273.15$ K; 1 b $\equiv 10^{-28}$ m^2; 1 erg $\equiv 10^{-7}$ J; $2.997\,924\,58 \times 10^9$ esu $= 1$C; 1 标准大气压 $=760$ Torr$\equiv101\,325$ Pa。

附表 2　　电磁波谱

	γ 射线	X 射线	UV	Visible	IR	Radio
$\log\lambda/\mathrm{cm}$	$-10\sim-9$	$-9\sim-6$	$-6\sim-4.4$	$-4.4\sim-4.1$	$-4.1\sim-1.3$	$-1.3\sim2$
$\log\nu/\mathrm{Hz}$	>19.5	$16.7\sim19.5$	$15\sim16.7$	$14.7\sim15$	$12\sim14.7$	$8\sim12$
$\log E/\mathrm{eV}$	$5-\sim6$	$2.2\sim5$	$0.5\sim2.2$	$0.2\sim0.5$	$-2.5\sim0.2$	$-6\sim-2.5$
$\log T/\mathrm{K}$	$9.1\sim10$	$6.3\sim9.1$	$4.6\sim6.3$	$4.3\sim4.6$	$1.7\sim4.3$	$-2\sim1.7$

注: 此表引自文献 Rybicki G B, Lightman A P. Radiative Process in Astrophysics, 1979.

索　引

其　他

彩 图

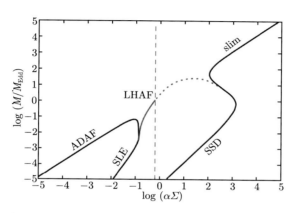

图 2.9 对应于下列参数的各种吸积解的热平衡曲线

$M = 10M_\odot, \alpha = 0.1, r = 0.5$,吸积率以爱丁顿吸积率 $\dot{M}_{\rm Edd}$ 为单位,面密度以 g·cm^{-2} 为单位。黑色实线对应于经典解分支 (包括由 ADAF 解和 SLE 解构成的热分支,以及由 slim 盘和 SSD 盘构成的冷分支);蓝色垂直虚线把左边光学薄的解和右边光学厚的解分开;红色曲线对应于 LHAF 解。虽然 LHAF 解似乎有跨越热解到冷解的可能性,但只有位于垂直线左边的热解 (红色实线) 才是自洽的

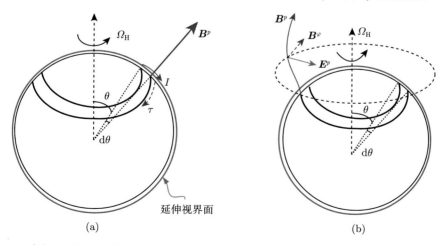

图 3.5 克尔黑洞的角速度 $\Omega_{\rm H}$ 及延伸视界面上的磁场 $\boldsymbol{B}^p$、电流 I 和力矩τ方向示意图 (a) 及延伸视界面上的极向磁场 $\boldsymbol{B}^p$、环向磁场 $\boldsymbol{B}^\varphi$、极向感应电场 $\boldsymbol{E}^p$ (b)

图 (b) 中两条环形实线代表相邻两磁面与黑洞视界面的相交而形成的环带,$\mathrm{d}\theta$ 为环带对黑洞中心的张角。为作图简洁,图中没有画出图 1.2 所示的克尔黑洞扁球形的静限

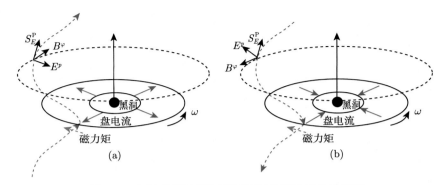

图 3.9 大尺度磁场提取黑洞吸积盘转动能的示意图

黑色箭头指示吸积盘的转动方向,绿色箭头指示磁力矩的方向,红色和蓝色箭头分别指示吸积盘的感应电流方向和大尺度磁场的方向

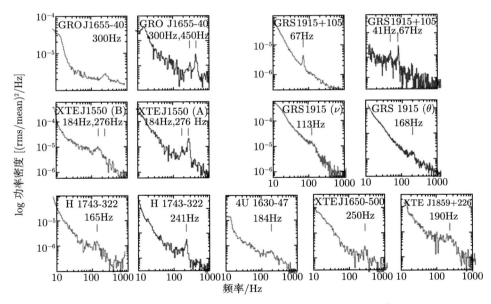

图 4.7 几个黑洞双星 (或黑洞候选体) 的功率密度谱

其中蓝色线形的能量范围是 13~30keV,红色线形具有更宽的能量范围 (2~30 或 6~30keV) 的功率密度谱,图中突起的峰对应于 QPO[18]

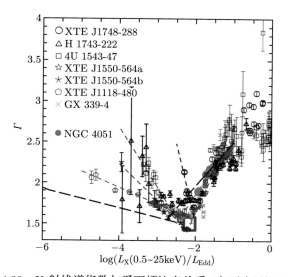

图 4.30　X 射线谱指数与爱丁顿比率关系 (主要为黑洞双星)

其中长虚线为其他文章中活动星系核的最佳拟合, 其中一个变化剧烈的 AGN-NGC 4051 遵从正相关的谱指数关系也放入其中 [92]

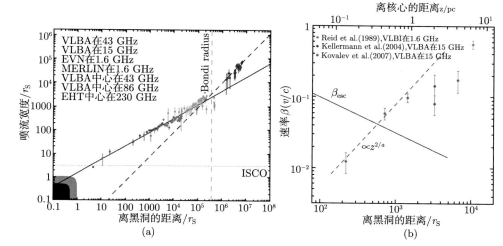

图 4.33　(a) 为 M 87 喷流离黑洞距离与喷流宽度关系图, 内区为接近双曲线形而外区为锥形 (实线为内区拟合线, z 正比于喷流宽度 r^a, $a = 1.73$; 虚线为外区拟合线); (b) 为喷流速度随核心距离的关系 (其中虚线为速度 v/c 正比于 $z^{2/a}$, 实线为逃逸速度 [97]

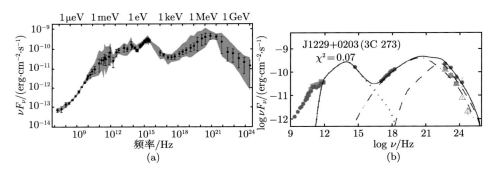

图 4.34　(a) 为耀变体 3C 273 从射电到 γ 射线多年平均能谱, 误差棒为标准偏差, 灰色区域为多年观测变化范围 [105]; (b) 为 3C 273 一区喷流模型 (one-zone model) 拟合结果, 其中的数据为同时性 (红色点) 或准同时性 (绿色点) 数据 (三角形为 27 个月的 Fermi 卫星数据), 点线、点虚线、虚线和实线分别代表同步辐射、同步自康普顿散射、外康普顿散射和模型总光度 [102], 低频射电辐射可能来自于大尺度喷流

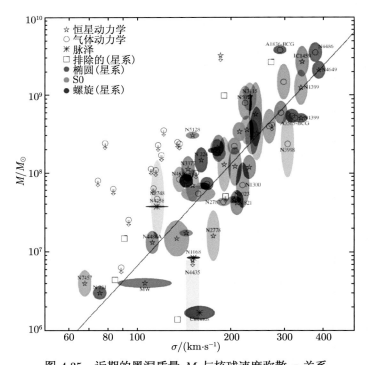

图 4.35　近期的黑洞质量 M 与核球速度弥散 σ 关系

不同颜色代表了不同类型星系, 不同符号如五角星、圆圈和米字代表不同黑洞质量测量方法 [107]

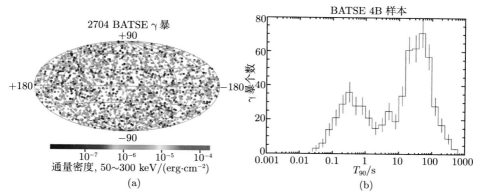

图 4.37　(a) BATSE 观测到的 2704 个 γ 暴的空间角分布 (来自 http://gammaray.msfc. nasa.gov/batse/grb/skymap)；(b) BATSE GRBs 按持续时间分为 "长暴" 和 "短暴" 两大类 [113]

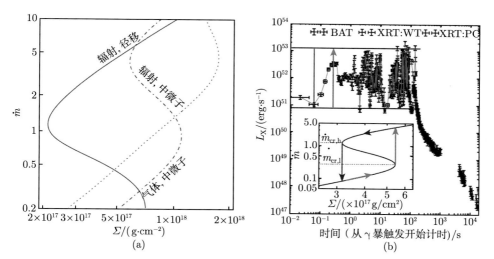

图 4.46　(a) MC 力矩导致的黏滞不稳定性，图中实线、点虚线和点线分别对应不同半径 $R = r/r_g = 5, 10, 20$；(b) GRB 080607 的 0.3~10keV 能段的光变曲线。图中绘制了 $r = 3r_g$ 处的有非零力矩导致的 S 形 $\dot{m}\text{-}\Sigma$ 曲线，便于进行稳定性分析。其他的参数为 $\eta = 3$, $m = 7$, $a_* = 0.9$, $\alpha = 0.1$, 以及 $\beta = 0$ [171,174]

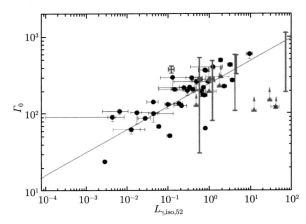

图 4.53　γ 暴的初始洛伦兹因子与各向同性 γ 射线光度之间的关系

$\Gamma_0 \simeq 249 L_{\gamma,\mathrm{iso},52}^{0.30}$。其中黑色实线是最佳拟合结果，皮尔逊相关系数为 $\varsigma = 0.79$。另外红色三角符号表示只有下限的 γ 暴，红色段线表示得到上下限范围的 γ 暴，这两类没有参与拟合，蓝色的五角星是其中唯一的一个短暴 GRB 090510[195]

图 4.59　潮汐瓦解事件示意图

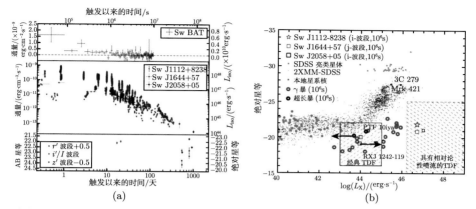

图 4.64　(a) Sw J1112+8238 的多波段光变曲线,中间图显示了 Sw J1644+57,Sw J2058+05 和 Sw J1112+8238 这三例 TDE 的 X 射线光变;(b) 一些河外暂现源 (包括 TDE,AGN 耀发,晚期 GRB 活动等) 的光学绝对星等和 X 射线光度图。相比经典 TDE,Sw J1644+57,Sw J2058+05 和 Sw J1112+8238 这三例有相对论喷流的 TDE 明显具有较高 X 射线光度

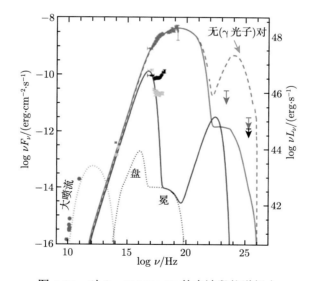

图 4.66　对 Sw J1644+57 的多波段能谱拟合

实线为磁主导喷流的同步辐射拟合,橙色点线为喷流与外部介质作用产生的射电辐射 [215]

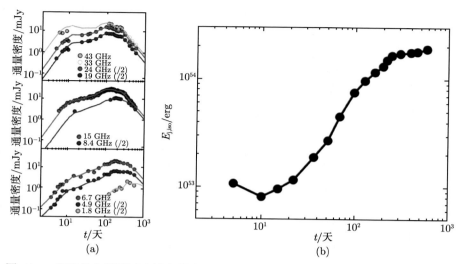

图 4.71　能量注入模型对多波段射电数据的拟合 (a)，以及喷流能量随时间的演化 (b)
图中 (/2) 是由于几条线距离太近，为方便展示，所以将对应光度值除以 2

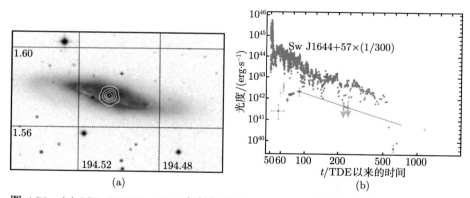

图 4.73　(a) IGR J12580+0134 在寄主星系 NGC 4845 中的位置，与星系中心一致。
(b) IGR J12580+0134 (红色)，Sw J1644+57 (灰色) 和 NGC 5905 (浅蓝色) 的 X 射线光度
对比，其中 Sw J1644+57 除了系数 300[241, 242]